KB143297

한눈에 알아보는
우리 나무 6

한눈에 알아보는 우리 나무
—다육식물 편 6

차이점을 비교하는 신개념 나무도감

박승철 지음

글항아리

식물도감은 보통 설명을 적고 그에 따른 사진은 따로 모아놓다 보니, 사진이 작아지고 그 수도 적어 책을 볼 때마다 답답하다는 인상을 지울 수 없었다. 그래서 사진을 좀 더 크고 시원하게 보면서도 그에 대한 설명을 읽을 수 있으며, 그 뜻을 바로 알 수 있는 나무도감이 필요하다고 생각했고 그에 따라 책을 구성했다. 읽을 때 미리 알아두면 유용한 것들을 간략히 설명한다.

사진의 배치

이 책에 수록된 사진은 1998년부터 2015년까지 18년 동안 현지에서 직접 찍은 130만 장의 사진 가운데 3만6000여 장을 고른 것이다. 종당 15장의 사진은 두 페이지에 걸쳐 종의 특징을 보여주는, 다른 도감에서 찾아보기 힘든 대표적인 사진들로 채웠다. 이때 어떤 종을 펼치더라도 나무의 해당 부분 사진이 될 수 있으면 책에서 같은 자리에 오도록 배치했다. 꽃차례부터 잎, 줄기, 나무의 전체적인 모습 등 사진만 비교해도 쉽게 동정同定할 수 있도록 하기 위함이다.

사진을 크게 싣기 위해 설명하는 글은 그 여백을 활용해 넣었다. 이렇게 함으로써 크기가 다른 다양한 나무 사진을 그에 맞게 넣을 수 있었을 뿐 아니라, 다른 도감보다 더 많은 사진을 실을 수 있었다. 특히 첫 사진의 설명은 종만의 독특한 특징을 서술해 그것만 읽어도 해당 종을 헷갈리기 쉬운 다른 종과 쉽게 구별할 수 있도록 했다. 각 자리의 세부적 쓰임새는 다음과 같다.

00 종의 특징을 보여주는 대표 사진.
01 꽃차례花序 전체 모습.
02 홑성꽃單性花일 때 암꽃의 모습.
03 홑성꽃일 때 수꽃의 모습.
04 암술이나 수술, 꽃받침 등 종의 특징을 나타내는 꽃의 특정 부분을 확대.
05 잎 표면(위)과 잎 뒷면.
06 잎자루葉柄나 턱잎托葉의 모습.
07 겹잎複葉을 이루는 작은 잎小葉 하나 또는 홑잎單葉 하나.
08 잎차례葉序, 작은 잎이 모두 모여 이루는 전체 겹잎의 모습.
09 열매가 달리는 열매차례果序의 전체 모습.
10 열매 하나하나의 모습.
11 씨앗種子.
12 잎의 톱니, 잎맥葉脈, 줄기의 가시, 꽃받침, 겨울눈冬芽 등 그 나무만의 특징적인 모습.
13 햇가지新年枝 또는 어린 가지에 난 털이나 겨울눈.
14 나무껍질樹皮과 함께 나무의 높이 등 형태상의 특징.

수록종과 분류 체계

이 책은 우리나라 산과 들에서 자생하는 나무는 물론 해외에서 들여왔지만 우리 땅에 뿌리를 내린 원예종, 선인장과 다육식물까지 총 2410종을 수록해 국내 도감 중 가장 많은 수종을 다루고 있다. 특히 원예종 중에서도 야생에서 얼어 죽지 않고 월동하는 나무들을 포함해 공원이나 수목원, 온실 또는 실내에서 흔히 만날 수 있는 나무들까지 모두 수록하려고 노력하였다. 그 가운데는 기존의 나무도감에서 찾아볼 수 없던, 이 책에서 처음으로 소개되는 종도 더러 있다. 나무는 우선 크게 일반 수종과 다육으로 나눈 다음, 다시 과별로 묶어 배열했다. 같은 과에서도 모양이나 색깔이 비슷해 헷갈리기 쉬운 종끼리 모아 가급적 비교·검토하기 쉽도록 배치했다.

각 나무는 과명을 먼저 적은 뒤 찾아보기 쉽도록 번호를 붙이고, 국명과 이명(괄호 표시), 학명을 나란히 적었다. 학명과 국명은 국립수목원의 '국가표준식물목록'을 따랐으며, 여기에 없는 이름은 '북미식물군' 또는 중국식물지FOC, 일본식물지 등을 두루 참고했다. 선인장과 다육식물은 국가표준식물목록을 기본으로 'RSChoi 선인장정원'을 참조해 정리했다.

– 국가표준식물목록 http://www.nature.go.kr/kpni/index.do

– 북미식물군Flora of North America http://www.efloras.org

참고 자료

종에 관한 정보는 『대한식물도감』(이창복, 항문사, 1982)와 국립수목원의 '국가생물종지식정보시스템'의 식물도감 편, 『한국식물검색집』(이상태, 아카데미서적, 1997)을 주로 참고했다. 다만 무궁화는 『무궁화』(송원섭, 세명서관, 2004)를, 선인장과 다육식물은 해외 전문 인터넷 사이트도 함께 참고했다.

– 국가생물종지식정보시스템 http://www.nature.go.kr/

용어의 사용

글은 누구나 어렵지 않게 이해할 수 있게끔 가능하면 쉬운 우리말로 풀어썼다. 전문용어를 쓸 때는 이해를 돕기 위해 사진에 그에 해당하는 부분을 함께 표시했다. 학자마다 다른 용어를 사용하고 있을 때는 일반적으로 두루 쓰이는 용어를 선택했다. 또 한자어 등 다른 이름으로도 자주 쓰이는 말은 부록에 용어사전을 따로 실어 찾아볼 수 있도록 했다. 용어사전은 국립수목원의 '식물용어사전'과 농촌진흥청의 '농업용어사전', 『우리나라 자원식물』(강병화, 한국학술정보, 2012) 등을 참고했다. 용어사전을 먼저 익힌 뒤 도감을 읽어나가면 시간을 좀 더 절약할 수 있을 것이다.

– 국립수목원 식물용어사전 http://www.nature.go.kr/

– 농촌진흥청 농업용어사전 http://lib.rda.go.kr/newlib/dictN/dictSearch.asp

차례

쥐손이풀과

옻나무과

포도과

시계꽃과

협죽도과

메꽃과

참깨과

게스네리아과

국화과

백합과

용설란과

파인애플과

마과

닭의장풀과

생강과

332
돌나물과

복토이福兎耳

[백토이]

Kalanchoe eriophylla

[Blue Kalanchoe]

—

높이가 15~25센티미터 정도 자란다. 줄기에서 곁가지가 많이 갈라지며, 비스듬히 옆으로 퍼진다. 식물 전체에 부드러운 흰색 솜털綿毛이 많다.

작은모임꽃차례의 길이는 20센티미터 정도다.

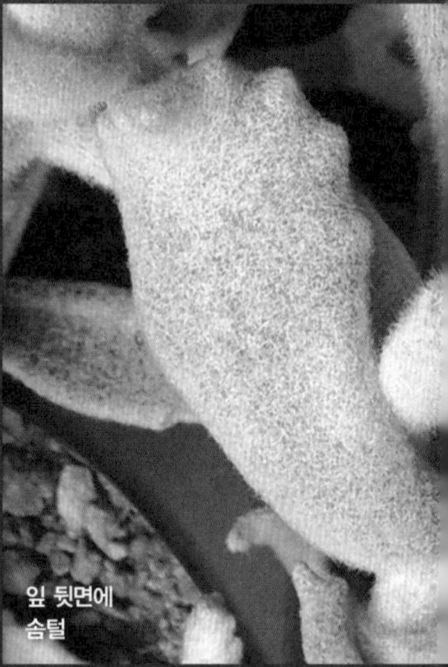

잎 뒷면에 솜털

작은모임꽃차례에 2~7개의 꽃이 달린다.

꽃자루에 솜털

잎에 부드러운 흰색 솜털

꽃잎은 네 개고 흰색이지만
가장자리는 연분홍색이다.

꽃잎 겉과 꽃받침에
흰색 솜털이 촘촘하다.

수술은 8개,
암술은 4개다.

잎끝에
흑갈색 점무늬

점무늬

잎은 길이 3~4센티미터,
폭 15밀리미터 정도다.

잎은 달걀꼴이며
마주 달린다.

줄기는 비스듬히
옆으로 퍼진다.

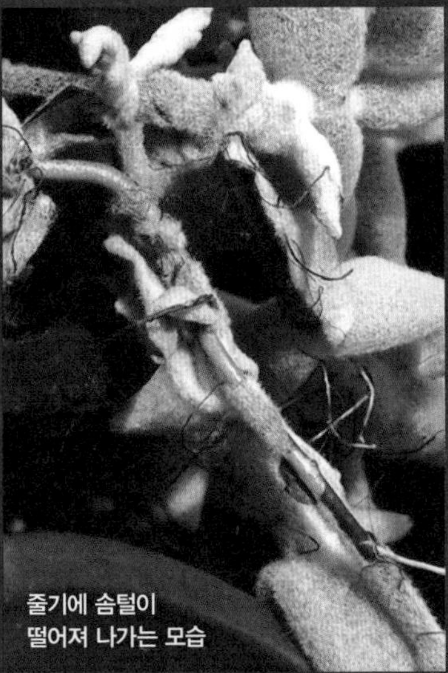

줄기에 솜털이
떨어져 나가는 모습

약 15~25센티미터
높이로 자란다.

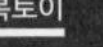

333
돌나물과

월토이月兎耳

[마다가스카르 바위솔 · 칼랑코에 토멘토사]

Kalanchoe tomentosa

[Panda Plant · Pussy Ears]

—

높이가 45~60센티미터 정도 자란다. 식물 전체가 부드러운 흰색 솜털로 덮여 있다. 잎 가장자리에 녹이 슨 듯한 적갈색 또는 흑갈색 점무늬가 있다.

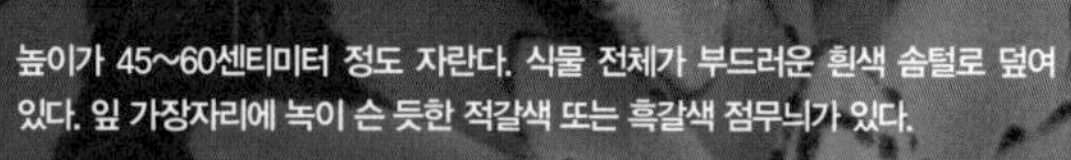

온실에서는 3~4월에 긴 꽃대가 올라와 꽃이 핀다.

잎 양면에는 솜털이 많다.

꽃은 원뿔꽃차례를 이룬다.

꽃부리 안쪽은 자주색이다.

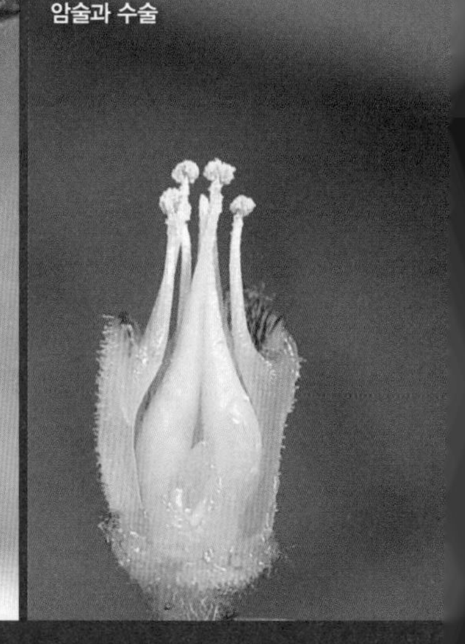

암술과 수술

꽃은 통꽃이며
꽃부리에 털이 많다.

꽃부리통부는
연한 황록색이다.

수술은 8개,
암술은 4개다.

잎 가장자리에 녹이 슨 듯한
적갈색 또는 흑갈색 점무늬가 있다.

잎의 길이는
5센티미터 정도다.

식물 전체가
부드러운 흰색 솜털로
덮여 있다.

줄기에서
공기뿌리가 나온다.

어린 가지에
흰색 털이 많다.

높이가 45~60센티미터 정도
자라는 버금떨기나무다.

334
돌나물과

희토이姬兎耳

[꼬마 월토이 · 미니마]

Kalanchoe tomentosa minima

—

높이가 25센티미터 정도 자라는 작은 난쟁이 품종이다. 식물 전체에 솜털이 촘촘하다. 잎은 길이 3~6센티미터, 폭 15밀리미터 정도다. 잎은 녹갈색이며 잎 가장자리는 흑갈색이다.

꽃차례의 길이는 15센티미터 정도며 5월에 꽃이 핀다.

잎 가장자리는 흑갈색이다.

꽃부리통부는 연한 녹색이지만, 꽃부리 갈래조각은 흑적색이다.

암술과 수술

잎은 긴 달걀꼴이다.

꽃부리는 길이 15밀리미터,
지름 13밀리미터 정도다.

통꽃이며
털이 많다.

수술은 8개,
암술은 4개다.

잎은
솜털이 많다.

잎은 길이 3~6센티미터,
폭 15밀리미터 정도다.

잎은 어긋나게 달리며
다육질이다.

잎은
녹갈색이다.

줄기에
털이 촘촘하다.

약 25센티미터 높이로 자라는
작은 버금떨기나무다.

거접련去蝶蓮

[신세팔라 · 거접려去蝶麗]

Kalanchoe synsepala

[Walking Kalanchoe · Cup Kalanchoe]

—

높이 30~45센티미터 정도 자란다. 여러 개의 기는 가지匍匐枝가 사방으로 뻗으며, 그 끝에 클론이 달린다. 잎은 길이 6~15센티미터, 폭 4~7센티미터 정도다.

원뿔꽃차례는 잎겨드랑이에 달리며, 꽃대의 길이는 15~30센티미터 정도로 길게 늘어져 땅에 닿는다.

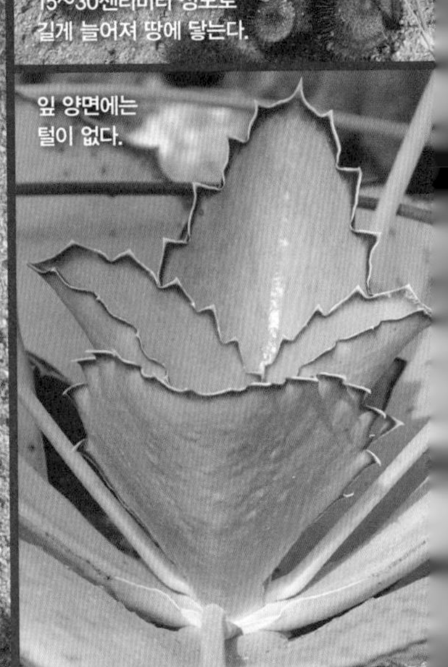

잎 양면에는 털이 없다.

잎은 두터운 육질이다.

분홍색 꽃은 점차 흰색으로 변한다.

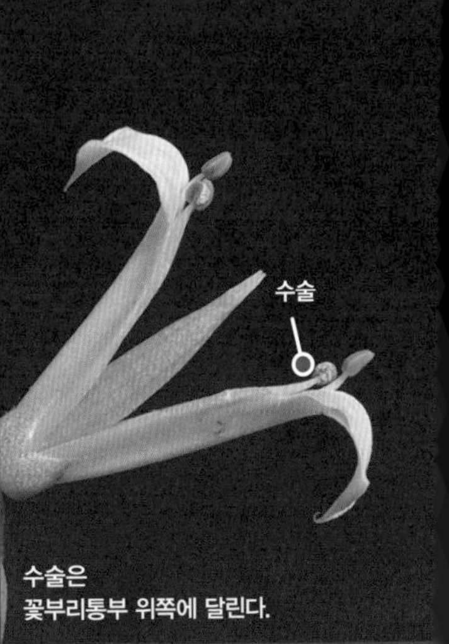

수술은 꽃부리통부 위쪽에 달린다.

꽃부리통부의 길이는
7~12밀리미터 정도다.
꽃부리의 지름은
3~12밀리미터 정도다.
수술은 꽃부리통부
밖으로 나온다.
두꺼운 잎 가장자리에
흑적색 줄무늬가 있다.
치아상의
톱니
잎가에
딱딱한 치아상의 톱니가 있다.
잎은 길이 6~15센티미터,
폭 4~7센티미터 정도다.
씨방
꽃받침
클론
기는 가지
약 30~45센티미터
높이로 자란다.

칠변초七變草

[호접무금胡蝶舞錦]

Kalanchoe fedtschenkoi

[Lavender Scallops]

—

높이가 45~60센티미터 정도 자란다. 잎은 길이 2~5센티미터, 폭 2~3센티미터 정도다. 어린잎 가장자리에는 유백색의 무늬가 가늘게 있고, 둔한 톱니가 약간 있다.

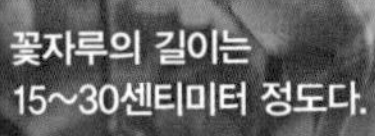

꽃자루의 길이는 15~30센티미터 정도다.

잎에는 약간의 둔한 톱니가 있다.

꽃봉오리

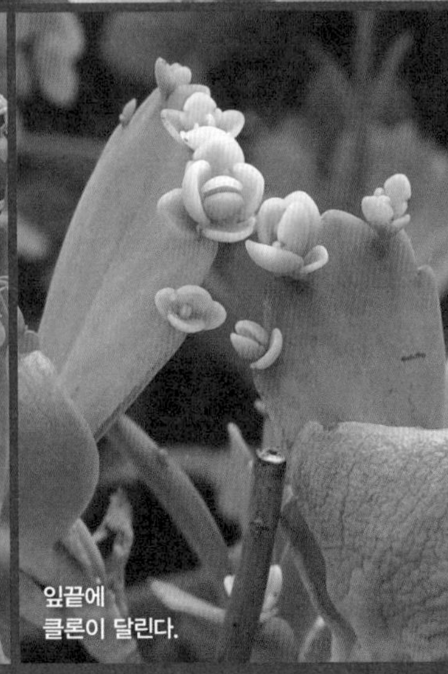

잎끝에 클론이 달린다.

꽃은 아래로
드리워진다.

꽃부리의 길이는
17~20밀리미터 정도다.

수술은 8개,
암술은 4개다.

어린 잎가에
유백색 무늬가
가늘게 들어 있다.

잎은 길이 2~5센티미터,
폭 2~3센티미터 정도다.

잎은
십자마주난다.

햇볕의 양에 따라
잎의 색깔이 다양해진다.

포기는 모여서
무리 지어 자란다.

약 45~60센티미터
높이로 자란다.

337
돌나물과

꽃은 겨울에
아래로 드리워진다.

옥적종玉吊鐘

[로지다운 칠변초]

***Kalanchoe fedtschenkoi* 'Rosy Dawn'**

—

유백색의 무늬가 칠변초*K. fedtschenkoi*에는 잎 가장자리에만 있지만, 옥적종에는 잎 중앙 깊숙이까지 들어있다. 잎 길이는 3~5센티미터 정도로 약간 큰 편이다.

잎 양면에는
털이 없다.

열매

클론은
잎 가장자리에 달린다.

잎은 길이가
3~5센티미터 정도다.

수술대는
붉은색이다.

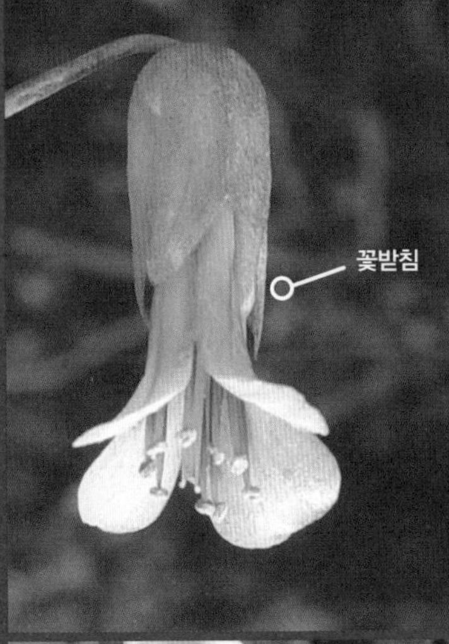

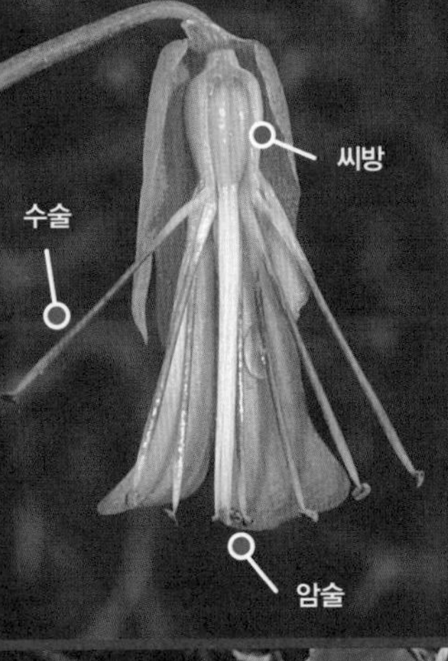

잎가에 둔한
톱니가 있다.

유백색 무늬는
잎 중앙 깊숙이까지
들어 있다.

잎은
마주 달린다.

강한 태양 아래에서
잎은 붉은 색으로 변한다.

어린 가지

높이
45~60센티미터 정도 자란다.

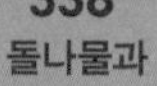

꽃대의 길이는 10~20센티미터 정도다.

잎에는 자갈색 또는 녹갈색의 무늬가 있다.

금접錦蝶

[칼랑코에 델라겐시스]

Kalanchoe delagoensis

[Chandelier Plant · Mother of Thousands]

—

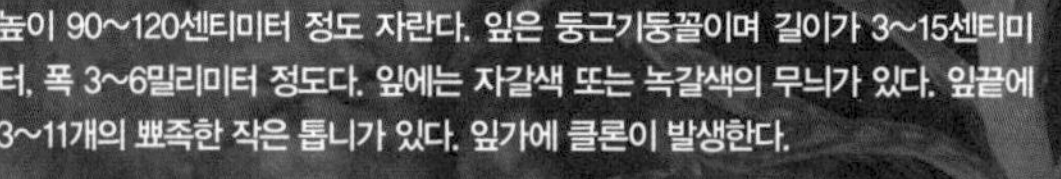

높이 90~120센티미터 정도 자란다. 잎은 둥근기둥꼴이며 길이가 3~15센티미터, 폭 3~6밀리미터 정도다. 잎에는 자갈색 또는 녹갈색의 무늬가 있다. 잎끝에 3~11개의 뾰족한 작은 톱니가 있다. 잎가에 클론이 발생한다.

작은모임꽃차례이지만 전체적으로는 편평꽃차례처럼 보인다.

작은모임꽃차례

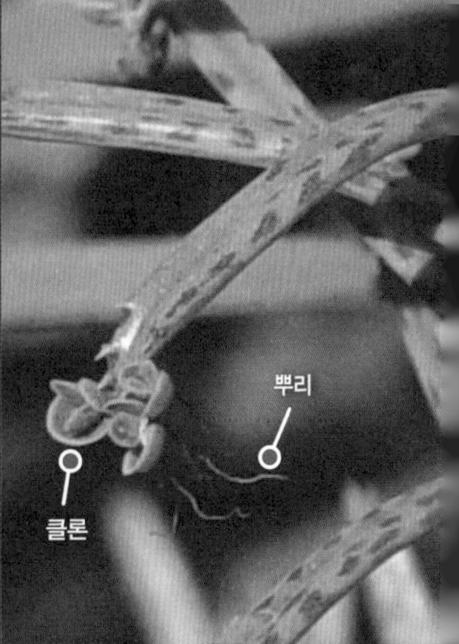

꽃부리의 길이는
2.5~4센티미터 정도다.
암술은
4개다.
꽃받침의 길이는
약 3~6밀리미터다.
톱니
클론
잎끝에 3~11개의
뾰족한 작은 톱니가 있다.
잎은 둥근기둥꼴이며
길이 3~15센티미터,
폭 3~6밀리미터 정도다.
클론은
잎끝에 달린다.
줄기에서
공기뿌리가 나온다.
약 90~120센티미터 정도 자란다.

339
돌나물과

만손초萬孫草

Kalanchoe laetivirens

—

높이가 90~120센티미터 정도 자란다. 천손초*K. daigremontiana*와는 달리 잎 뒷면에 호피 모양의 무늬가 없다. 잎의 길이는 15~20센티미터 정도다. 잎가에 클론이 발생한다.

꽃은 겨울에 6주 정도 지속적으로 핀다.

천손초와는 달리 잎 뒷면에 호피 모양의 무늬가 없다.

잎 밑은 위를 향한다.

땅에 떨어진 클론은 새로운 개체로 자라게 된다.

클론은 잎 가장자리에 달린다.

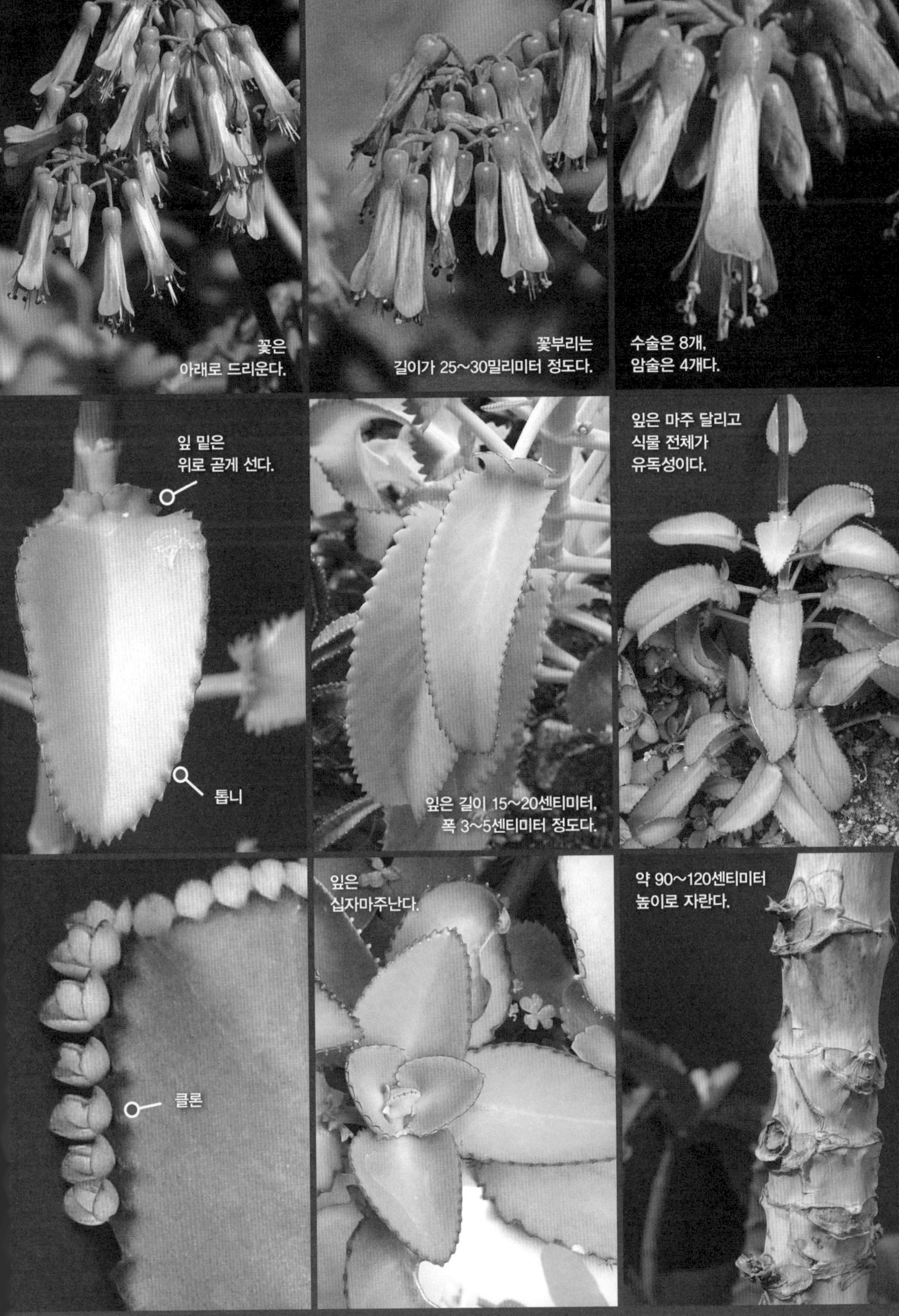

꽃은
아래로 드리운다.

꽃부리는
길이가 25~30밀리미터 정도다.

수술은 8개,
암술은 4개다.

잎 밑은
위로 곧게 선다.

잎은 길이 15~20센티미터,
폭 3~5센티미터 정도다.

잎은 마주 달리고
식물 전체가
유독성이다.

잎은
십자마주난다.

약 90~120센티미터
높이로 자란다.

340
돌나물과

호피 무늬

천손초千孫草

[화호접花胡蝶 · 불사조不死鳥]

Kalanchoe daigremontiana

[Mother of Thousands · Mexican Hot Plant]

—

높이가 90~120센티미터 정도 자란다. 만손초와는 달리 잎 뒷면에 자줏빛 호피 무늬가 있다. 잎가에 클론이 발생하며 이것이 땅에 떨어져 새로운 개체로 자라게 된다. 식물 전체가 유독성이다.

꽃은 겨울에 피며, 만손초보다 한 달 정도 일찍 꽃이 핀다.

호피 무늬

잎 뒷면에는 자줏빛 호피 무늬가 있다.

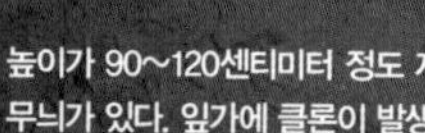

잎 밑은 위를 향한다.

잎 가장자리에 클론이 달린다.

꽃은 아래로 드리운다.

꽃은
아래로 드리운다.

꽃의 길이는
약 25밀리미터다.

수술은 8개,
암술은 4개다.

잎자루가
길다.

잎의 길이는
15~20센티미터 정도다.

잎은
십자마주난다.

잎가에
톱니가 있다.

줄기에
털이 없다.

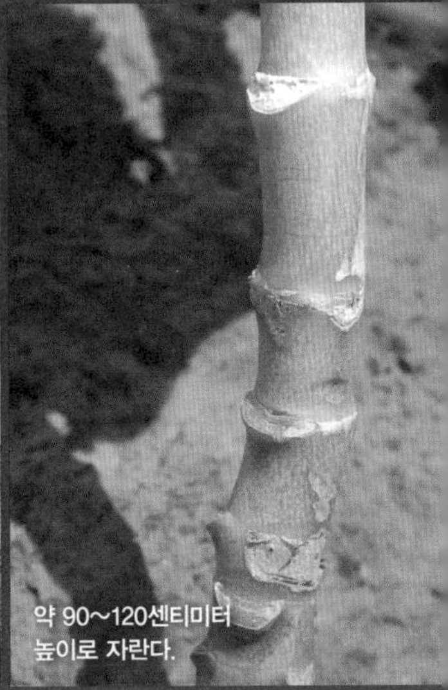

약 90~120센티미터
높이로 자란다.

341
돌나물과

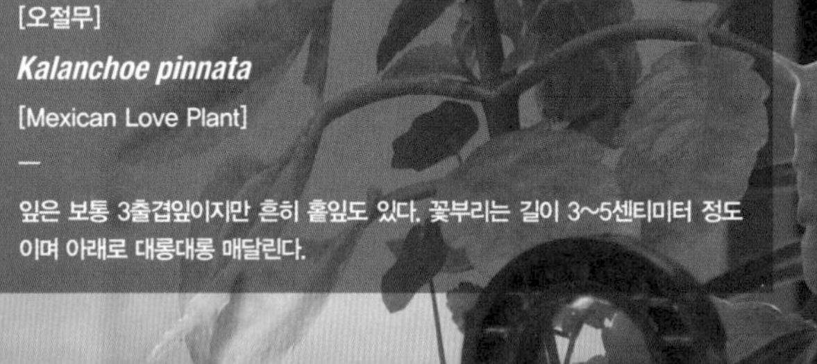

등롱초燈籠草

[오절무]

Kalanchoe pinnata

[Mexican Love Plant]

—

잎은 보통 3출겹잎이지만 흔히 홑잎도 있다. 꽃부리는 길이 3~5센티미터 정도이며 아래로 대롱대롱 매달린다.

꽃은 1~4월,
줄기 끝에 작은모임꽃차례를 이룬다.

잎 양면에
털이 없다.

잎은 보통 3출겹잎이지만
흔히 홑잎도 있다.

심피는 4개이며
길이 6~12밀리미터 정도다.

꽃받침통은 길이 2~3센티미터,
지름 6~12밀리미터 정도이며
연한 초록색이다.

꽃은 아래로
대롱대롱 매달린다.

꽃부리는 길이
3~5센티미터 정도다.

암술은 4개,
수술은 8개다.

잎자루는
길이 2~10센티미터 정도다.

잎은 길이 5~20센티미터,
폭 3~12센티미터 정도다.

잎은 마주달리며
길둥근꼴이다.

꽃받침통의 아래쪽은
움푹 들어간다.

어린 가지에
털이 없다.

높이 1~2미터 정도 자라는
여러해살이풀이다.

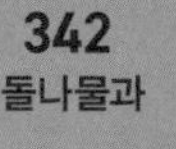

342
돌나물과

원패초圓貝草

Kalanchoe farinacea

[Mealy Kalanchoe · Dusty Kalanchoe]

—

높이 30~45센티미터, 포기 지름 40~50센티미터까지 자란다. 잎은 마주 달리며, 활짝 펼쳐지지 않고 안으로 오므리는 경향이 있다. 잎은 녹백색이며 넓고 둥글다. 암술은 4~6개, 수술은 8~12개다.

꽃은 봄에 핀다.

잎은 녹백색이다.

꽃은 위로 곧추선다.

꽃부리는 주홍색 또는 붉은색이다.

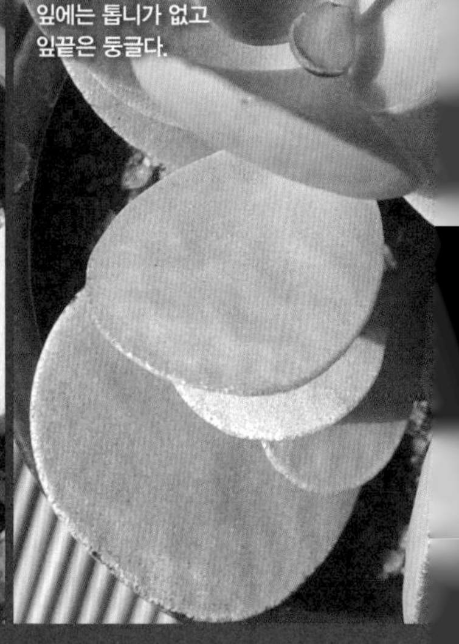

잎에는 톱니가 없고 잎끝은 둥글다.

꽃은 위로
곧추선다.

꽃부리갈래조각은
보통 4개다.

수술은 8~12개,
암술은 4~6개다.

잎은 안으로 오므리는
경향이 있다.

잎은 단단하고
둥글다.

포기 지름이
40~50센티미터까지 자란다.

안으로 오므리는 잎

잎은
십자마주 달린다.

약 30~45센티미터
높이까지 자란다.

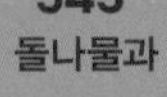

백천무白天舞

[로툰디폴리아 칼랑코에 · 소호접小蝴蝶 · 원엽장수화圓葉長壽花 · 백접무白蝶舞]

Kalanchoe rotundifolia

—

높이 20~90센티미터, 잎은 마주 달리며, 안으로 오므리는 경향이 있다. 잎은 녹백색이며 길이 20밀리미터, 폭 15밀리미터 정도로 넓고 둥글다.

꽃대는 길이 20~40센티미터 정도이며 곧게 선다.

잎 뒷면

꽃은 위를 향해 핀다.

꽃부리갈래조각은 네 개다.

꽃봉오리

통꽃의 꽃부리는
주홍색이 도는
붉은색이다.

꽃부리는 길이 8밀리미터,
지름 10밀리미터 정도다.

암술과 수술은
꽃부리통부
밖으로 나오지 않는다.

잎은
안으로 오므리는
경향이 있다.

잎은 길이 20밀리미터,
폭 15밀리미터 정도다.

잎은 녹백색이다.

잎은
길둥근꼴이다.

잎은
십자마주 달린다.

약 20~90센티미터 높이로
자란다.

백은무白銀舞

[등음藤蔭]

Kalanchoe pumila

[Flower Dust Plant]

—

높이가 20~30센티미터 정도 자란다. 잎은 길이 40밀리미터, 폭 25밀리미터 정도다. 잎끝에 둔한 톱니가 있다. 잎은 서리를 맞은 듯한 약간 희끄무레한 부드러운 털로 덮여있다.

꽃은 늦겨울에서
이른 봄에 핀다.

잎끝에 둔한
톱니가 있다.

꽃부리갈래조각은
뒤로 젖혀져 둥글게 말린다.

작은모임꽃차례이지만
전체적으로는
편평꽃차례散房花序처럼 보인다.

잎은
주걱 모양이다.

꽃은
분홍색으로 핀다.

꽃의 지름은
약 2센티미터다.

수술은 8개,
암술은 4개다.

잎은
부드러운 털로
덮여 있다.

잎은 길이 40밀리미터,
폭 25밀리미터 정도다.

잎은 마주 달리며,
서리를 맞은 듯
약간 희끄무레하다.

잎은
마주 달린다.

줄기는 흑적색이며
곁가지가 갈라지기도 한다.

약 20~30센티미터
높이로 자라는 버금떨기나무다.

345
돌나물과

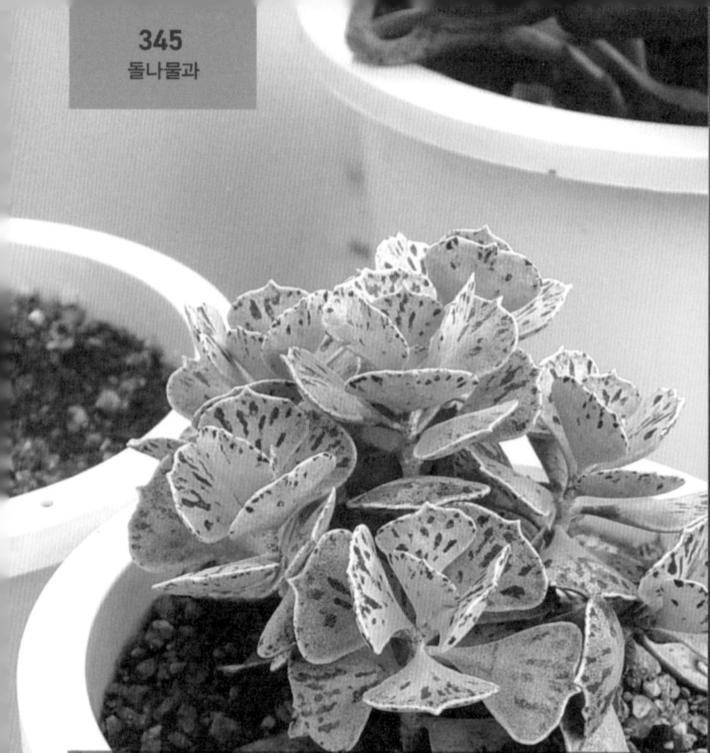

선작扇雀

[롬보필로사 · 희궁姬宮 · 백호]

Kalanchoe rhombopilosa

—

높이가 20센티미터 정도 자란다. 잎은 거꿀달걀 같은 삼각형이다. 잎은 회백색이며 흑갈색 점무늬가 있다. 잎은 딱딱하며, 쉽게 떨어진다.

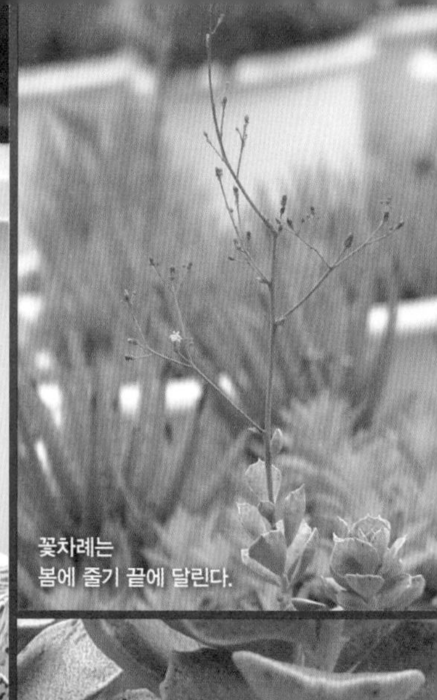

꽃차례는
봄에 줄기 끝에 달린다.

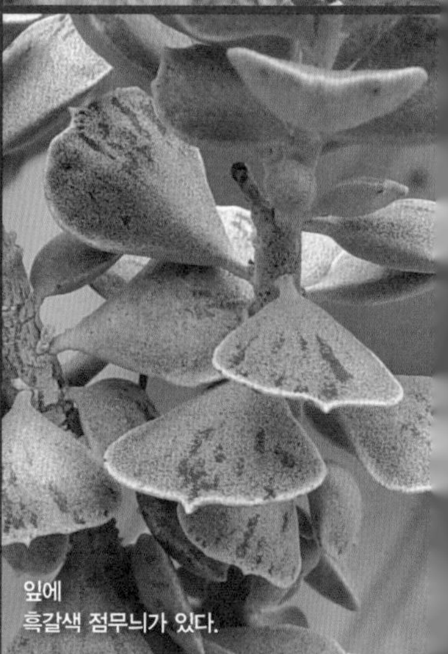

잎에
흑갈색 점무늬가 있다.

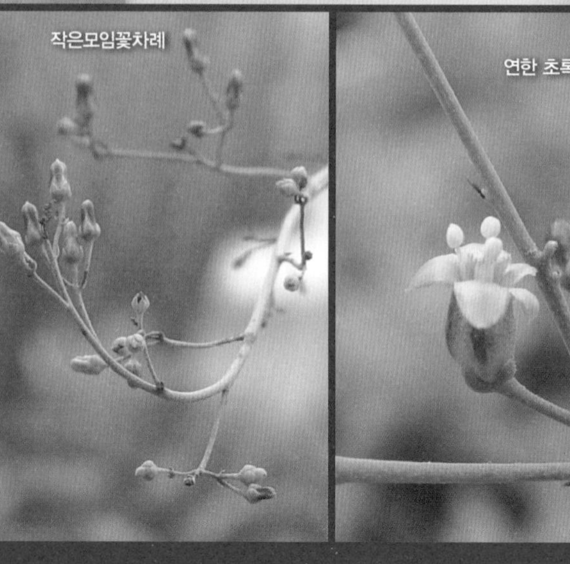

작은모임꽃차례

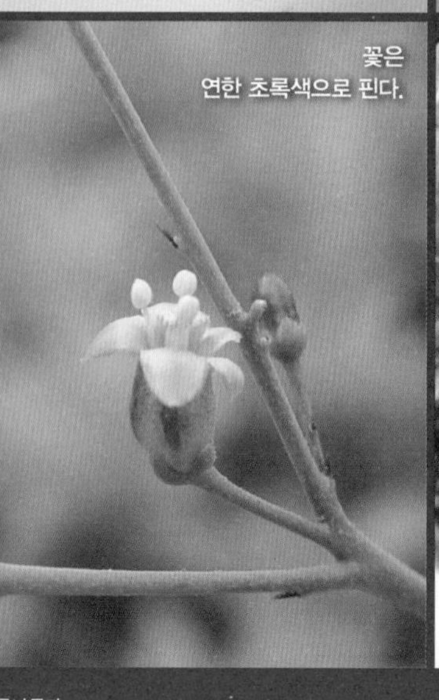

꽃은
연한 초록색으로 핀다.

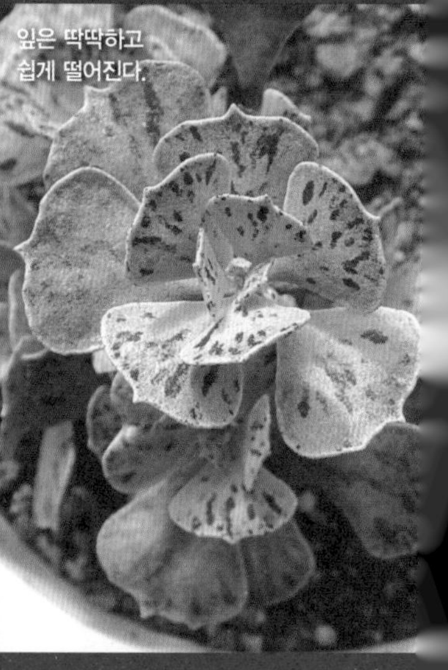

잎은 딱딱하고
쉽게 떨어진다.

작은모임꽃차례

꽃의 지름은
6밀리미터 정도다.

꽃잎은 네 개이며
약간 젖혀진다.

잎끝은
돌기처럼
뾰족하다.

잎은 길이 3센티미터,
폭 25밀리미터 정도다.

잎은 마주 달리며
회백색이다.

줄기에
공기뿌리

줄기는
적갈색이다.

약 20센티미터 정도
자라는 버금떨기나무다.

346
돌나물과

경록자京鹿子

[레노필럼 구타툼]

Lenophyllum guttatum

—

높이 4센티미터 정도 자란다. 잎은 길이 25밀리미터, 폭 15밀리미터 정도다. 잎은 회청색이며 흑적색 얼룩점이 있다. 'guttatum' 은 라틴어로 '점이 있는, 점박이의' 라는 뜻이다.

꽃차례의 길이는 약 15센티미터다.

잎은 회청색이며 마주 달린다.

작은모임꽃차례

암술과 수술

꽃잎 끝은 뒤로 젖혀진다.

꽃은 가을에
황녹색으로 핀다.

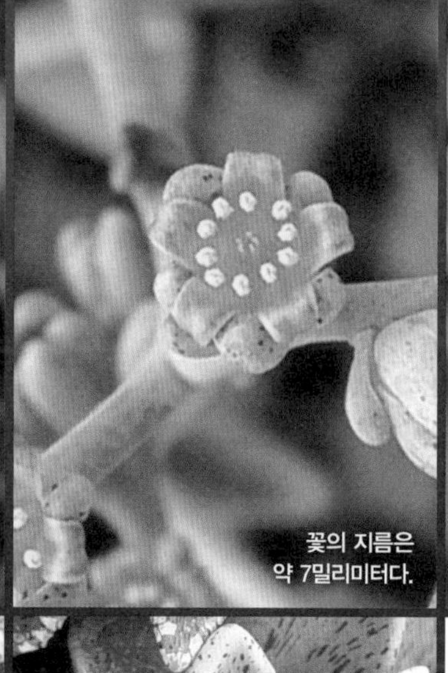
꽃의 지름은
약 7밀리미터다.

수술은 10개,
암술은 5개다.

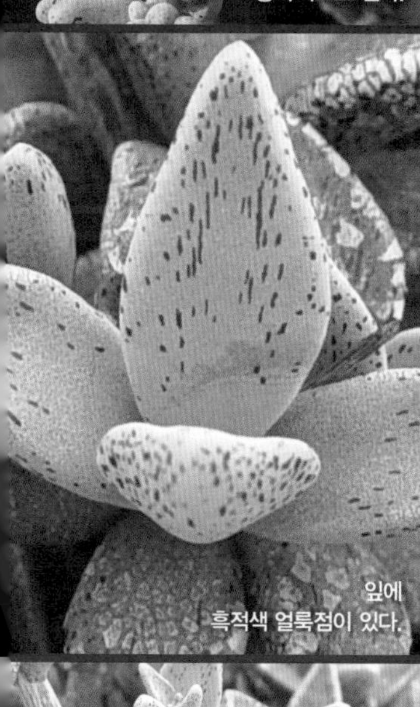
잎에
흑적색 얼룩점이 있다.

잎은 길이 25밀리미터,
폭 15밀리미터 정도다.

포기 지름이
4~5센티미터 정도 자란다.

는 모여서
지어 자란다.

줄기

약 4센티미터
높이로 자란다.

347
돌나물과

가입랑嫁入娘

[시집가는 처녀 · 요메이리 무수메]

***Cotyledon orbiculata* 'Yomeiri~Musume'**

—

높이가 60센티미터 정도 자란다. 잎은 흰 가루로 덮이며, 가장자리에 붉은색 줄무늬가 있다. 꽃은 줄기 끝에 달리며 꽃차례의 길이는 약 25센티미터다. 복랑*C. orbiculata var. oophylla*에 비해 잎은 얇은 편이다.

작은모임꽃차례의 길이는 약 25센티미터다.

잎 뒷면에 흰 가루

꽃은 주황색을 띤 붉은색으로 핀다.

꽃은 아래로 매달린다.

잎은 마주 달린다.

꽃부리의 길이는
약 3센티미터다.

꽃부리갈래조각은
5개다.

수술은 10개,
암술은 5개다.

잎은 두툼하며
긴 달걀꼴이다.

잎가에
붉은색 줄무늬가 있다.

잎은 마주 달리고
백록색이다.

포기는 모여서
무리 지어 자란다.

어린 가지에는
털이 없다.

약 60센티미터 높이로
자라는 버금떨기나무다.

꽃자루의 길이는 30센티미터 정도로 길게 올라온다.

복랑福娘

Cotyledon orbiculata var. oophylla

—

높이 30~50센티미터 정도 자란다. 잎은 길이 2~6센티미터, 폭 2센티미터, 두께 15밀리미터 정도로 통통하다. 잎은 녹색이지만 흰 가루로 덮여 흰색으로 보인다. 잎끝은 둥글고 자주색으로 물든다.

잎은 두꺼워 통통하다.

작은모임꽃차례

꽃은 여름에 핀다.

잎끝은 둥글고 자주색으로 물든다.

꽃부리의 길이는
약 25밀리미터다.

꽃은 붉은색에
가까운 오렌지색으로 핀다.

수술은 10개,
암술은 5개다.

잎은 녹색이지만
흰 가루로 덮여 흰색으로 보인다.

잎은 길이 2~6센티미터,
폭 2센티미터, 두께 15밀리미터 정도다.

통통한 잎은 십자마주 달리며
흰색 가루白粉로 덮인다.

잎은 십자마주 달린다.

포기는 모여서
무리 지어 자란다.

약 30~50센티미터 높이로
자라는 버금떨기나무다.

349
돌나물과

코틸레돈 '미스터 버터필드'

[부테르피엘드 · 버터필드]

Cotyledon **'Mr. Butterfield'**

[Finger Aloe]

—

높이가 30~60센티미터 정도 자란다. 잎은 길이 4~5센티미터 정도의 손가락처럼 통통한 둥근기둥꼴이다. 잎은 회청록색이며, 잎끝에 자주색 무늬가 있다.

꽃은
줄기 끝에 달리며
늦은 봄에 핀다.

잎은 손가락처럼
통통한 둥근기둥꼴이다.

작은모임꽃차례

꽃부리갈래조각은
뒤로 젖혀진다.

잎은
흰 가루로 덮인다.

꽃은 아래로 드리우고,
길이가 약 2~3센티미터다.

꽃부리 바깥은 연한 초록색이며,
안쪽은 밝은 오렌지 빛 황적색이다.

수술은 10개,
암술은 5개다.

잎끝에
자주색 무늬가 있다.

잎의 길이는
4~5센티미터 정도다.

잎은
십자마주 달린다.

잎은
둥근기둥꼴이다.

줄기에서
곁가지가 잘 갈라진다.

약 30~60센티미터
높이로 자라는
버금떨기나무다.

코틸레돈 엘리세

[엘리세]

Cotyledon elisae

—

높이 20센티미터 정도의 작은 난쟁이 품종이다. 잎은 길이 6센티미터, 폭 4센티미터 정도며 잎가에 붉은색 줄무늬가 있다. 잎은 마주 달리며 두툼한 육질이고 끈적거린다.

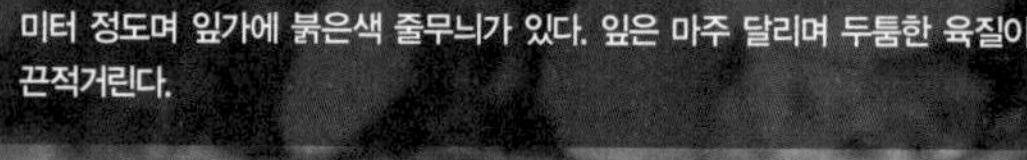

꽃은 황적색이며, 길이가 3센티미터 정도다.

잎 뒷면

꽃봉오리

작은모임꽃차례

수술은 10개, 암술은 5개다.

꽃은
아래로 드리운다.
꽃부리갈래조각은
5개다.
수술대
암술
잎은 길이 6센티미터,
폭 4센티미터 정도다.
붉은색
줄무늬
잎가에
붉은색 줄무늬가 있다.
잎은 마주 달리며
두툼한 육질이고 끈적거린다.
꽃받침
꽃받침
곁가지가
잘 갈라진다.
약 20센티미터 높이로
키가 낮게 자라는 버금떨기나무다.

351
돌나물과

은파금銀波錦

Cotyledon undulata

[Silver Crown · Silver Ruffles]

—

높이는 45~60센티미터 정도 자란다. 잎은 길이 7센티미터, 폭 7센티미터 정도다. 잎은 흰 가루로 덮인 백록색이며 잎 가장자리는 레이스 같은 물결 모양이다.

작은모임꽃차례의 길이는 30~40센티미터 정도다.

잎 뒷면

꽃봉오리

꽃은 여름에 아래를 향하여 핀다.

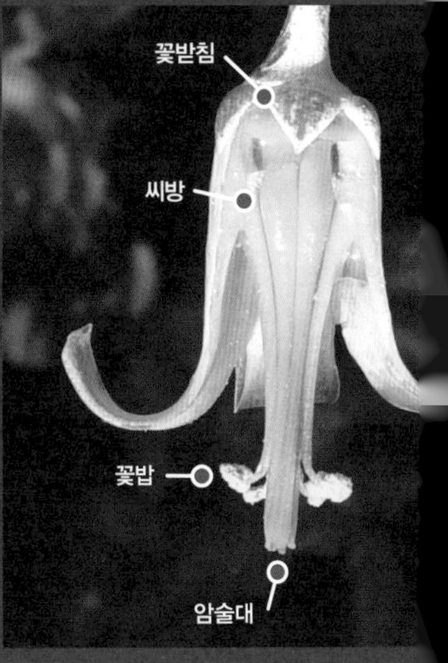

꽃받침
암술
꽃부리 안쪽은
오렌지 빛 붉은색이다.
수술대
꽃밥
암술
잎 가장자리는
레이스 같은 물결 모양이다.
잎은 길이 7센티미터,
폭 7센티미터 정도다.
잎은 흰 가루로
덮인 백록색이다.
수술은 10개,
암술은 5개다.
줄기는
백록색이며
털이 없다.
약 45~60센티미터 높이로
자라는 버금떨기나무다.

352
돌나물과

삼성탑

[코틸레돈 파필라리스 · 파필라리스]

Cotyledon papillaris

—

높이는 10센티미터 이하로 키가 작게 자란다. 잎은 길이 4~5센티미터, 두께 1센티미터 정도로 동글동글한 원뿔 모양이다. 잎끝은 뾰족하다. 꽃은 자주색이고 지름이 25밀리미터 정도며, 꽃부리 조각은 뒤로 젖혀진다.

꽃대의 길이는 약 10센티미터다.

잎은 동글동글한 원뿔 모양이며 다육질이다.

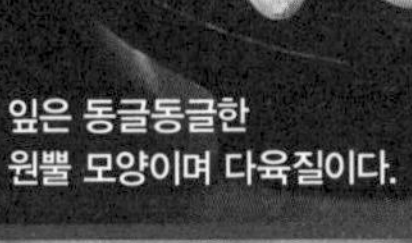

작은모임꽃차례

꽃밥은 자주색이다.

암술과 수술은 길이가 비슷하다.

꽃은 자주색이고
지름이 25밀리미터 정도다.

꽃부리갈래조각은
뒤로 젖혀진다.

수술은 10개,
암술은 5개다.

잎은
위로 곧추 선다.

잎은 길이 4~5센티미터,
두께 1센티미터 정도다.

잎은 동글동글한 원뿔모양이며
잎끝은 뾰족하다.

포기는 모여서
무리 지어 자란다.

잎끝은 뾰족하다.

약 10센티미터 높이
이하로 자란다.

353
돌나물과

웅동자熊童子

Cotyledon tomentosa

[Bear's Paw]

—

높이가 25~30센티미터 정도 자란다. 줄기는 털이 많으며, 곁가지가 잘 갈라진다. 잎은 길이 15~25밀리미터, 폭 8~14밀리미터 정도다. 잎끝에 육질의 톱니가 있다.

꽃차례의 길이는 10~20센티미터 정도며 황록색 꽃이 핀다.

잎 양면에는 털이 많다.

식물 전체에 털이 촘촘하다.

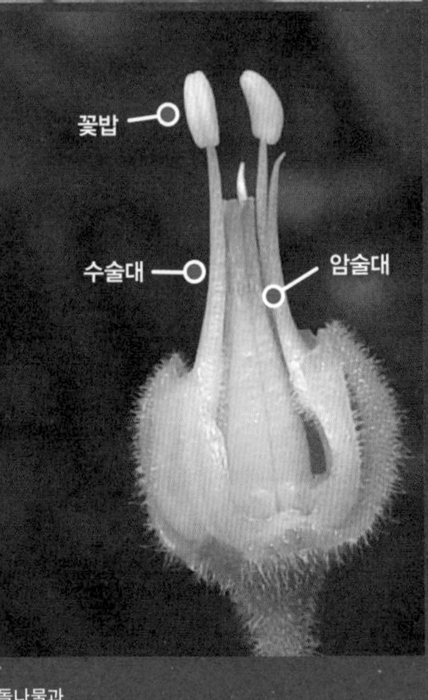

꽃은 연한 황록색으로 핀다.

작은모임꽃차례에
3~6개의 꽃이 달린다.

꽃부리갈래조각은
보통 5개다.

수술은 10개,
암술은 5개다.

잎은 두터운
다육질이다.

잎은 길이 15~25밀리미터,
폭 8~14밀리미터 정도다.

잎은
마주 달린다.

잎끝에는 곰의 발톱 같은
톱니가 있다.

줄기에
털이 많다.

약 25~30센티미터 높이로
자라는 버금떨기나무다.

멕시코돌나물

[멕시코 만년초]

Sedum mexicanum

[Mexican Sedum]

—

높이가 15~30센티미터 정도 자란다. 잎은 길이 8밀리미터 정도의 가느다란 바소꼴이고 3~5개씩 돌려 달리는 다육질이다. 강한 햇볕에서 잎은 황금빛으로 물든다.

꽃차례의 길이는 10~20센티미터 정도다.

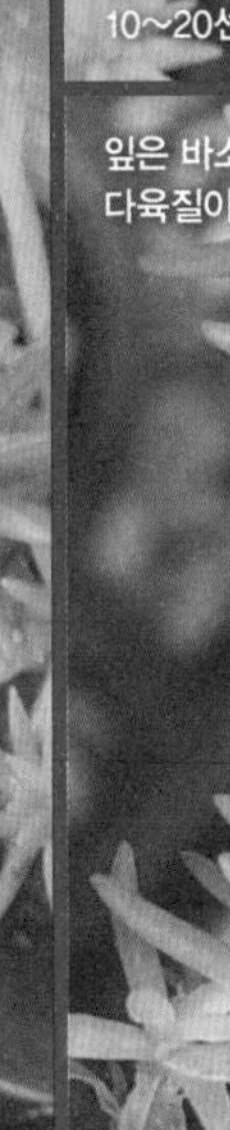

잎은 바소꼴披針形이고 다육질이다.

꽃은 초여름에 핀다.

암술과 수술

잎은 돌려 달린다.

꽃은 초여름에
밝은 노란색으로 핀다.

꽃의 지름은
약 13밀리미터다.

수술은 10개,
암술은 5개다.

잎은
밝은 초록색이다.

잎의 길이는
약 8밀리미터다.

잎은 3~5개씩
돌려 달린다.

포기는 모여서
무리 지어 자란다.

줄기는 갈색이다.

약 15~30센티미터
높이로 자란다.

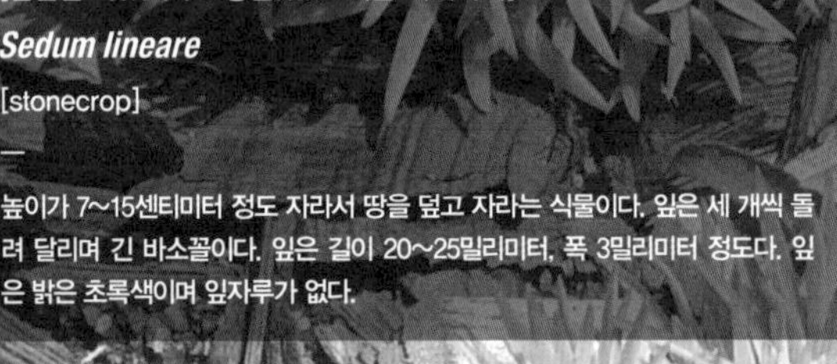

바늘돌나물

[남만년초男万年草 · 청엽靑葉 · 세둠 리네아레]

Sedum lineare

[stonecrop]

—

높이가 7~15센티미터 정도 자라서 땅을 덮고 자라는 식물이다. 잎은 세 개씩 돌려 달리며 긴 바소꼴이다. 잎은 길이 20~25밀리미터, 폭 3밀리미터 정도다. 잎은 밝은 초록색이며 잎자루가 없다.

6월에
밝은 노란색 꽃이 핀다.

잎 양면에는
털이 없다.

쪽꼬투리열매는
다섯 갈래로 갈라진다.

꽃의 지름은
약 10밀리미터다.

잎은
밝은 초록색이다.

작은모임꽃차례

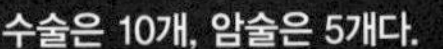

수술은 10개, 암술은 5개다.

꽃받침조각은
5개다.

잎에는
잎자루가 없다.

잎은 길이 20~25밀리미터,
폭 3밀리미터 정도다.

잎은 세 개씩 돌려 달리며
긴 바소꼴이다.

땅을 덮고 자라는
식물이다.

어린 가지에는
털이 없다.

약 7~15센티미터
높이로 자란다.

박화장薄化粧

[세둠 팔메리 · 파머 세덤]

Sedum palmeri

—

높이 15~30센티미터 정도 자란다. 잎의 길이는 3센티미터 정도다. 잎은 아주 부드럽고 얇으며, 옥빛 색감이 도는 청록색이다.

작은모임꽃차례는 잎겨드랑이에 달리며 길이가 15센티미터 정도다.

잎은 옥빛이 도는 청록색이다.

작은모임꽃차례

암술은 5개

잎은 주걱 모양이다.

꽃은
밝은 노란색으로 핀다.

꽃은 3~4월에 핀다.

수술은 10개,
암술은 5개다.

붉게 변한 잎

잎은 길이가 3센티미터 정도며
얇고 아주 부드럽다.

잎은 줄기 위쪽에 모여 달리며,
옥빛이 도는 밝은 청록색이다.

포기는 모여서
무리 지어 자란다.

줄기는 곧게 서지 못하고
구불구불 휘거나
늘어지는 경향이 있다.

약 15~30센티미터
높이로 자라는
버금떨기나무다.

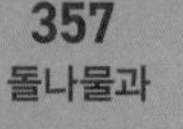

원뿔꽃차례의 길이는 20센티미터 정도다.

백후엽변경白厚葉弁慶

[세둠 알란토이데스 · 알란토이데스]

Sedum allantoides

—

높이 15센티미터 이하로 키가 작게 자란다. 'allantoides'는 그리스어로 소시지라는 뜻이다. 잎은 소시지처럼 둥근기둥꼴이고 잎에는 흰 가루가 많다. 잎은 길이 35밀리미터, 두께 10밀리미터 정도다. 꽃잎에 녹색 또는 붉은색 점무늬가 있다.

잎은 소시지처럼 둥근기둥꼴이다.

암술은 5개

꽃잎에 녹색 또는 붉은색 점무늬

원뿔꽃차례

꽃은 봄에
흰색으로 핀다.

꽃잎과 꽃받침조각은
5개씩이다.

수술은 10개,
암술은 5개다.

잎에는
흰 가루가 많다.

잎은 길이 35밀리미터,
두께 10밀리미터 정도다.

잎은 소시지처럼 생긴
둥근기둥꼴이며,
옥빛이 도는 밝은 청록색이다.

잎은
소시지처럼 생겼다.

줄기는 곁가지가
잘 갈라진다.

높이가 15센티미터
이하로 자란다.

358
돌나물과

부사富士

[천사의 물방울]

Sedum treleasei

[Silver Sedum]

—

높이 15센티미터 정도 자란다. 잎은 통통한 달걀꼴이며 밝은 청록색이다. 잎은 길이 25밀리미터, 폭 15밀리미터 정도다.

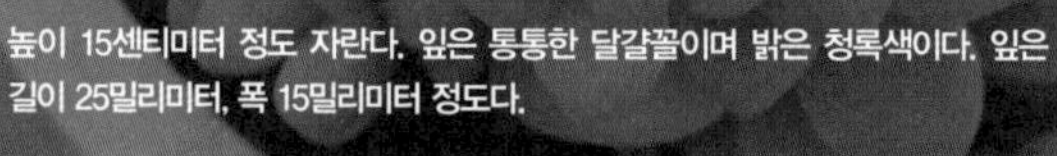

꽃차례의 길이는 12~15센티미터 정도다.

잎은 어긋나게 달린다.

꽃은 밝은 노란색으로 핀다.

꽃잎은 5개다.

꽃은 3~4월에
밝은 노란색으로 핀다.

꽃의 지름은
약 12밀리미터다.

수술은 10개,
암술은 5개다.

잎은
두터운 다육질이다.

잎은 길이 25밀리미터,
폭 15밀리미터 정도다.

잎은 십자마주달리며,
옥빛이 도는 밝은 청록색이다.

잎은
통통한 달걀꼴이다.

포기는 모여서
무리 지어 자란다.

약 15센티미터
높이로 자란다.

359
돌나물과

청솔

[금송 · 팔천대八千代 · 녹후엽변경綠厚葉弁慶]

Sedum corynephyllum

—

높이가 20~40센티미터 정도 자란다. 줄기는 곧게 서며, 많은 공기뿌리氣根가 나온다. 잎은 광택이 있는 둥근기둥꼴이다. 햇볕의 양이 많으면 잎은 노랗게 변한다. 잎이 청옥S.burrito과 비슷하지만 잎 길이가 더 길다.

꽃대는
잎겨드랑이에 달린다.

잎끝은
붉게 물든다.

수술과 암술

꽃 피는
모습

꽃은
연한 노란색으로
겨울에 핀다.
꽃의 지름은
약 17밀리미터다.
암술은 보통 6~7개,
수술은 12~14개다.
잎은
위로 약간
구부러진다.
잎의 길이는
3센티미터 정도다.
잎은 광택이 있는
둥근기둥꼴이다.
햇볕의 양에 따라
잎끝은 붉게 물든다.
줄기에서
공기뿌리가 나온다.
약 20~40센티미터
높이로 자란다.

홍옥虹玉

[세둠 루브로팅툼 · 송연松緣]

Sedum rubrotinctum

[Pork and Beans]

—

줄기는 비스듬히 누워 아래로 늘어진다. 줄기의 길이는 10~20센티미터 정도다. 잎은 길이 15~25밀리미터, 지름 4~7밀리미터의 통통한 바나나 모양이다. 겨울 강한 태양 아래에서 잎은 붉은색으로 변하지만, 보통은 녹색으로 광택이 있다.

꽃은 늦겨울에서
이른 봄에 핀다.

청솔*S. corynephyllum*보다
잎 길이가 짧다.

꽃은 뭉쳐서 핀다.

꽃은
밝은 노란색이다.

줄기는 옆으로 누워
아래로 늘어진다.

꽃은
밝은 노란색으로 핀다.

꽃은 지름이
2센티미터 정도다.

수술은 10개,
암술은 5개다.

잎은 통통한
바나나 모양이다.

잎은 길이 15~25밀리미터,
지름 4~7밀리미터 정도다.

잎은 둥근기둥꼴이다.

강한 햇살에 잎은
붉은색으로 변한다.

줄기는 가늘고
나무처럼 단단해진다.

줄기는 길이가
10~20센티미터 정도 자란다.

녹귀란綠龜卵

[녹구란 · 세둠 헤르난데지이]

Sedum hernandezii

—

줄기는 비스듬히 누워 아래로 늘어진다. 높이 14센티미터 정도다. 잎은 길이 12~16밀리미터, 지름 10~13밀리미터의 둥근 방망이 모양이다. 잎은 보통 연한 녹색이며 광택이 있다.

꽃은 봄에 작은모임꽃차례를 이룬다.

잎에는 털이 없다.

꽃은 잎겨드랑이에 달린다.

꽃봉오리

꽃은 5~6일 동안 피어 있다.

꽃은
노란색으로 핀다.

꽃의 지름은
약 15밀리미터다.

수술은 10개,
암술은 5개다.

잎은
방망이 모양이다.

잎은 길이 12~16밀리미터,
지름 10~13밀리미터 정도다.

잎은 방망이 모양의
거꿀바소꼴이고, 잎끝은 둥글다.

진한
녹색 잎

줄기는 옆으로 누워
아래로 늘어진다.

약 14센티미터
높이로 자란다.

옥주렴玉珠簾

[당나귀 꼬리 · 구슬얽이]

Sedum morganianum

[Donkey's Tail]

—

줄기는 길이가 90~120센티미터 정도 자라서 아래로 늘어진다. 잎은 청록색이며 길이 2~4센티미터, 폭 7밀리미터, 두께 5밀리미터 정도다. 잎을 건드리면 잘 떨어지므로 주의하여 다루어야 한다.

작은모임꽃차례는 줄기 끝에 달린다.

줄기는 아래로 늘어진다.

꽃은 봄에 핀다.

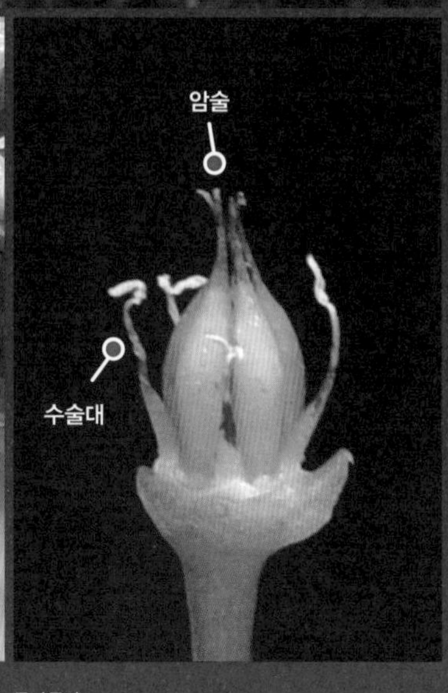

꽃봉오리

꽃은 붉은 분홍색
또는 진홍색으로 핀다.

수술은 10개,
암술은 5개다.

새 잎은
밝은 초록색이다.

잎은 길이 2~4센티미터,
폭 7밀리미터, 두께 5밀리미터 정도다.

잎은 다육질이며
잎자루가 없다.

잎을 건드리면
쉽게 떨어진다.

줄기 밑 부분에서
곁가지가 여러 갈래로 갈라진다.

줄기의 길이는
90~120센티미터 정도
자라서 아래로 늘어진다.

청옥靑玉

[신구슬얽이 · 신옥新玉 · 세둠 부리토]

Sedum burrito

[Burno's Tail Sedum]

—

줄기 길이가 60~90센티미터 정도며 옆으로 누워 아래로 늘어진다. 다닥다닥 붙어있는 잎은 살짝만 건드려도 쉽게 떨어진다. 떨어진 잎은 쉽게 뿌리를 내려 번식을 한다. 옥주렴*S. morganianum*에 비해 잎의 길이가 짧고 통통하며 동글동글한 편이다.

작은모임꽃차례는
줄기 끝에 달리며
봄에 꽃이 핀다.

잎 뒷면

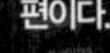

작은모임꽃차례

수술은 꽃잎과
길이가 비슷하다.

꽃은 분홍색 또는
주홍색으로 핀다.

수술은 10개,
암술은 5개다.

햇볕의 양에 따라
잎은 붉게 변한다.

어린 잎

잎은 길이가 짧고
통통하다.

다닥다닥 붙어있는 잎은
살짝만 건드려도
쉽게 떨어진다.

줄기는 옆으로 누워
아래로 늘어진다.

줄기의 길이가
60~90센티미터 정도 자란다.

364
돌나물과

세잎돌나물

[옥미玉尾 · 옥서玉緖]

Sedum sieboldii

[October Daphne]

—

높이 10~15센티미터 이하, 줄기 길이 15~22센티미터 정도 자란다. 잎은 회청록색이지만, 추운 곳에서는 진한 분홍색으로 변한다. 잎의 지름은 약 15밀리미터다.

꽃은 10월, 줄기 끝에서 작은모임꽃차례를 이룬다.

잎 양면에는 털이 없다.

작은모임꽃차례

꽃 피는 모습

꽃봉오리

꽃의 지름은
8~10밀리미터 정도며
분홍색으로 핀다.

수술은 10개,
암술은 5개다.

수술대는
연한 분홍색이다.

짧은
잎자루가 있다.

잎의 지름은
약 15밀리미터다.

잎은 둥근꼴이며
마주 달리거나
세 개씩 돌려 달린다.

잎은 회청록색이지만,
추운 곳에서는
진한 분홍색으로 변한다.

줄기는 옆으로 퍼지지만
줄기 끝은 위로 선다.

높이 10~15센티미터 이하,
줄기 길이 15~22센티미터
정도 자란다.

365
돌나물과

자주꿩의비름 '피콜렛'

[세둠 텔레피움 '피콜렛']

***Sedum telephium* 'Picolette'**

—

높이가 20~30센티미터 정도 자란다. 잎은 마주 달리거나 세 개씩 돌려 달리며 길둥근꼴이다. 잎은 진한 자줏빛이다. 수술은 10개이며 그 중 5개는 꽃잎과 마주 달린다.

작은모임꽃차례는 지름이 4~5센티미터 정도다.

잎 뒷면

잎 양면에는 털이 없다.

열매는 쪽꼬투리열매다.

꽃받침조각은 다섯 개다.

작은모임꽃차례

꽃의 지름은 약 10밀리미터다.

수술은 10개이며 그 중 5개는 꽃잎과 마주 달린다.

암술은 5개다.

잎자루가 없다.

잎은 길이 5센티미터, 폭 25밀리미터 정도다.

잎은 마주 달리거나 세 개씩 돌려 달리며 길둥근꼴이다.

꽃봉오리

줄기에는 털이 없다.

약 20~30센티미터 높이로 자란다.

세둠 클라바툼

[노이勞爾 · 라울]

Sedum clavatum

—

높이 15센티미터 이하로 낮게 자란다. 잎은 길이 3~4센티미터, 폭 15밀리미터 정도다. 잎은 통통한 거꿀바소꼴이며, 흰 가루로 덮인다. 잎끝은 적자색으로 물든다.

꽃대는 잎겨드랑이에 달린다. 꽃은 늦겨울에서 이른 봄에 핀다.

잎끝은 적자색으로 물든다.

꽃은 흰색으로 핀다.

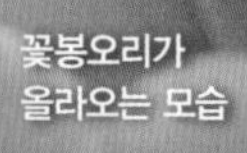

꽃봉오리가 올라오는 모습

잎은 흰 가루로 덮인다.

꽃은 흰색 또는 유백색으로 핀다.

꽃의 지름은 약 12밀리미터다.

수술은 10개, 암술은 5개다.

잎은 통통하고 거꿀바소꼴이다.

잎은 길이 3~4센티미터, 폭 15밀리미터 정도다.

잎은 통통한 거꿀바소꼴이며, 흰 가루로 덮인 밝은 청록색이다.

꽃봉오리

줄기에서 곁가지가 잘 갈라진다.

높이가 15센티미터 이하로 자란다.

367
돌나물과

돌담흰꽃세둠

[흰꽃세덤 '무랄레' · 알프스기린초 · 알붐 · 애기홍옥]

***Sedum album* 'Murale'**

[White Stonecrop]

—

높이 15센티미터, 줄기 길이 22~30센티미터 정도 자란다. 줄기는 기면서 땅을 덮고 자란다. 잎은 길이 15~20밀리미터, 폭 5밀리미터 정도며 통통한 다육질이다. 잎은 초록색이지만 겨울에는 주홍색 또는 자주색으로 물든다.

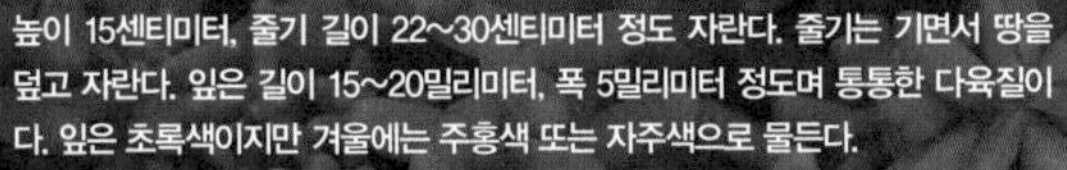

꽃은 여름에 흰색으로 핀다.

잎은 방망이 모양이고 초록색이다.

꽃이 진 후의 모습

꽃은 흰색으로 핀다.

작은모임꽃차례

꽃의 지름은
약 7밀리미터다.

꽃잎은
5개다.

수술은 10개,
암술은 5개다.

어린 잎

잎은 길이 15~20밀리미터,
폭 5밀리미터 정도다.

잎은 통통한
다육질이다.

포기는 모여서
무리 지어 자란다.

줄기는 기면서
땅을 덮고 자란다.

높이 15센티미터,
줄기 길이 22~30센티미터 정도
자란다.

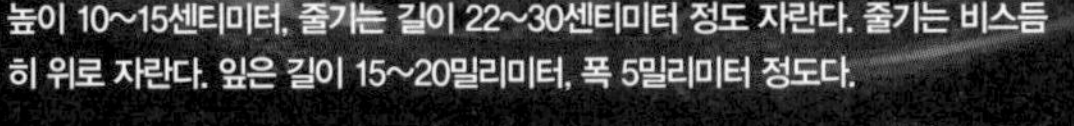

흰꽃세둠

[백화만년초白花万年草 · 백변경초白弁慶草 · 옥미석玉米石]

Sedum album

—

높이 10~15센티미터, 줄기는 길이 22~30센티미터 정도 자란다. 줄기는 비스듬히 위로 자란다. 잎은 길이 15~20밀리미터, 폭 5밀리미터 정도다.

꽃은
봄에 핀다.

잎에는
털이 없다.

꽃은
줄기 위쪽에 달린다.

꽃은
흰색으로 핀다.

암술과 수술은
꽃잎보다 약간 짧다.

꽃은
흰색으로 핀다.

꽃의 지름은
약 7밀리미터다.

수술은 10개,
암술은 5개다.

잎은 나사 모양으로
배열된다.

잎은 길이 15~20밀리미터,
폭 5밀리미터 정도다.

잎은 광택이 있는
밝은 초록색이며 통통하다.

줄기에서
곁가지가 갈라진다.

줄기에는
털이 없다.

높이 10~15센티미터,
줄기 길이 22~30센티미터
정도 자란다.

369
돌나물과

송록松綠

Sedum lucidum

—

높이 20~25센티미터 정도 자란다. 잎은 거꿀달걀꼴이며 길이가 3센티미터 정도다. 잎 뒷면에 둔한 모서리가 있다.

작은모임꽃차례는 잎겨드랑이에 달린다.

잎 뒷면에 둔한 모서리가 있다.

작은모임꽃차례

암술과 수술

꽃은 봄에 핀다.

꽃은 흰색으로 핀다.

암술은 연한 초록색이다.

수술은 10~12개, 암술은 5~6개다.

잎은 어긋나게 달린다.

잎의 길이는 약 3센티미터다.

잎은 광택이 있는 다육질이며, 잎끝은 붉게 물든다.

잎은 거꿀달걀꼴이다.

잎끝은 붉게 물든다.

약 20~25센티미터 높이로 자란다.

370
돌나물과

환엽송록丸葉松綠

[둥근잎송록]

***Sedum lucidum* 'Obesum'**

—

높이 15센티미터 정도 낮게 자란다. 잎은 거꿀바소꼴이며 길이 3센티미터, 폭 15밀리미터 정도고, 두께가 두꺼워 통통하고 동글동글하다. 꽃차례는 잎겨드랑이에 달리며 길이가 10센티미터 정도다.

꽃차례는 잎겨드랑이에 달리며 길이가 10센티미터 정도다.

잎은 두터우며 통통하다.

꽃은 뭉쳐서 핀다.

암술과 수술

꽃은 잎겨드랑이에 달린다.

꽃은
봄에 핀다.

꽃의 지름은
약 12밀리미터다.

수술은 10개,
암술은 5개다.

햇볕의 양이 많으면
잎끝이 붉은색으로 물든다.

잎은 길이 3센티미터,
폭 15밀리미터 정도다.

잎은 거꿀바소꼴이며,
두께가 두꺼워
통통하고 동글동글하다.

줄기에서 곁가지가
많이 나온다.

줄기는
곧게 선다.

약 15센티미터
높이로 자란다.

371
돌나물과

명월銘月

Sedum nussbaumerianum

—

높이가 15~30센티미터 정도 자란다. 잎은 길이 5센티미터, 폭 1센티미터 정도다. 잎은 거꿀바소꼴이며 잎끝은 약간 날카롭다.

꽃은 초봄에 핀다.

잎끝은 약간 날카롭다.

꽃은 잎겨드랑이에 달린다.

암술과 수술

원뿔꽃차례

꽃은
거의 흰색으로 핀다.

꽃의 지름은
약 15밀리미터다.

수술은 10개,
암술은 5개다.

잎가는
약간 붉은 빛이다.

잎은 길이 5센티미터,
폭 1센티미터 정도다.

잎은 거꿀바소꼴이며,
잎은 두께가 두꺼워 통통하고
잎끝은 약간 날카롭다.

어린 잎

잎겨드랑이에 달리는
꽃대

약 15~30센티미터
높이로 자란다.

372
돌나물과

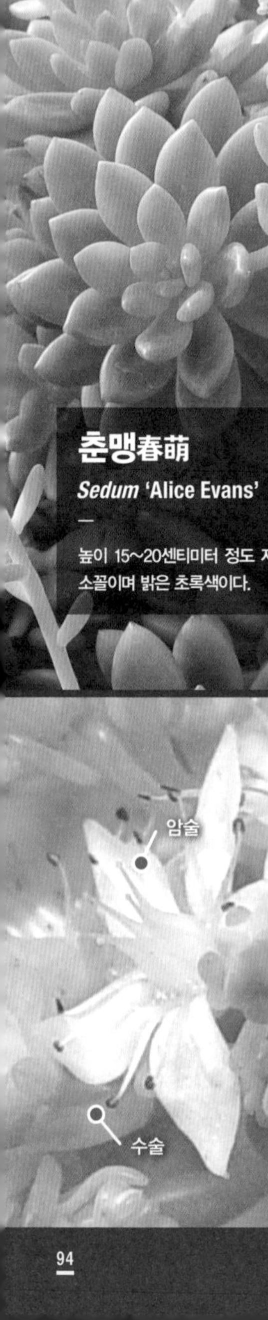

춘맹春萌

***Sedum* 'Alice Evans'**

—

높이 15~20센티미터 정도 자란다. 식물에는 미세한 향기가 있다. 잎은 거꿀바소꼴이며 밝은 초록색이다.

작은모임꽃차례는 잎겨드랑이에 달린다.

잎에는 털이 없다.

암술과 수술

꽃봉오리

꽃은
흰색으로 핀다.

꽃은
봄에 핀다.

수술은 10개,
암술은 5개다.

잎은
거꿀바소꼴이다.

잎의 길이는
5센티미터 정도다.

잎은 두께가 두꺼워
통통하고 광택이 있는
에메랄드빛 초록색이다.

포기는 모여서
무리 지어 자란다.

잎은
어긋나게 달린다.

약 15~20센티미터
높이로 자란다.

희성미인姬星美人 '마요르'

Sedum dasyphyllum **'Major'**

[Blue Tears Sedum · Love & Tangles]

—

높이 5~10센티미터, 줄기 길이 20~30센티미터 정도 기어가며 땅을 덮고 자란다. 잎은 흰 가루로 덮인 회청록색이며 길이 7밀리미터, 폭 5밀리미터 정도다.

꽃차례는 줄기 끝에 달린다.

어린잎은 밝은 초록색이다.

꽃은 이른 여름에 핀다.

꽃잎은 5개다.

암술과 수술

꽃은
흰색으로 핀다.

꽃의 지름은
약 1센티미터다.

수술은 (8~)10개,
암술은 (4~)5개다.

강한 햇살에
잎은 자주색으로 변한다.

잎은 길이 7밀리미터,
폭 5밀리미터 정도다.

잎은 거꿀바소꼴이며,
흰 가루로 덮인 회청록색이다.

줄기는 땅을 덮으며
옆으로 퍼진다.

높이가
5~10센티미터 정도 자란다.

줄기 길이가
20~30센티미터 정도 자란다.

374
돌나물과

옥연玉連

[군모두群毛豆]

Sedum furfuraceum

—

높이 10센티미터 이하, 줄기 길이 15~22센티미터 정도 자란다. 줄기는 누워 자라지만 줄기 끝은 곧게 선다. 잎은 암록색이며 강한 햇볕에서는 적자색으로 변한다. 잎 표면의 껍질이 찢어져 허연 비듬처럼 달라붙어 있다.

꽃은 봄에 흰색으로 핀다.

잎은 두툼하며 둥글다.

꽃은 줄기 위쪽에 달린다.

암술과 수술

잎끝은 둥글며 약간의 둔한 능선이 있다.

꽃잎은
5개다.

꽃의 지름은
8~10밀리미터 정도다.

수술은 10개,
암술은 5개다.

잎 표면의 껍질이 찢어져
비듬처럼 붙어있다.

잎은 길이 6~11밀리미터,
두께 4~5밀리미터 정도다.

잎은
다육질이다.

잎은 강한 햇살에서
적자색으로 변한다.

줄기는 회색이다.

높이가 10센티미터 이하로 자란다.

375
돌나물과

박모만년초薄毛万年草

[스프링원더]

Sedum versadense

—

줄기 길이 15센티미터 정도 누워 땅을 덮고 자란다. 식물 전체에 짧은 흰색 털이 많다. 잎은 길이 7밀리미터, 폭 5밀리미터 정도며, 잎 표면은 주황색이고 뒷면은 붉은색이다.

꽃차례는 아치형으로 휜다.

잎 뒷면은 붉은색이다.

꽃대는 비스듬히 위로 선다.

암술과 수술

줄기에서 곁가지가 많이 나온다.

꽃의 지름은
16밀리미터 정도다.

꽃은 연한 분홍빛이 도는
흰색으로 핀다.

수술은 10개,
암술은 5개다.

잎 표면은
주황색이다.

잎은 길이 7밀리미터,
폭 5밀리미터 정도다.

잎은 주걱모양(비형篦形)이며,
잎끝은 뾰족하다.

꽃대잎에는
털이 없다.

줄기에는
털이 있다.

줄기가 누워서
땅을 덮게 된다.

376
돌나물과

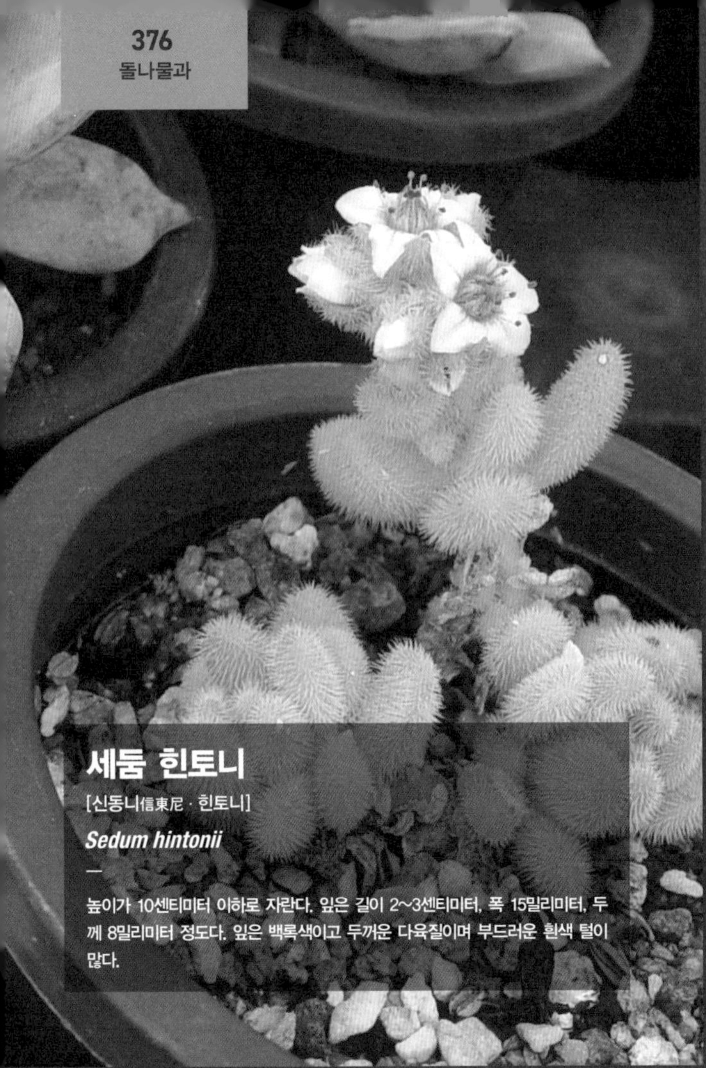

세둠 힌토니

[신동니信東尼 · 힌토니]

Sedum hintonii

—

높이가 10센티미터 이하로 자란다. 잎은 길이 2~3센티미터, 폭 15밀리미터, 두께 8밀리미터 정도다. 잎은 백록색이고 두꺼운 다육질이며 부드러운 흰색 털이 많다.

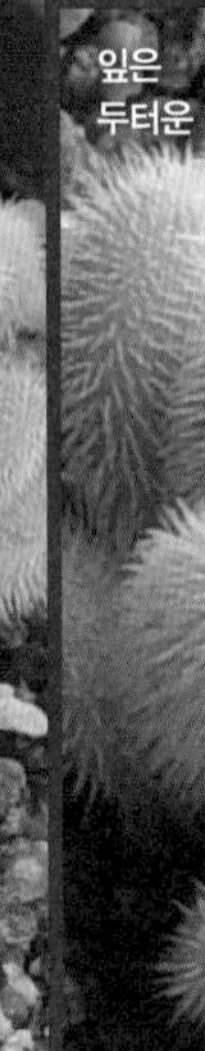

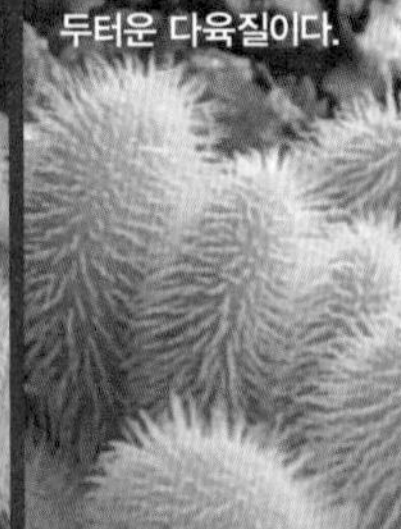

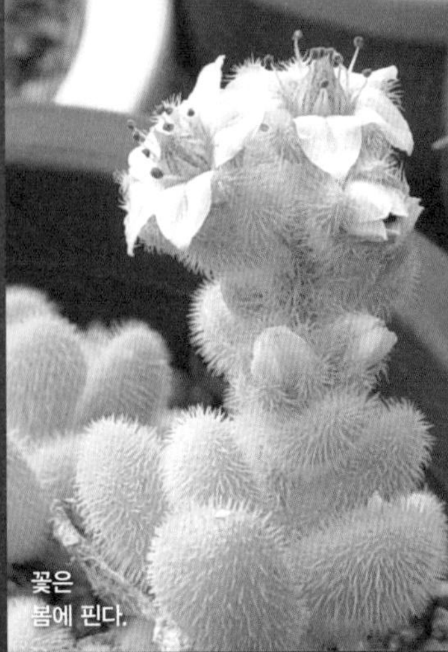

꽃은
봄에 핀다.

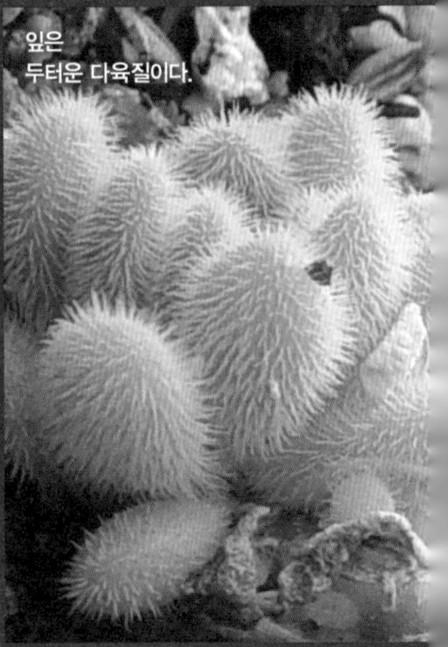

잎은
두터운 다육질이다.

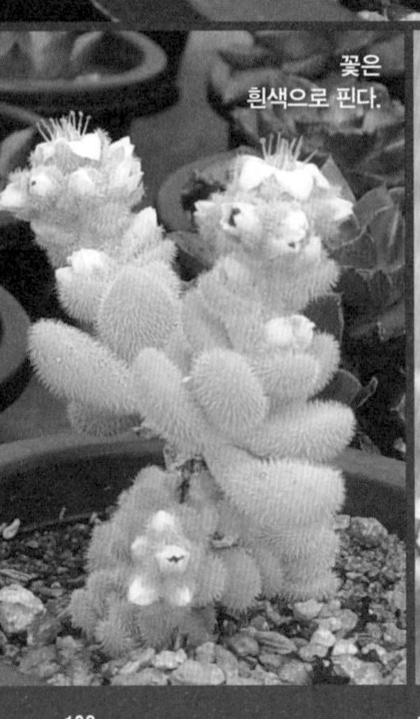

꽃은
흰색으로 핀다.

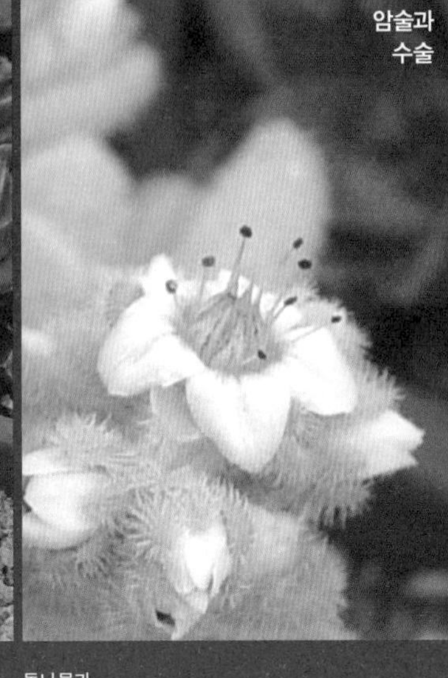

암술과
수술

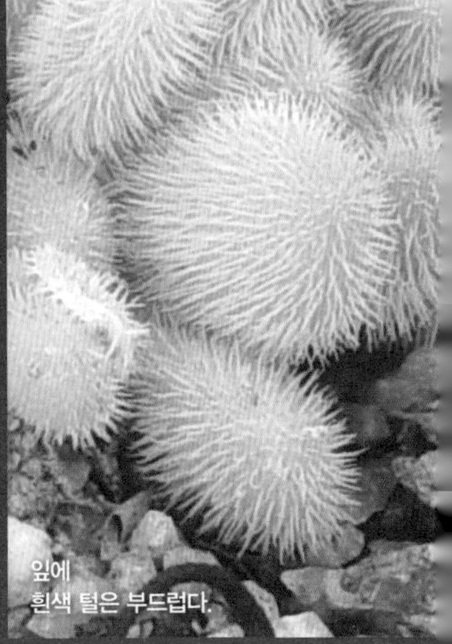

잎에
흰색 털은 부드럽다.

꽃은 줄기 위쪽에
달린다.
꽃의 지름은
약 15밀리미터다.
수술은 10개,
암술은 5개다.
잎에는
흰색 털이 많다.
잎은 길이 2~3센티미터,
폭 15밀리미터,
두께 8밀리미터 정도다.
새로 돋는 잎
잎
줄기는 녹색이며
곁가지가 갈라진다.
높이가 10센티미터
이하로 자란다.

세둠 레플렉숨

[레플렉숨 세둠 · 청 돌나물 · 제니의 돌나물 · 역변경초逆弁慶草]

Sedum reflexum

[Blue Spruce Stonecrop]

—

높이가 7~10센티미터 정도 자라며 잎은 길이 12밀리미터, 폭 2밀리미터 정도다. 잎은 연한 회청록색이다. 여름에 별 모양의 노란색 꽃이 핀다.

꽃차례의 길이는 15센티미터 정도며 많은 꽃이 달린다.

잎의 배열

작은모임꽃차례

작은모임꽃차례의 지름은 4센티미터 정도다.

꽃의 지름은
약 10밀리미터다.

꽃받침

수술은 10개,
암술은 5개다.

잎은
연한 회청록색이다.

잎은 길이 12밀리미터,
폭 2밀리미터 정도다.

잎은 다육질이고
촘촘하게 많이 달린다.

꽃대에
털이 없다.

줄기에서
곁가지가
많이 나온다.

약 7~10센티미터
높이로 자란다.

378
돌나물과

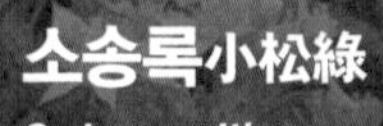

소송록小松綠

Sedum multiceps

[Miniature Joshua Tree]

—

높이가 7~10센티미터 정도 자라며 마치 소형 소나무 분재처럼 보인다. 줄기에서 곁가지가 많이 나온다. 잎은 길이 6밀리미터, 폭 1밀리미터 정도로 짧고 가늘다. 잎은 연한 청록색이다.

꽃은 봄부터 여름 사이에 핀다.

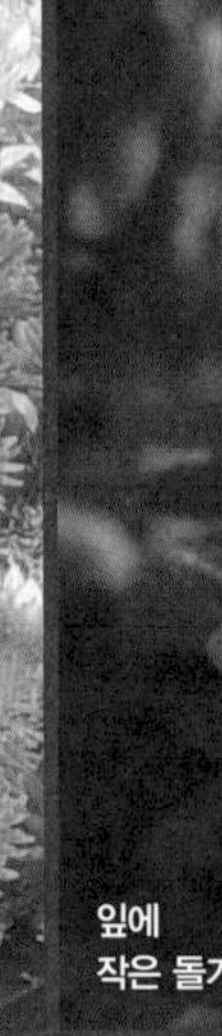

잎에 작은 돌기가 있다.

씨방은 5실이다.

봄~여름에 별 모양의 녹황색 꽃이 핀다.

잎에 작은 돌기는 털처럼 보인다.

꽃의 지름은
약 15밀리미터다.
꽃받침
수술은 10개,
암술은 5개다.
잎은
연한 청록색이다.
잎은 길이 6밀리미터,
폭 1밀리미터 정도로 짧고 가늘다.
잎은
줄기 끝에
모여 달린다.
잎은
촘촘하게 많이 달린다.
줄기는 흑갈색이며
곁가지가 많이 나온다.
약 7~10센티미터
높이로 자란다.

379
돌나물과

거미바위솔

[권견卷絹 · 지주소만대초蜘蛛巢万代草]

Sempervivum arachnoideum

[Cobweb Houseleek]

—

높이 1~3센티미터, 포기 지름 2~4센티미터 정도의 공 모양을 이룬다. 가는 가지가 사방으로 뻗으며, 그 끝에 클론이 달린다. 잎끝은 거미줄 같은 부드러운 섬유질로 연결되어 있다. 꽃이 지고 열매를 맺으면 식물은 죽게 된다.

꽃은 여름에 분홍색으로 피며, 꽃자루의 길이는 20센티미터 정도다.

잎끝은 거미줄 같은 부드러운 섬유질로 연결되어 있다.

술모양꽃차례

꽃이 진 후

암술과 수술

꽃이 지고 열매를 맺으면
식물은 죽게 된다.
꽃의 지름은
10~25밀리미터 정도다.
수술은 20~25개,
암술은 10~13개 정도다.
잎은 50~60개 정도가
다닥다닥 모여 달린다.
잎의 길이는
15밀리미터 정도다.
포기 지름은 2~4센티미터
정도의 공 모양이다.
기는 가지는
길이가 15밀리미터 정도다.
기는 가지
기는 가지 끝에
클론이 달린다.
약 1~3센티미터
높이로 자란다.

380
돌나물과

작은모임꽃차례는
길이가 15~20센티미터 정도다.

셈페르비붐 젤레보리

[젤레보리 상록바위솔]

Sempervivum zeleborii

—

높이가 2~4센티미터 정도 자란다. 기는 가지가 사방으로 뻗으며, 그 끝에 클론이 달린다. 잎은 짧은 털로 덮인다. 꽃은 지름 25밀리미터, 꽃잎은 9~12개 정도며 아래쪽은 흑적색이다.

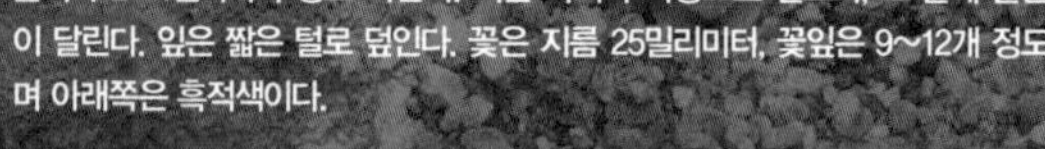

잎끝은
뾰족끝이다.

꽃대잎은 길이가
25밀리미터 정도다.

암술은 초록색,
수술대는 붉은색,
꽃밥은 연한 노란색이다.

짧은 털로
덮인 잎

꽃은 6~7월에
밝은 노란색으로 핀다.

꽃은 지름 25밀리미터,
꽃덮이는 9~12개 정도며
아래쪽은 흑적색이다.

수술은 20~25개,
암술은 10~13개 정도다.

잎은 강한 햇살에
분홍색으로 변한다.

잎의 길이는
약 15~20밀리미터다.

잎은 많은 털로 뒤덮인
거꿀바소꼴이다.

기는 가지는 길이가
15밀리미터 정도다.

짧은 기는 가지 끝에
클론이 달린다.

높이가 2~4센티미터
정도 자란다.

381
돌나물과

세데베리아 '마이알렌'

[마이알렌]

x *Sedeveria* 'Maialen'

—

높이 15센티미터 이하로 작게 자란다. 잎은 푸르스름한 연한 녹색이며, 잎끝은 붉은색이다. 꽃의 지름은 1센티미터 정도며 크림 빛이 도는 흰색으로 핀다.

작은모임꽃차례의 높이는 6센티미터 정도다.

잎 양면에는 털이 없다.

씨방은 5실이다.

5개의 암술

꽃봉오리

꽃의 지름은
약 1센티미터다.

꽃은
크림 빛이 도는 흰색으로 핀다.

수술은 10개,
암술은 5개다.

잎은 푸르스름한
연한 녹색이다.

잎끝은
붉은색으로 물든다.

잎은 거꿀바소꼴이며,
잎끝葉頭은 뾰족끝이다.

줄기에
공기뿌리가
나온다.

포기는 모여서
무리 지어 자란다.

높이가 15센티미터
이하로 자란다.

382
돌나물과

밀엽련密葉蓮

[달레이 데일 · 세데베리아 '다를레이 데일' · 데일리데일]

x *Sedeveria* 'Darley Dale'

—

높이 5~10센티미터 정도 자란다. 잎은 길이 22밀리미터, 폭 7밀리미터 정도다. 잎 뒷면에 둔한 모서리가 있다. 잎 가장자리는 특히 붉은색이 강하다.

꽃차례는
길이 8~10센티미터 정도다.

잎 뒷면에
둔한 모서리가 있다.

꽃봉오리

꽃잎은
5~6개다.

꽃받침은
옆으로 펼쳐지지 않는다.

꽃잎 안쪽은
노란색이다.

꽃은
길이 9밀리미터 정도고
약간 뒤로 젖혀진다.

수술은 10~12개,
암술은 5~6개이다.

잎 가장자리는
붉은색으로 물든다.

잎은 길이 22밀리미터,
폭 7밀리미터 정도다.

잎은 둔한 모서리가 있는
거꿀바소꼴이다.

붉게 물든
잎 가장자리

포기는 모여서
무리 지어 자란다.

높이
5~10센티미터 정도 자란다.

녹염綠焰

[세데베리아 '레티지아' · 레티지아]

x *Sedeveria* 'Letizia'

—

높이가 20센티미터 정도 자란다. 줄기 아래쪽에서 많은 곁가지가 갈라진다. 잎 가장자리는 햇볕의 양에 따라 붉은색으로 변하고 잎가에는 가장자리 털이 있다. *Sedum cuspidatum* X *Echeveria setosa var. ciliata*간의 교배종이다.

꽃대는 잎겨드랑이에 1~3개가 올라온다.

잎가에는 가장자리 털이 있다.

꽃은 이른 봄에 핀다.

꽃잎은 활짝 펼쳐지지 않는다.

잎은 거꿀바소꼴이다.

꽃은
흰색으로 핀다.

꽃은 길이 8밀리미터,
지름 3밀리미터 정도로 작은 편이다.

수술은 10개,
암술은 5개다.

잎 가장자리는
햇볕의 양에 따라
붉은색으로 변한다.

잎은 길이 3센티미터,
폭 2센티미터 정도다.

잎은 거꿀바소꼴이며,
광택이 있는 에메랄드빛
초록색이다.

꽃봉오리

줄기 아래쪽에서
많은 곁가지가 갈라진다.

높이가
20센티미터
정도 자란다.

384
돌나물과

군월화群月花

[세데베리아 '그린로즈' · 그린로즈]

x *Sedeveria* 'Green Rose'

—

높이 30센티미터 정도 자란다. 잎은 얇은 편이며 청록색이다. 잎은 길이 3~4센티미터, 폭 15밀리미터 정도다.

꽃은 봄에 핀다.

잎 뒷면은 약간 불룩하며, 둔한 모서리가 있다.

꽃대잎이 촘촘히 많이 달린다.

암술은 5개다.

암술과 수술

꽃은
노란색으로 핀다.

수술은 10개,
암술은 5개다.

잎은 촘촘하게
모여 달린다.

잎은 길이 3~4센티미터,
폭 15밀리미터 정도다.

잎은 거꿀바소꼴倒披針形이며
잎끝은 뾰족하다.

잎은
거꿀바소꼴이다.

줄기에서
곁가지가 잘 갈라진다.

약 30센티미터
높이로 자란다.

385
돌나물과

옥설玉雪

[세데베리아 '옐로우 휴베르트' · 옐로우 휴베르트]

x *Sedeveria* 'Yellow Humbert'

—

높이 15~20센티미터 정도 자란다. 잎은 회청록색이며 길이 3센티미터, 폭 1센티미터 정도다. 을녀심*Sedum pachyphyllum* + 정야*Echeveria derenbergii*의 교배종이다.

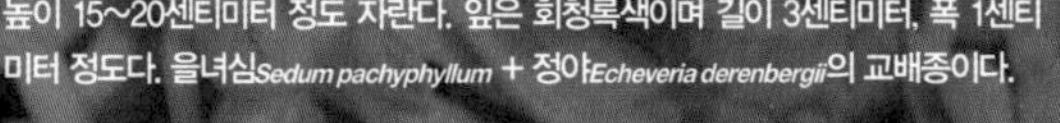

꽃차례는 길이가 10센티미터 정도다.

잎은 흰 가루로 덮여 있다.

꽃잎은 활짝 펼쳐진다.

암술과 수술

잎은 어긋나게 달린다.

꽃은
진한 노란색으로 핀다.

꽃의 지름은
약 12밀리미터다.

수술은 10개,
암술은 5개다.

잎은
회청록색이다.

잎은 길이 3센티미터,
폭 1센티미터 정도다.

잎은 흰 가루가 덮여 있는
통통한 다육질이다.

포기는 모여서
무리 지어 자란다.

어린 잎

약 15~20센티미터
높이로 자란다.

386
돌나물과

두들레야 그노마 '화이트 스프라이트'

[화이트 스프라이트 · 화이트 그리니]

***Dudleya gnoma* 'White Sprite'**

—

높이 5센티미터 정도 자란다. 잎은 길이 3센티미터, 폭 7밀리미터 정도다. 잎은 흰 가루로 덮여있다. 꽃대잎은 두껍고 단단하며 끝이 뾰족한 삼각형이다.

꽃차례의 길이는 13센티미터 정도다.

잎은 회녹백색이다.

꽃대와 꽃은 위로 곧게 선다.

꽃봉오리

꽃대잎은 성기게 달린다.

꽃대잎은 삼각형이며
두껍고 단단하다.

꽃은 녹황색이며
길이가 4~5밀리미터 정도로 작다.

수술은
보통 6~8개다.

잎은
흰 가루로 덮여 있다.

잎은 길이 3센티미터,
폭 7밀리미터 정도다.

잎은 바소꼴이며,
흰 가루가 덮여 있는 회청록색이다.

잎은 끝이 뾰족한
바소꼴이다.

포기는 모여서
무리 지어 자란다.

약 5센티미터
높이로 자란다.

387
돌나물과

두들레야 비렌스 하세이

[하세이]

Dudleya virens subsp. hassei

[Catalina Island Live-forever]

—

높이 7센티미터 정도 자란다. 줄기에서 곁가지가 갈라지지 않는다. 잎은 길이 5센티미터, 폭 1센티미터 정도며 잎은 흰 가루로 덮여있다.

꽃차례의 높이는 30센티미터 정도다.

잎 뒷면

5월, 꽃 피기 직전

꽃봉오리

꽃대잎은 두껍고 단단하며 끝이 뾰족한 삼각형이다.

꽃은
봄에 황록색으로 핀다.
꽃의 지름은
12밀리미터 정도다.
수술
잎은 흰 가루로
덮여 있다.
잎은 길이 5센티미터,
폭 1센티미터 정도다.
잎은 서리를 맞은 듯한
회녹백색이며,
잎에는 둔한 모서리가 있다.
잎 모양 비교
하세이
D. hassei
그노마
D. gnoma
포기는 모여서
무리 지어 자란다.
약 7센티미터
높이로 자란다.

꽃차례는 높이가
90센티미터 정도다.

선녀배仙女盃

[브리토니 · 두들레야 브리토니]

Dudleya brittonii

[Giant Chalk Dudleya]

—

높이 12~50센티미터, 포기 지름 12~50센티미터 정도 자란다. 줄기에서 곁가지가 갈라지지 않는다. 잎은 길이 10~25센티미터, 폭 3~6센티미터 정도며 잎은 흰 가루로 덮여있다.

잎은 흰 가루로
덮여있다.

꽃은
황록색으로 핀다.

잎끝은
뾰족하다.

꽃대에 꽃대잎은
두껍고 단단하며
끝이 뾰족한 삼각형이다.

꽃은 봄에
황록색으로 핀다.

꽃의 길이는
10밀리미터 정도다.

암술은 5개,
수술은 10개다.

잎은
바소꼴이다.

잎은 길이 10~25센티미터,
폭 3~6센티미터 정도다.

포기 지름은 12~50센티미터
정도 자란다.

꽃봉오리

줄기에서 곁가지가
갈라지지 않는다.

약 12~50센티미터
높이로 자란다.

389
돌나물과

두들레야 칸델라브룸

Dudleya candelabrum

—

선녀배*Dudleya brittonii*에 비해 잎은 흰 가루로 덮여있지 않고 밝은 초록색이다.

작은모임꽃차례는
지름 3~5(~25)센티미터 정도다.

잎 뒷면

암술과 수술

잎끝은
뾰족하다.

꽃대에 꽃대잎은 두껍고
단단하며 끝이 뾰족한 삼각형이다.

꽃은
봄에 황록색으로 핀다.

꽃의 길이는
8~12밀리미터 정도다.

암술은 5개,
수술은 10개다.

잎은 흰 가루로 덮여 있지 않고
밝은 초록색이다.

잎은 길이 6~17센티미터,
폭 3~7센티미터 정도다.

포기 지름은
10~30센티미터 정도 자란다.

꽃봉오리

줄기에서 곁가지가
갈라지지 않는다.

높이
35센티미터 정도 자란다.

성미인星美人

[파키피툼 오비페룸 · 월장석]

Pachyphytum oviferum

[Moonstones]

—

높이 10센티미터, 포기 지름 10센티미터 정도 자란다. 줄기는 1개씩 자라며, 길이가 10센티미터 정도로 짧고 회백색이 난다. 잎 길이 2~4센티미터, 폭 2~2.5센티미터, 두께 1~1.5센티미터 정도로 포동포동하다. 꽃잎은 선홍색이고 꽃잎 끝은 분홍빛이 도는 흰색이다.

꽃차례의 길이는 8~15센티미터 정도다.

잎은 두께 10~15밀리미터 정도로 포동포동하다.

꽃대는 아치형으로 휜다.

수술은 10개, 암술은 5개다.

잎은 회청록색이며 거꿀달걀꼴이다.

한 꽃대에
7~15개의
꽃이 달린다.

꽃은
길이 1센티미터 정도다.

꽃잎 끝은
분홍빛이 도는 흰색이다.

잎끝은
둥글다.

잎 길이 2~4센티미터,
폭 20~25밀리미터 정도다.

포기 지름이
10센티미터
정도 자란다.

어린 잎

줄기에서 곁가지가
갈라지지 않는다.

약 10센티미터
높이로 자란다.

파키피툼 브락테오숨

[브락테오숨 · 신데렐라]

Pachyphytum bracteosum

—

높이 30~40센티미터 정도 자란다. 잎은 길이 4~7센티미터, 폭 1.2~2센티미터 정도다. 꽃차례의 길이는 20센티미터 정도다. 꽃은 붉은색이며 꽃잎 끝은 회록색이다. 꽃받침조각이 꽃잎보다 길다.

꽃대의 길이는 20센티미터 정도며, 7~14개의 꽃이 달린다.

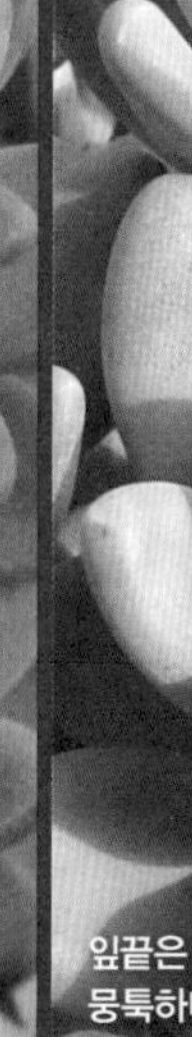

잎끝은 뭉툭하다.

꽃대는 잎겨드랑이에 달린다.

꽃받침은 흰 가루로 덮인다.

꽃잎은 붉은색이며 꽃잎 끝은 회록색이다.

꽃은 길이 13밀리미터,
지름 12밀리미터 정도다.
꽃받침조각이
꽃잎보다 길다.
수술은 10개,
암술은 5개
꽃잎 끝은
회록색이다.
잎은
긴 거꿀달걀꼴이다.
잎은 길이 4~7센티미터,
폭 1.2~2센티미터 정도다.
잎은 통통하고, 회청록색이며
잎끝은 둔하다.
잎은
어긋나게 달린다.
포기는 모여서
무리 지어 자란다.
약 30~40센티미터
높이로 자란다.

392
돌나물과

파키피툼 비리데

[비리데]

Pachyphytum viride

—

높이가 25~50센티미터 정도 자란다. 잎이 약간 밑으로 처지는 경향이 있다. 꽃은 붉은색이며, 꽃잎 끝은 회록색이다.

꽃차례의 길이는 10~35센티미터 정도다.

잎은 약간 밑으로 처지는 경향이 있다.

꽃대는 아치형으로 휜다.

꽃받침조각은 크기가 서로 다르다.

꽃의 지름은 약 17밀리미터다.

꽃받침조각이
꽃잎보다 길다.

수술은 10개,
암술은 5개다.

잎은 길이 7~14센티미터, 폭 15~25밀리
미터 정도다.

잎은 약간 넓적한 둥근기둥꼴이다.

잎은 회청록색이다.

붉게 물드는 잎

어린 잎

약 25~50센티미터
높이로 자란다.

도전희稻田姬

[그리니치카울 · 글루티니카울레]

Pachyphytum glutinicaule

—

줄기가 끈적거리는 특징이 있다. 높이 25~30센티미터 정도 자란다. 잎은 길이 5~6센티미터, 폭 2~3센티미터 두께 1.5센티미터 정도다. 잎은 밝은 회록색이며 토실토실한 달걀꼴이고, 잎끝은 날카롭게 뾰족하다.

꽃차례의 길이는 20센티미터 정도다.

잎은 두께가 1.5센티미터 정도다.

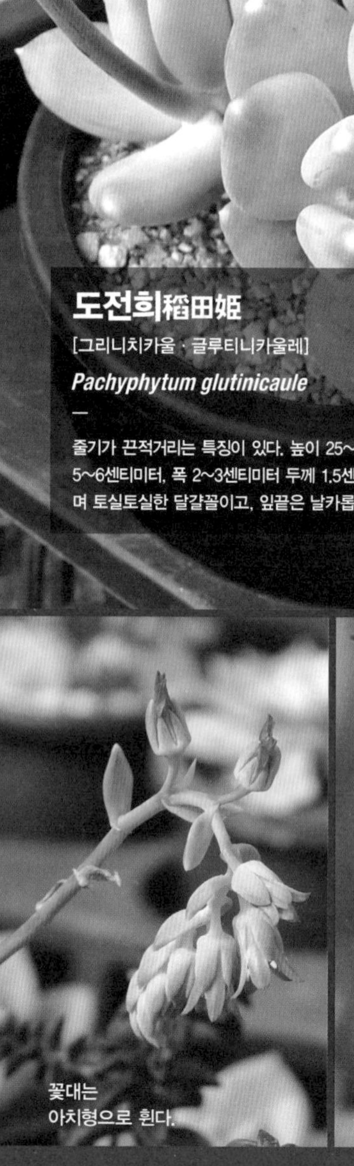
꽃대는 아치형으로 휜다.

꽃받침조각은 꽃잎보다 짧다.

잎은 밝은 회록색이다.

한 꽃대에
6~20개의 꽃이 달린다.
꽃받침조각은
크기가 서로 다르다.
수술은
10개다.
잎끝은
날카롭게 뾰족하다.
잎은 길이 5~6센티미터,
폭 2~3센티미터 정도다.
잎은 끝이 갑자기 뾰족한
달걀꼴이며, 맑은 회록색이다.
잎은 토실토실한
달걀꼴이다.
줄기는
곧게 선다.
높이가
25~30센티미터까지 자란다.

394
돌나물과

천대전송千代田松

[파키피툼 콤팍툼]

Pachyphytum compactum

—

높이 10~15센티미터 정도 자란다. 잎은 길이 4~7센티미터, 폭 15밀리미터 정도다. 잎은 두툼하고 푸르스름한 연한 청녹색을 띠는 회녹색이며 잎에는 흰 가루와 함께 그물 모양의 둔한 모서리가 있다. 글라우쿰*P. compactum var. glaucum*에 비해 꽃잎과 꽃받침조각의 끝 부분이 초록색인 특징이 있다.

꽃차례의 길이는 30센티미터 정도다.

잎은 두툼하다.

꽃받침조각은 꽃잎보다 짧으며, 꽃받침조각은 젖혀지지 않는다.

암술은 5개, 수술은 10개다.

잎가에 둔한 모서리가 있다.

꽃대는
아치형으로 휜다.

꽃의 길이는
약 2센티미터다.

꽃잎과 꽃받침조각의 끝이
초록색인 특징이 있다.

잎은 푸르스름한
연한 청록색을 띠는 회록색이다.

잎은 길이 4~7센티미터,
폭 15밀리미터 정도다.

잎은 두툼한 다육질이며
둔한 모서리가 있고 흰 가루로
덮여 있다.

줄기는
곧게 선다.

잎에 흰 가루와
둔한 모서리가 있다.

높이가 10~15센티미터
정도 자란다.

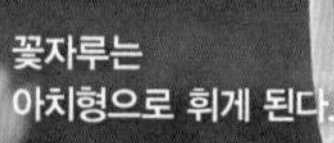

파키피툼 케룰레움

[케룰레움]

Pachyphytum coeruleum

—

높이 10~15센티미터, 포기 지름 8~22센티미터 정도 자란다. 잎은 밝은 청록색이며, 잎끝은 날카롭게 뾰족하다. 꽃차례는 길이 4~9센티미터 정도이며, 잎겨드랑이에 달린다.

꽃자루는 아치형으로 휘게 된다.

잎은 밝은 청록색이며 털이 없다.

꽃받침은 꽃잎보다 짧다.

꽃잎은 활짝 펼쳐지지 않는다.

꽃차례의 길이는 4~9센티미터 정도다.

꽃은
옅은 노란색으로 핀다.

꽃의 길이는
15밀리미터
정도다.

암술은 5개,
수술은 10개다.

잎끝은
날카롭게 뾰족하다.

잎은 길이 3~4센티미터,
폭 15밀리미터 정도다.

포기 지름이 8~22센티미터
정도 자란다.

잎은
밝은 청록색

잎겨드랑이에서
나오는 꽃대

약 10~15센티미터
높이로 자란다.

396
돌나물과

파키세둠 '간저우'

[간조우]

x *Pachysedum* 'Ganzhou'

—

높이 25센티미터, 포기 지름 14~20센티미터 정도 자란다. 어린잎은 분홍색 또는 붉은색을 띠지만 점차 초록색으로 변한다. 잎은 길이 6~8센티미터, 폭 14~17밀리미터 정도며 잎 표면은 약간 오목하게 들어가고 뒷면은 볼록하다.

꽃차례의 길이는 약 13센티미터다.

잎 표면은 약간 오목하게 들어가고 뒷면은 볼록하다.

꽃받침과 꽃잎의 길이가 비슷하다.

암술과 수술

잎은 끝이 뾰족한 줄꼴이다.

한 꽃대에
8~10개의 꽃이 달린다.

꽃의 길이는 10밀리미터,
지름 4밀리미터 정도다.

암술은 5개,
수술은 10개다.

어린잎은
분홍색 또는 붉은색을 띠지만
점차 초록색으로 변한다.

잎은 길이 6~8센티미터,
폭 14~17 밀리미터 정도다.

포기 지름은
14~20센티미터 정도 자란다.

잎은 줄기 위쪽에 모여 달리며,
잎끝은 뾰족끝尖頭이며 위로 향한다.

줄기는 옆으로 구부러지며,
줄기에서 공기뿌리가 나오기도 한다.

약 25센티미터
높이로 자란다.

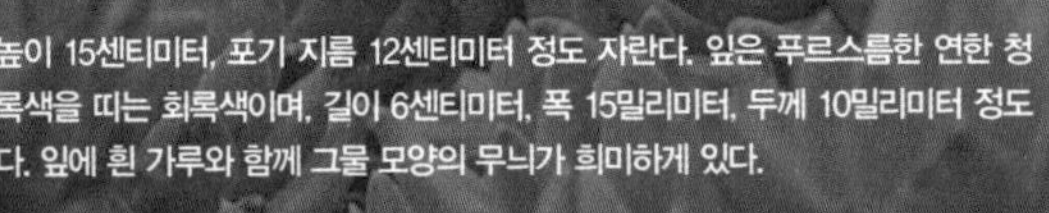

남대련藍黛蓮

[파키베리아 글라우카 · 글라우카 · 그리니]

x *Pachyveria* 'Glauca'

—

높이 15센티미터, 포기 지름 12센티미터 정도 자란다. 잎은 푸르스름한 연한 청록색을 띠는 회록색이며, 길이 6센티미터, 폭 15밀리미터, 두께 10밀리미터 정도다. 잎에 흰 가루와 함께 그물 모양의 무늬가 희미하게 있다.

꽃차례의 길이는
약 15센티미터다.

잎 뒷면에도
가는 줄무늬가 있다.

한 꽃대에
15개 내외의
꽃이 달린다.

꽃받침은 꽃잎보다
짧고 젖혀지지 않는다.

붉게 물드는 잎

꽃은
봄에 황적색으로 핀다.

꽃의 길이는
약 2센티미터다.

수술은 10개,
암술은 5개다.

잎은 길이 6센티미터,
폭 15밀리미터,
두께 10밀리미터 정도다.

잎에 흰 가루와 함께
그물 모양의 무늬가 희미하게 있다.

포기 지름이
약 12센티미터다.

햇볕의 양에 따라
잎의 색깔이 변한다.

줄기는 누워서
옆으로 뻗는다.

약 15센티미터
높이로 자란다.

398
돌나물과

파키베리아 '블루 미스트'

[블루 미스트 · 푸른안개]

x *Pachyveria* 'Blue Mist'

—

높이 8~15센티미터 정도 비스듬히 자란다. 잎은 흰 가루로 덮인 회청록색이며, 길이가 4센티미터, 폭 15밀리미터 정도다. 잎은 두터운 다육질의 거꿀바소꼴이며, 잎끝은 뾰족끝이다.

꽃은 잎겨드랑이에 달리며 여름에 핀다.

잎은 흰 가루로 덮인다.

꽃받침은 꽃잎보다 짧다.

암술과 수술

잎은 회청록색이다.

꽃은
연한 붉은색으로 핀다.

꽃의 길이는
1센티미터 정도다.

수술은 10개,
암술은 5개다.

잎은
두터운 거꿀바소꼴이다.

잎은 길이 4센티미터,
폭 15밀리미터 정도다.

잎은 흰가루로 덮인 회청록색이며
잎끝은 뾰족끝이다.

줄기는
비스듬히 자란다.

적갈색의
줄기

약 8~15센티미터
높이로 자란다.

399
돌나물과

서리의 아침

[시모노 아사 · 상조霜朝 · 파우더퍼프]

x *Pachyveria* 'Powder Puff'

—

높이 7~15(~22)센티미터 정도다. 잎은 회청록색이며 길이 5센티미터, 폭 25밀리미터 정도다. 잎 표면은 약간 오목하고, 뒷면은 볼록하며, 잎은 흰 가루로 덮인다. 성미인*Pachyphytum oviferum* x 칸테*Echeveria cante*의 교배종이다.

꽃차례는 아치형으로 휜다.

잎 뒷면에 둔한 모서리가 있다.

꽃대는 잎겨드랑이에 달린다.

꽃받침은 꽃잎과 길이가 비슷하며, 꽃잎에 바짝 붙어있다.

꽃잎 안쪽은 노란색이다.

꽃의 길이는
약 1센티미터다.

꽃받침은
꽃잎에 바짝 붙어있다.

수술은 10개,
암술은 5개다.

잎은 길이 5센티미터,
폭 25밀리미터 정도다.

잎끝은 뾰족끝이다.

잎은 둔한 모서리가 있는 밝은
회청록색이며 흰 가루로 덮인다.

잎은
흰 가루로 덮인다.

포기는 모여서
무리 지어 자란다.

약 7~15(~22)센티미터
높이로 자란다.

400
돌나물과

파키베리아 '칼립소'

[칼립소]

x *Pachyveria* 'Calypso'

—

높이 12센티미터, 포기 지름 11센티미터 정도 자란다. 잎은 길이 45밀리미터, 폭 23밀리미터, 두께 6밀리미터 정도다. 꽃잎은 활짝 펼쳐지며, 바깥은 연분홍색이고 안쪽은 노란색이다.

꽃차례의 길이는 5~6센티미터 정도다.

잎 뒷면에 둔한 모서리가 있다.

한 꽃대에 3~8개의 꽃이 달린다.

꽃잎은 활짝 펼쳐지며 바깥은 연분홍색이고 안쪽은 노란색이다.

꽃대는 잎겨드랑이에 달린다.

꽃의 지름은
약 2센티미터다.

꽃잎은 길이 10밀리미터,
폭 8밀리미터 정도다.

수술은 10개,
암술은 5개다.

잎은 두께가
6밀리미터 정도다.

잎은 길이 45밀리미터,
폭 23밀리미터 정도다.

포기 지름이
11센티미터 정도 자란다.

잎은
거꿀바소꼴이다.

줄기는
적갈색이다.

약 12센티미터
높이로 자란다.

파키베리아 '클라비폴리아'

[클라비폴리아]

x *Pachyveria* 'Clavifolia'

—

높이 25센티미터 정도 자란다. 잎은 길이 5센티미터, 폭 15밀리미터 정도다. 꽃차례의 길이는 25~30센티미터 정도며 아치형으로 휜다.

꽃차례의 길이는 25~30센티미터 정도며, 곧게 선다.

잎은 회백색이 도는 청록색이다.

꽃차례는 아치형으로 휜다.

암술과 수술

꽃받침은 꽃잎보다 짧다.

한 꽃대에
5~25개의
꽃이 달린다.
꽃받침은
꽃잎보다 짧다.
수술은 10개,
암술은 5개다.
잎 뒷면에 둔한 능선이 있으며
잎끝은 뾰족하다.
잎은 길이 5센티미터,
폭 15밀리미터 정도다.
잎은 거꿀바소꼴이며,
서리를 맞은 듯한
회백색~청록색이다.
줄기는
곧게 선다.
꽃대잎은 길이가
15밀리미터 정도다.
약 25센티미터
높이로 자란다.

금사황錦司晃

Echeveria setosa

—

높이 10센티미터 정도 자란다. 줄기가 거의 없으며 땅에 납작 붙어 접시 모양을 이룬다. 잎은 길이 4~7센티미터, 폭 15밀리미터 정도다. 잎은 연한 청록색이며 흰색 털이 많다.

꽃차례의 길이는 12~19센티미터 정도다.

잎은 끝이 뾰족한 거꿀바소꼴이다.

꽃잎의 아래쪽은 진홍색이고, 끝 쪽은 노랑색이다.

꽃잎은 활짝 펼쳐지지 않는다.

꽃대가 길다.

꽃의 길이는
8~16밀리미터 정도다.

수술은 10개,
암술은 5개다.

꽃자루와
꽃받침에도
털이 많다.

잎에는
흰색 털이 빽빽하다.

잎은 길이 4~7센티미터,
폭 15밀리미터 정도다.

잎은 거꿀바소꼴이고
연한 청록색이다.

잎 뒷면에 털

줄기는
땅에 납작 붙어
전체적으로
접시 모양을 이룬다.

줄기는 거의 없으며
높이가 10센티미터 정도 자란다.

403
돌나물과

금황성金晃星

[에케베리아 풀비나타]

Echeveria pulvinata

—

높이 15~30센티미터 정도 자라는 버금떨기나무다. 잎은 길이 4~5센티미터, 폭 3센티미터 정도다. 잎은 거꿀바소꼴이며, 아래쪽은 좁고 위쪽은 넓어 지다가 갑자기 좁아진다.

꽃차례의 길이는 10센티미터 정도다.

잎 양면에는 털이 촘촘하다.

꽃받침은 꽃잎보다 짧다.

꽃잎 안쪽은 노란색이다.

꽃봉오리

꽃은
주황색으로 핀다.

수술은 10개,
암술은 5개다.

꽃받침은
꽃잎에 바짝 붙어있다.

햇볕의 양에 따라
잎끝은 적갈색으로 물든다.

잎은 길이 4~5센티미터
폭 3센티미터 정도다.

잎은 거꿀바소꼴이고
잎 양면에 털이 촘촘히 많다.

잎 모양 비교
상: 금황성
중: 부영
하: 도리스테일러

줄기에
적갈색 털이 많다.

약 15~30센티미터
높이로 자라는
버금떨기나무다.

백금황성白金晃星

[왕비배 · 프로스티]

***Echeveria pulvinata* 'Frosty'**

—

높이 30센티미터 정도 자라는 버금떨기나무다. 잎은 길이 5센티미터, 폭 2센티미터 정도다. 잎은 백록색이며 흰색 털이 많다. 금황성*E. pulvinata*과 비슷하지만 잎의 색깔은 백록색이다.

꽃차례의 길이는 10센티미터 정도다.

꽃대잎에 털이 많다.

잎 양면에는 흰색 털이 많다.

꽃은 봄에 주황색으로 핀다.

꽃받침은 꽃잎보다 길이가 짧다.

잎 뒷면에 털이 있다.

꽃의 길이는
약 15밀리미터다.

꽃받침은
꽃잎에 바짝 붙어있다.

수술은 10개,
암술은 5개다.

잎은 흰 서리가
내려앉은 듯한 백록색이다.

잎은 길이 5센티미터,
폭 2센티미터 정도다.

잎은 거꿀바소꼴이고
흰털이 빽빽하게 많으며,
잎끝은 뾰족끝이다.

포기는 모여서
무리 지어 자란다.

잎은 흰 털이 많아
거의 흰색으로 보인다.

약 30센티미터
높이로 자라는
버금떨기나무다.

405
돌나물과

에케베리아 '도리스 테일러'

[도리스 테일러 · 양털 장미]

Echeveria 'Doris Taylor'

—

높이 15센티미터 정도 자란다. 줄기 아래쪽의 잎은 길이 9센티미터, 폭 3센티미터, 두께 4밀리미터 정도다. 꽃의 길이는 약 2센티미터다. 꽃은 주황색으로 피며, 꽃잎 안쪽은 노란색이다.

꽃자루의 길이는 40~50센티미터 정도로 길다.

잎 뒷면은 볼록하고 털이 많다.

잎은 연한 녹색이다.

잎에는 흰색 털이 많다.

잎의 숫자가 많은 편이다.

꽃의 길이는
2센티미터 정도다.

꽃받침조각은
약간 벌어진다.

수술은 10개,
암술은 5개다.

잎 표면은
약간 오목하다.

잎은 길이 9센티미터,
폭 3센티미터 정도다.

잎은 거꿀바소꼴이며
잎끝은 점첨두다.

어린 줄기는
적갈색이다.

공기뿌리

약 15센티미터 높이로
자라는 버금떨기나무다.

406
돌나물과

부영梟影

[에케베리아 하름시 · 화사花司 · 부용]

Echeveria Harmsii

—

꽃받침조각은 옆으로 펴진다. 높이 15~30센티미터 정도 자란다. 잎은 다소 납작하고 길다. 잎의 길이는 5~6센티미터 정도다. 꽃은 겨울에 황적색으로 핀다. 꽃받침조각은 꽃잎보다 짧고 옆으로 펴진다.

꽃차례의 길이는 10~20센티미터 정도다.

잎에는 털이 촘촘하다.

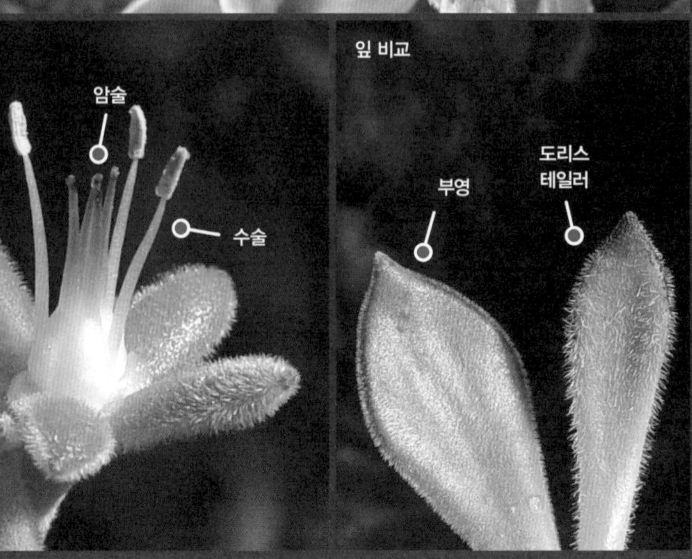

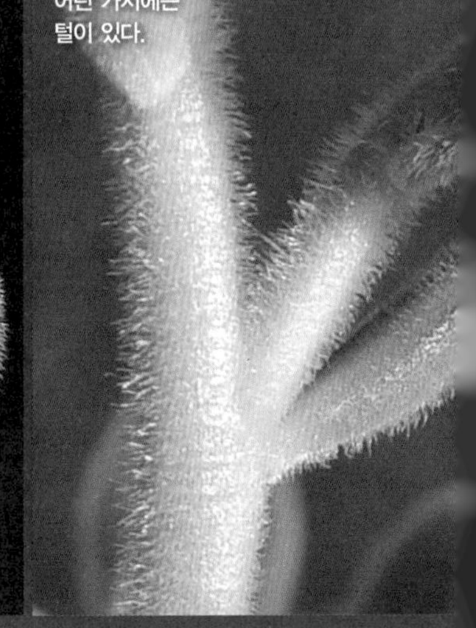

어린 가지에는 털이 있다.

꽃받침에 털

꽃받침조각은
꽃잎보다 짧고
옆으로 퍼진다.

꽃의 길이는
약 2센티미터다.

수술은 10개,
암술은 5개다.

햇볕의 양에 따라
잎끝은 붉은색으로 변한다.

잎의 길이는
5~6센티미터 정도다.

잎은 거꿀바소꼴이며, 에케베리아
도리스테일러E. 'Doris Taylor'에 비해
잎의 길이는 짧고 폭은 넓다.

줄기에서
공기뿌리가 나온다.

줄기에는
털이 있다.

약 15~30센티미터 높이로
자라는 버금떨기나무다.

407
돌나물과

홍휘전紅輝殿

[올리버 · 스프루스 올리버]

***Echeveria* 'Spruce Oliver'**

—

높이 15~20센티미터 정도 자란다. 잎은 얇은 편이며 많이 달린다. 잎은 길이 5센티미터, 폭 1센티미터 정도다. 잎 가장자리에 흰색 가장자리 털이 있다. *E. quitensis* var. *sprucei*와 *E. harmsii*의 교배종이다.

꽃차례의 길이는 25센티미터 정도다.

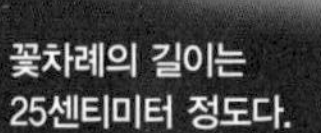

잎은 뾰족한 줄꼴이다.

꽃은 여름에 황적색으로 핀다.

꽃받침조각은 활짝 펼쳐진다.

새로 돋는 잎

꽃의 길이는
1센티미터 정도다.

꽃받침조각은
꽃잎과 직각으로 펼쳐진다.

수술은 10개,
암술은 5개다.

잎 가장자리에
흰색 가장자리 털이 있다.

잎은 길이 5센티미터,
폭 1센티미터 정도다.

잎은 두께가 얇은 줄꼴이며,
잎끝은 뾰족끝이다.

줄기에
공기뿌리

줄기는
적갈색이며 털이 없다.

약 15~20센티미터 높이로
자라는 버금떨기나무다.

408
돌나물과

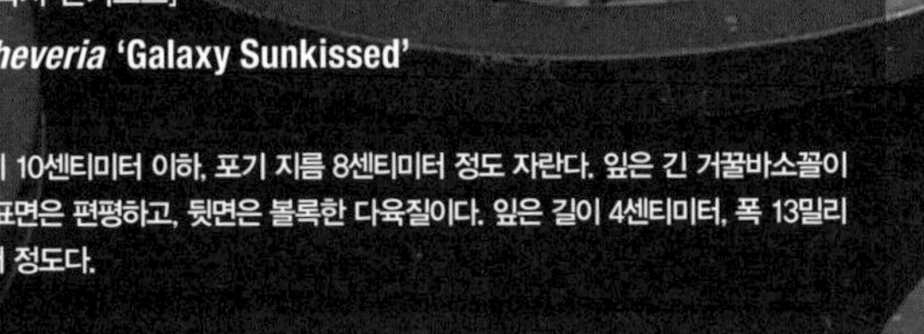

에케베리아 '갤럭시 썬키스드'

[갤럭시 선키스드]

***Echeveria* 'Galaxy Sunkissed'**

—

높이 10센티미터 이하, 포기 지름 8센티미터 정도 자란다. 잎은 긴 거꿀바소꼴이며 표면은 편평하고, 뒷면은 볼록한 다육질이다. 잎은 길이 4센티미터, 폭 13밀리미터 정도다.

꽃차례의 길이는 10센티미터 정도다.

잎 양면에는 털이 없다.

꽃잎은 활짝 펼쳐지지 않는다.

꽃대에는 털이 없다.

꽃대는 잎겨드랑이에 달린다.

꽃은
주황색으로 핀다.

꽃받침조각은
펼쳐지지 않는다.

수술은 10개,
암술은 5개다.

잎은
긴 거꿀바소꼴이다.

잎은 길이 4센티미터,
폭 13밀리미터 정도다.

포기 지름이
8센티미터 정도 자란다.

잎은
밝은 초록색이다.

잎겨드랑이에서
몇 개의 꽃대가 올라온다.

높이가
10센티미터 이하로 자란다.

409
돌나물과

에케베리아 '라임앤칠리'

[라임앤칠리]

***Echeveria* 'Lime & Chili'**

—

높이 10센티미터 이하로 자란다. 잎 표면은 오목하고 뒷면은 볼록하다. 잎은 청록색이며 길이 3센티미터, 폭 15밀리미터 정도다. 잎끝은 둥글지만 뾰족끝이다.

꽃차례의 길이는 10센티미터 정도다.

잎에는 털이 없다.

꽃대에 꽃대잎이 촘촘히 달린다.

꽃잎 안쪽은 노란색이다.

꽃받침조각이 꽃잎에 바짝 붙지는 않는다.

꽃잎은
활짝 펼쳐지지 않는다.

꽃잎 바깥은 황적색이고,
안쪽은 노란색이다.

수술은 10개,
암술은 5개다.

잎은
청록색이다.

잎은 길이 3센티미터,
폭 15밀리미터 정도다.

잎은 거꿀바소꼴이며
잎끝은 갑자기 뾰족해진다.

잎끝은 둥글지만
뾰족끝이다.

잎겨드랑이에서
꽃대가 올라온다.

높이가 10센티미터
이하로 자란다.

에케베리아 세쿤다 비르네시

[세쿤다 비르네시]

Echeveria secunda forma vyrnesii

—

높이 10센티미터 이하로 낮게 자란다. 잎은 길이 4~5센티미터, 폭 2센티미터 정도다. 잎은 얇은 편이며 밝은 초록색이고 거꿀바소꼴이다. 잎 뒷면은 볼록하며, 둔한 모서리가 있다.

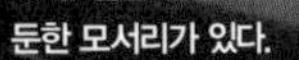

꽃차례의 길이는 15센티미터 정도다.

잎 뒷면에는 둔한 모서리가 있다.

꽃받침조각은 활짝 펼쳐진다.

꽃잎은 붉은색이며, 꽃잎 끝과 꽃잎 안쪽은 노란색이다.

꽃대는 잎겨드랑이에 달린다.

꽃차례는
아치형으로 휜다.

꽃의 길이는
약 10밀리미터다.

수술은 10개,
암술은 5개다.

잎끝은
뾰족하다.

잎은 길이 4~5센티미터,
폭 2센티미터 정도다.

잎은 거꿀바소꼴이며
잎끝은 가시처럼 뾰족하다.

잎은 밝은
초록색이다.

포기는 모여서
무리 지어 자란다.

약 10센티미터
높이로 자란다.

411
돌나물과

에케베리아 섭코림보사

[섭코림보사 · 에쿠스 · 월정月靜]

Echeveria subcorymbosa

—

높이 10센티미터 이하로 낮게 자란다. 잎은 길이 25밀리미터, 폭 12밀리미터 정도다. 잎은 흰 가루가 덮인 회청록색이며, 끝이 뾰족한 거꿀바소꼴이다. 잎에는 털이 없으며 둔한 모서리가 있다. 잎가에는 보통 붉은색 줄무늬가 있다.

꽃차례의 길이는 10~15센티미터 정도다.

잎은 거꿀바소꼴이며 잎끝은 뾰족하다.

꽃대는 잎겨드랑이에 달린다.

꽃잎 끝은 노란색이다.

수술은 10개, 암술은 5개다.

꽃의 길이는
8~14밀리미터 정도다.
꽃은 적황색이며
꽃잎 끝은 노란색이다.
꽃받침조각은
약간 벌어진다.
잎에는
둔한 모서리가 있다.
잎은 길이 25밀리미터,
폭 12밀리미터 정도다.
잎은 흰 가루로 덮인
회청록색이다.
잎가에는
보통 붉은색 줄무늬가 있다.
포기는 모여서
무리 지어 자란다.
높이가 10센티미터
이하로 자란다.

412
돌나물과

을녀乙女

[화내정花乃井 · 촌우村雨]

Echeveria amoena

—

높이 5센티미터 정도 자란다. 잎은 회청록색이며 길이 3센티미터, 폭 1센티미터 정도다. 꽃의 길이는 7~8밀리미터 정도로 아주 작다. 꽃은 늦봄에 산호 빛 분홍색으로 핀다.

꽃차례의 길이는 20센티미터 정도다.

잎에는 털이 없다.

꽃은 늦봄에 핀다.

꽃받침조각은 활짝 펼쳐지지 않는다.

꽃대잎은 두툼한 다육질이다.

꽃은 늦봄에
산호 빛 분홍색으로 핀다.

꽃의 길이는
7~8밀리미터 정도로 아주 작다.

수술은 10개,
암술은 5개다.

잎은
거꿀바소꼴이다.

잎은 길이 3센티미터,
폭 1센티미터 정도다.

잎은 서리가 내린 듯한 회청록색이며,
잎끝은 둔하지만 뾰족하다.

잎은
회청록색이다.

포기는 모여서
무리 지어 자란다.

약 5센티미터
높이로 자란다.

413
돌나물과

월영月影

[에케베리아 엘레강스 · 청라우이]

Echeveria elegans

[Mexican Snowball]

—

높이 5~10센티미터 정도 자란다. 잎은 길이가 5센티미터 정도다. 잎은 흰 가루로 덮인 회청록색이며 잎 뒷면에 둔한 모서리가 있다.

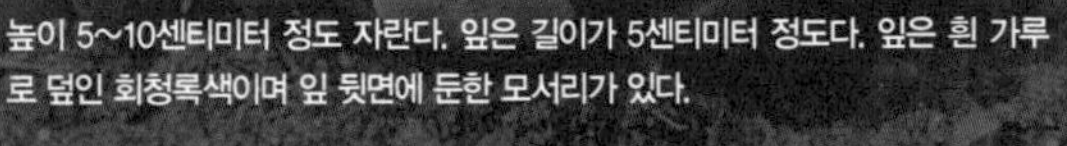

꽃차례의 길이는 10~15센티미터 정도다.

잎 뒷면에 둔한 모서리가 있다.

꽃은 분홍색으로 봄에 핀다.

꽃자루에 털이 없다.

꽃봉오리

꽃의 길이는
12밀리미터 정도다.

꽃받침조각은
길이가 서로 다르다.

수술은 10개,
암술은 5개다.

잎끝은 뾰족끝이다.

잎끝은
안쪽으로 오므린다.

잎은 거꿀바소꼴이며,
흰 가루로 덮인 회청록색이다.

꽃대는
잎겨드랑이에 달린다.

포기는 모여서
무리 지어 자란다.

약 5~10센티미터
높이로 자란다.

414
돌나물과

칠복신七福神

[세쿤다 · 에케베리아 세쿤다 · 칠복수]

Echeveria secunda

—

높이 15센티미터 이하로 자란다. 잎은 길이 4~5센티미터, 폭 2센티미터 정도다. 잎은 흰 가루로 덮이며, 잎 표면은 움푹 들어가고 뒷면은 볼록하고 둔한 모서리가 있다.

꽃차례의 길이는 15센티미터 정도다.

잎 뒷면은 볼록하고 둔한 모서리가 있다.

꽃은 연한 분홍색으로 핀다.

꽃잎 안쪽은 노란색이다.

잎은 회청록색이다.

꽃대는
털이 없다.

꽃받침조각은
약간 벌어진다.

수술은 10개,
암술은 5개다.

잎끝은
뾰족하다.

잎은 길이 4~5센티미터,
폭 2센티미터 정도다.

잎은 거꿀바소꼴이며,
밝은 옥빛 회청록색이다.

꽃대는
잎겨드랑이에 달린다.

꽃대는
아치형으로 휜다.

높이가
15센티미터 이하로 자란다.

옥접玉蝶

[칠복신七福神 · 고소련화高笑蓮華]

Echeveria glauca

—

높이 15~30센티미터, 포기 지름 17~30센티미터 정도 자란다. 잎은 길이 9센티미터, 폭 6센티미터 정도다. 꽃의 길이는 15밀리미터 정도고 여름에 연분홍색으로 핀다.

꽃차례의 길이는 30센티미터 정도다.

잎 뒷면에 모서리가 거의 없다.

꽃대는 아치형으로 휜다.

꽃잎 안쪽은 노란색이다.

잎 표면은 오목하고 뒷면은 볼록하다.

꽃의 길이는
약 15밀리미터다.

꽃받침조각은
크기가 서로 다르다.

수술은 10개,
암술은 5개다.

잎끝은 둥글지만
뾰족끝이다.

잎은 길이 9센티미터,
폭 6센티미터 정도다.

포기 지름이
17~30센티미터 정도 자란다.

잎은 연한
회청록색이다.

포기는 모여서
무리 지어 자란다.

약 15~30센티미터
높이로 자란다.

416
돌나물과

화무립花舞笠

[에케베리아 '컬리락' · 컬리락]

***Echeveria* 'Curly Locks'**

—

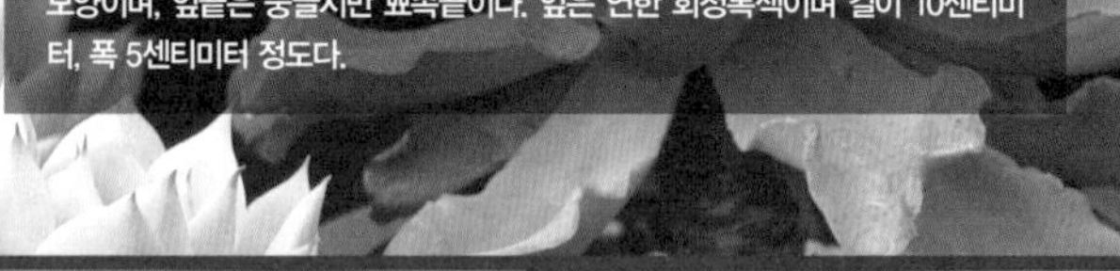

높이 15센티미터, 포기 지름 20~30센티미터 정도 자란다. 잎가는 약간의 물결 모양이며, 잎끝은 둥글지만 뾰족끝이다. 잎은 연한 회청록색이며 길이 10센티미터, 폭 5센티미터 정도다.

꽃차례의 길이는 15~20센티미터 정도다.

잎끝은 둥글지만 뾰족끝이다.

꽃대는 아치형으로 휜다.

꽃받침조각은 크기가 서로 다르다.

꽃받침조각은 옆으로 펼쳐진다.

꽃은
붉은색으로 핀다.

꽃받침조각은
옆으로 펼쳐지며
크기가 서로 다르다.

꽃은 붉은색이지만
꽃잎 안쪽은 노란색이다.

잎가는
약간의 물결 모양 주름波狀(frill)이 있다.

잎은 길이 10센티미터,
폭 5센티미터 정도다.

포기 지름이
20~30센티미터 정도 자란다.

잎은
얇은 편이다.

꽃대는
잎겨드랑이에 달린다.

약 15센티미터
높이로 자란다.

417
돌나물과

희련姬蓮

[에케베리아 미니마 · 미니마]

Echeveria minima

—

높이 10센티미터 이하, 포기 지름 6~10센티미터 정도다. 잎은 길이 3센티미터, 폭 15밀리미터 정도다. 잎은 청록색이며 잎 가장자리는 붉은색으로 물든다. 잎 끝은 둥글지만 뾰족끝이다.

꽃차례의 길이는 약 15센티미터다.

잎 뒷면에 모서리가 없다.

꽃대는 아치형으로 휜다.

꽃받침조각은 옆으로 펼쳐진다.

잎 가장자리는 붉은색으로 물든다.

꽃은
연한 분홍색으로 핀다.
꽃받침조각은
크기가 서로 다르다.
꽃잎 끝과 안쪽은
노란색이다.
잎끝은 둥글지만
뾰족끝이다.
잎은 길이 3센티미터,
폭 15밀리미터 정도다.
포기 지름이
6~10센티미터 정도다.
꽃차례
잎겨드랑이에서
몇 개의 꽃대가 올라온다.
약 10센티미터
높이로 자란다.

418
돌나물과

에케베리아 '아틀란티스'

[아틀란티스 · 피치스앤크림]

***Echeveria* 'Atlantis'**

—

높이 15센티미터, 포기 지름 14센티미터 정도 자란다. 잎은 길이 7센티미터, 폭 3센티미터 정도다. 잎은 흰 가루로 덮인 회청록색이며 햇볕을 많이 받으면 잎가는 진한 붉은색으로 변한다. 잎끝은 둥글지만 뾰족끝이다.

꽃차례의 길이는 약 30센티미터다.

잎 뒷면에 둔한 모서리가 있다.

꽃대는 아치형으로 휜다.

꽃잎 안쪽은 노란색이다.

잎은 흰 가루로 덮인 회청록색이다.

꽃은 여름에
분홍색으로 핀다.

꽃받침조각은
약간 벌어진다.

수술은 10개,
암술은 5개다.

잎끝은 둥글지만
뾰족끝이다.

잎은 길이 7센티미터,
폭 3센티미터 정도다.

포기 지름이
14센티미터 정도 자란다.

꽃대는
잎겨드랑이에 달린다.

줄기

약 15센티미터
높이로 자란다.

양로養老

[에케베리아 피코키 · 용전봉龍田鳳 · 피코키]

Echeveria peacockii

높이 15~20센티미터 정도 자란다. 잎은 길이 5~7센티미터, 폭 2~3센티미터 정도다. 잎은 길고 얇은 편이며, 흰 가루로 덮여있는 회청록색이다. 햇볕의 양이 부족하면 잎은 뒤로 젖혀진다. *Ech. peacockii = Ech. desmetiana = Ech. subsessilis*

꽃차례는 길이 30~40센티미터 정도다.

잎은 흰 가루로 덮여 있다.

꽃은 봄부터 여름에 붉은색으로 핀다.

꽃잎 안쪽은 노란색이다.

꽃받침조각은 펼쳐지지 않는다.

꽃대는
아치형으로 휜다.

꽃은 길이
1센티미터 정도다.

수술은 10개,
암술은 5개다.

잎은 거꿀바소꼴이다.

잎은 길이 5~7센티미터,
폭 2~3센티미터 정도다.

잎은 거꿀바소꼴이며
잎끝은 뾰족끝이다.

꽃대는 잎겨드랑이에
달린다.

잎은 흰 가루로 덮여있는
회청록색이다.

높이
15~20센티미터 정도 자란다.

420
돌나물과

에케베리아 세쿤다×샤비아나

Echeveria secunda X shaviana

—

높이 15센티미터, 포기 지름 14센티미터 정도 자란다. 잎은 얇은 편이며 긴거꿀바소꼴이고, 서리를 맞은 듯 흰 가루로 덮이는 회청록색이다. 잎은 길이 7센티미터, 폭 3센티미터 정도며, 잎끝은 둥글지만 뾰족끝이다.

꽃차례의 길이는 30센티미터 정도다.

잎은 얇은 편이다.

술모양꽃차례總狀花序

꽃잎은 활짝 펼쳐지지 않는다.

꽃받침조각은 약간 벌어진다.

꽃대는
아치형으로 휜다.
꽃받침조각은
크기가 서로 다르다.
수술은 10개,
암술은 5개다.
잎은
긴거꿀바소꼴이다.
잎은 길이 7센티미터,
폭 3센티미터 정도다.
포기 지름이 14센티미터 정도 자란다.
뾰족끝
잎은 서리를 맞은 듯
흰 가루로 덮이는
회청록색이다.
약 15센티미터
높이로 자란다.

421
돌나물과

에케베리아 '고스트 버스터'

[고스트 버스터]

***Echeveria* 'Ghost Buster'**

—

높이 10센티미터, 포기 지름 14센티미터 정도 자란다. 잎은 회색빛이 강한 청록색이며 잎 표면은 약간 오목하고 뒷면은 약간 볼록하다. 잎 길이 7센티미터, 폭 2~3센티미터 정도다.

꽃차례의 길이는
약 15센티미터다.

잎 뒷면에
희미하게 모서리가 있다.

꽃대는 아치형으로
아래로 휘어진다.

꽃잎은
활짝 펼쳐지지 않는다.

잎끝은 둥글지만
뾰족끝이다.

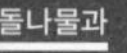

꽃받침조각은
길이가 서로 다르다.
꽃받침조각은
약간 벌어진다.
꽃은 적황색
또는 주황색이다.
잎은
회색빛이 강한 청록색이다.
잎은 길이 7센티미터,
폭 2~3센티미터 정도다.
포기 지름이
14센티미터 정도 자란다.
잎은
긴 거꿀달갈꼴이다.
잎 표면은 약간 오목하고
뒷면은 약간 볼록하다.
약 10센티미터
높이로 자란다.

에케베리아 '디프락텐스'

[디프락텐스 · 파르메소라 · 파르메솔라]

***Echeveria* 'Diffractens'**

—

높이 3~5센티미터, 포기 지름 7~15(~38)센티미터 정도 자란다. 잎은 납작하고 편평하게 펼쳐지며, 흰 가루로 덮인 보라색이다. 꽃대잎은 건드리면 쉽게 떨어진다.

꽃대잎은
건드리면 쉽게 떨어진다.

잎 뒷면에
둔한 모서리가 있다.

꽃은
붉은색으로 핀다.

꽃받침조각은
약간 벌어진다.

꽃대는
잎겨드랑이에 달린다.

꽃은 늦봄에서
초여름에 핀다.

꽃은 오렌지 빛
붉은색으로 핀다.

수술은 10개,
암술은 5개다.

잎은 흰 가루로
덮인 보라색이다.

잎은 길이 4센티미터,
폭 2센티미터 정도다.

포기 지름이
7~15(~38)센티미터 정도 자란다.

잎은 거꿀바소꼴이며
잎끝은 뾰족하다.

포기는 모여서
무리 지어 자란다.

약 3~5센티미터
높이로 자란다.

423
돌나물과

에케베리아 '롤라'

[룰라 · 로라]

***Echeveria* 'Lola'**

—

높이 10센티미터 이하로 자란다. 잎은 길이 4~5센티미터, 폭 25밀리미터 정도다. 잎은 얇은 편이고 흰 가루로 덮인 회청록색이다.

꽃차례의 길이는 10센티미터 정도며 아치형으로 휜다.

잎은 얇은 편이고 흰 가루로 덮인 회청록색이다.

꽃은 늦겨울에서 초봄에 주황색으로 핀다.

꽃받침조각은 약간 벌어진다.

잎끝은 둥글지만 뾰족끝이다.

꽃잎은
활짝 펼쳐지지 않는다.

꽃은 길이 2센티미터,
지름 2센티미터 정도다.

수술은 10개,
암술은 5개다.

잎은
긴 거꿀바소꼴이다.

잎은 길이 4~5센티미터,
폭 25밀리미터 정도다.

잎은 거꿀바소꼴이며,
잎끝은 둥글지만 뾰족끝이다.

잎은 보랏빛이 도는
분홍색깔이 나기도 한다.

꽃대는
잎겨드랑이에 달린다.

약 10센티미터
높이로 자란다.

에케베리아 룬요니

[경설驚雪 · 런요니 · 룬요니]

Echeveria runyonii

[Echeveria Chalk Rose]

—

높이 15센티미터, 포기 지름 12~18센티미터 정도다. 잎은 회청록색의 긴거꿀바소꼴이며, 뾰족끝이다. 잎은 길이 6~8센티미터, 폭 3~4센티미터 정도다.

꽃차례는 20~25센티미터 정도며 아치형으로 휜다.

잎은 흰 가루로 덮인다.

꽃은 여름에 분홍색으로 핀다.

수술은 10개, 암술은 5개다.

꽃받침조각은 활짝 펼쳐진다.

아치형으로 휘는
꽃대

꽃의 길이는
15~20밀리미터 정도다.

꽃받침조각은
크기가 서로 다르다.

잎은
긴거꿀바소꼴이다.

잎은 길이 6~8센티미터,
폭 3~4센티미터 정도다.

포기 지름이
12~18센티미터 정도다.

잎끝은 둥글지만
뾰족끝이다.

포기는 모여서
무리 지어 자란다.

약 15센티미터
높이로 자란다.

상아련象牙蓮

[멕시코 자이언트 · 자이언트 멕시코]

***Echeveria colorata* 'Mexican Giant'**

[Giant Mexican Echeveria]

—

높이 30센티미터, 포기 지름 30센티미터 정도 자란다. 잎은 길이 15센티미터, 폭 3~4센티미터 정도다. 잎은 회백색이며 흰 가루로 덮인다.

꽃차례의 길이는
30~50센티미터 정도로 길다.

잎 뒷면에
둔한 모서리가 있다.

꽃은
봄에 분홍색으로 핀다.

꽃받침조각은
아주 짧은 편이다.

어린 개체

꽃은 분홍빛으로 피며
꽃잎 안쪽은 노란빛이 돈다.

꽃의 길이는
약 15밀리미터다.

수술은 10개,
암술은 5개다.

잎은 회백색이며
흰 가루로 덮인다.

잎은 길이 15센티미터,
폭 3~4센티미터 정도다.

포기 지름이
30센티미터 정도 자란다.

잎끝은
뾰족끝이다.

포기는 모여서
무리 지어 자란다.

약 30센티미터
높이로 자란다.

426
돌나물과

에케베리아 시물란스

Echeveria simulans

—

높이 10~18센티미터, 포기 지름 14~18센티미터 정도 자란다. 잎은 길이 8센티미터, 폭 3센티미터 정도다. 꽃차례의 길이는 20~40센티미터 정도로 긴 편이다.

꽃차례의 길이는 20~40센티미터 정도로 긴 편이다.

잎끝은 둥글지만 뾰족끝이다.

꽃받침조각이 짧은 편이다.

아치형으로 휘는 꽃대

잎은 회청록색이다.

꽃대는
아치형으로 휜다.

꽃은
길이 17밀리미터 정도다.

꽃잎 안쪽은
주황색이다.

잎은
긴 거꿀달걀꼴이다.

잎은 길이 8센티미터,
폭 3센티미터 정도다.

포기 지름이
14~18센티미터 정도 자란다.

잎겨드랑이에서
긴 꽃대가 올라온다.

잎 표면은 약간 오목하고
뒷면은 약간 볼록하다.

약 10~18센티미터
높이로 자란다.

427
돌나물과

여나련麗娜蓮

[리락시나 · 라일라시나]

Echeveria lilacina

—

높이 6~8센티미터, 포기 지름 11~17센티미터 정도 자란다. 잎은 길이 5~6센티미터, 폭 25~37밀리미터 정도다. 잎은 흰 가루로 덮여 있으며 은회색 또는 청백색이다. 햇볕의 양에 따라 잎은 심홍색으로 물든다.

꽃차례는 길이가 28~36센티미터 정도며 아치형으로 휜다.

잎은 흰 가루로 덮여 있으며 은회색 또는 청백색이다.

꽃봉오리

잎은 은회색 또는 청백색이다.

잎은 거꿀바소꼴이다.

꽃받침조각은 짧으며
옆으로 펼쳐진다.

꽃의 길이는
17밀리미터 정도다.

꽃받침조각은 크기가
서로 다르다.

일조량에 따라 잎은
심홍색으로 물든다.

잎은 길이 5~6센티미터,
폭 25~37밀리미터 정도다.

포기 지름은
11~17센티미터 정도다.

잎끝은 둥글지만
뾰족끝이다.

잎은 땅바닥에
납작하게 펼쳐진다.

약 6~8센티미터
높이로 자란다.

특엽옥접特葉玉蝶

[톱시터비]

***Echeveria runyonii* 'Topsy Turvy'**

—

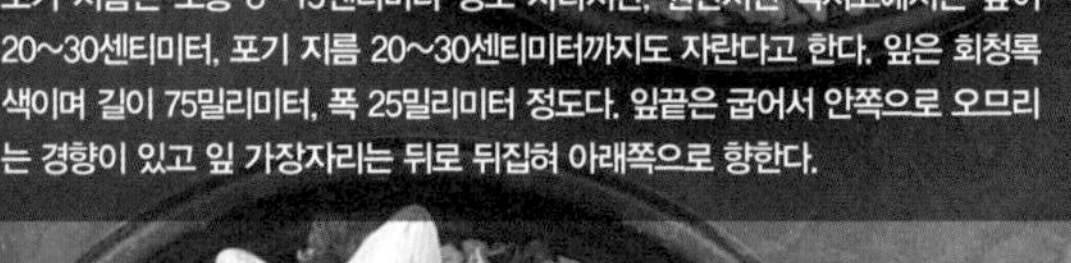

포기 지름은 보통 8~15센티미터 정도 자라지만, 원산지인 멕시코에서는 높이 20~30센티미터, 포기 지름 20~30센티미터까지도 자란다고 한다. 잎은 회청록색이며 길이 75밀리미터, 폭 25밀리미터 정도다. 잎끝은 굽어서 안쪽으로 오므리는 경향이 있고 잎 가장자리는 뒤로 뒤집혀 아래쪽으로 향한다.

꽃차례의 높이는 20센티미터 정도다.

잎 가장자리는 뒤로 뒤집혀 아래쪽으로 향한다.

꽃잎 끝은 붉은색이다.

꽃대는
아치형으로 휜다.

꽃의 지름은 15밀리미터 정도고
암술의 아래쪽은 붉은색이다.

수술은 10개,
암술은 5개다.

잎끝은 굽어서 안쪽으로
오므리는 경향이 있다.

잎은 길이 75밀리미터, 폭 25밀리미터 정도다.

포기 지름은
보통 8~15센티미터 정도 자란다.

꽃은
여름~가을에 핀다.

포기는 모여서
무리 지어 자란다.

원산지인 멕시코에서는
높이가 20~30센티미터까지도
자란다.

429
돌나물과

백봉白鳳

[하쿠오 · 하쿠호]

***Echeveria* 'Hakuhou'**

—

높이 25센티미터, 포기 지름 22센티미터 정도 자란다. 잎은 길이 10~11센티미터, 폭 6~7센티미터 정도다. 잎은 회청록색이며 흰 가루로 덮여있다.잎 표면은 오목하게 들어가고 뒷면은 볼록하다.

꽃차례는 길이 30센티미터 정도다.

잎 뒷면에 둔한 모서리가 있다.

꽃대는 아치형으로 휜다.

꽃은 여름에 분홍색으로 핀다.

꽃받침조각은 크기가 서로 다르다.

꽃은 여름에
분홍색으로 핀다.

꽃의 길이는
약 15밀리미터다.

수술은 10개,
암술은 5개다.

잎은 회청록색이며
흰 가루로 덮여 있다.

잎은 길이 10~11센티미터,
폭 6~7센티미터 정도다.

포기 지름이
22센티미터 정도 자란다.

잎은
거꿀달걀꼴이다.

꽃대는
잎겨드랑이에 달린다.

약 25센티미터
높이로 자란다.

430
돌나물과

에케베리아 '블루 스카이'

[블루 스카이]

***Echeveria* 'Blue Sky'**

—

높이 15(~30)센티미터, 포기 지름 15(~38)센티미터 정도 자란다. 잎은 길이 7센티미터, 폭 3센티미터 정도다. 잎은 회청록색이고 잎끝은 둥글지만 뾰족끝이다.

꽃차례의 길이는 약 20센티미터다.

잎 뒷면에는 모서리가 있다.

꽃대는 아치형으로 휜다.

꽃받침조각은 크기가 서로 다르다.

잎은 회청록색이다.

꽃은
여름에 핀다.
꽃의 길이는
약 12밀리미터다.
수술은 10개,
암술은 5개다.
잎끝은 둥글지만
뾰족끝이다.
잎은 길이 7센티미터,
폭 3센티미터 정도다.
포기 지름이
15(~38)센티미터 정도 자란다.
잎은
약간 안쪽으로 오므린다.
줄기가
있다.
약 15(~30)센티미터
높이로 자란다.

431
돌나물과

설연雪蓮

[에케베리아 라우이 · 라우이]

Echeveria laui

—

높이 15센티미터, 포기 지름 15~25센티미터 정도 자란다. 잎은 청백색이며 흰 가루로 덮여있고 길이 10센티미터, 폭 4센티미터 정도다. 꽃차례의 길이는 6~10센티미터 정도며 이른 봄에 분홍색으로 핀다.

꽃차례의 길이는 6~10센티미터 정도다.

꽃대는 잎겨드랑이에 달린다.

꽃잎은 5개다.

꽃대는 아치형으로 휜다.

꽃받침조각 중 3개는 길고,
3개는 짧다.
수술은 10개,
암술은 5개다.
잎은 길이 10센티미터,
폭 4센티미터 정도다.
잎은 흰 가루로 덮여 있고
청백색이다.
잎은
긴 거꿀달걀꼴이다.
포기 지름이
15~25센티미터
정도 자란다.
원산지는
멕시코 남부 지방이다.
생장기는 10~4월,
휴면기는 6~9월이다.
약 15센티미터
높이로 자란다.

432
돌나물과

화을녀花乙女

[에케베리아 기버플로라 '데코라' · 데코라]

***Echeveria gibbiflora* 'Decora'**

—

높이 22~30센티미터, 포기 지름 15센티미터 정도 자란다. 잎은 은회색이고 얼룩덜룩한 분홍 무늬가 있다. 꽃받침조각은 크기가 서로 다르고 옆으로 펼쳐진다. 꽃은 산홋빛 살구 색으로 핀다.

꽃대는 잎겨드랑이에 달린다

잎끝은 둥글지만 뾰족끝이다.

꽃은 겨울에 핀다.

씨방은 5실이다.

암술머리는 붉은색이다.

꽃은 산홋빛
살구 색으로 핀다.

꽃받침조각은 크기가
서로 다르고 옆으로 펼쳐진다.

수술은 10개,
암술은 5개다.

잎에
분홍 무늬가 있다.

포기 지름이
15센티미터 정도다.

잎은
다육질이다.

꽃

줄기에
털이 없다.

약 22~30센티미터
높이로 자란다.

433
돌나물과

기원무祇園舞

[에케베리아 사비아나 · 사비아나]

Echeveria shaviana

—

높이 15센티미터 이하로 자란다. 잎은 길이 7센티미터, 폭 3센티미터 정도다. 잎은 얇은 편이고 흰 가루로 덮인 회청록색이다. 잎 가장자리는 레이스 같은 물결 모양이다.

꽃차례의 길이는 30센티미터 정도다.

잎끝은 둥글지만 뾰족끝이다.

꽃대는 아치형으로 휜다.

꽃받침조각은 펼쳐지며, 길이가 서로 같지 않다.

꽃은 분홍색으로 핀다.

꽃은 여름에
분홍색으로 핀다.

꽃의 길이는
약 12밀리미터다.

수술은 10개,
암술은 5개다.

잎 가장자리는
레이스 같은 물결 모양이다.

잎은 길이 7센티미터,
폭 3센티미터 정도다.

잎은 거꿀바소꼴이며,
잎 표면은 약간 오목하고
뒷면에 능선이 없다.

잎 표면은
오목하다.

꽃대는
잎겨드랑이에 달린다.

약 15센티미터 이하의
높이로 자란다.

434
돌나물과

광야남작狂野男爵

[에케베리아 '바론 볼드' · 바론볼드]

***Echeveria* 'Baron Bold'**

—

높이 30센티미터, 포기 지름 15~20센티미터 정도 자란다. 잎 표면에 울퉁불퉁한 돌기가 있다. 강한 태양 아래에서 수분이 부족하면, 잎에 돌기가 잘 발달하게 되고 잎은 적록색으로 변하게 된다.

꽃차례의 길이는 약 40센티미터다.

잎 뒷면에는 돌기가 없다.

꽃대는 아치형으로 휜다.

꽃받침조각은 옆으로 펼쳐진다.

잎에 돌기가 있다.

꽃은
붉은색으로 핀다.

꽃의 길이는
14밀리미터 정도다.

꽃잎 안쪽도
붉은색이다.

잎 표면에
울퉁불퉁한 돌기가 있다.

잎은 길이 10센티미터,
폭 5센티미터 정도다.

포기 지름이
15~20센티미터 정도 자란다.

꽃대는
잎겨드랑이에 달린다.

줄기가
잘 드러난다.

약 30센티미터
높이로 자란다.

435
돌나물과

에케베리아 블루 웨이브

[블루 웨이브]

***Echeveria* 'Blue Waves'**

—

높이 30~45센티미터, 포기 지름 22~30센티미터 정도 자라는 대형 종이다. 잎은 길이 12~15센티미터, 폭 6~7센티미터 정도다. 잎은 청록색이며 강한 햇볕에 자주색으로 물든다. 잎 가장자리는 레이스 같은 물결모양 주름이 있다.

꽃차례의 길이는 약 40센티미터 정도다.

잎은 거꿀달걀꼴이다.

꽃대는 아치형으로 휜다.

꽃받침조각은 크기가 서로 다르다.

꽃대는 잎겨드랑이에 달린다.

꽃은 여름에
분홍색으로 핀다.

꽃의 길이는
12밀리미터 정도다.

수술은 10개,
암술은 5개다.

잎 가장자리는
레이스 같은 물결 모양 주름이 있다.

잎은 길이 12~15센티미터,
폭 6~7센티미터 정도다.

포기 지름이 22~30센티미터
정도 크게 자란다.

잎은 청록색이며
강한 햇볕에 자주색으로 물이 든다.

줄기

약 30~45센티미터
높이로 자란다.

에케베리아 '비터 스위트'

[비터 스위트]

***Echeveria* 'Bittersweet'**

[*Echeveria* 'Ginger']

—

높이 15~30센티미터, 포기 지름 30센티미터 정도 자란다. 잎가에 물결모양의 주름이 진다. 잎은 계절에 따라 색깔이 변하게 된다.

꽃은 겨울에
분홍색으로 핀다.

잎은
거꿀달걀꼴이다.

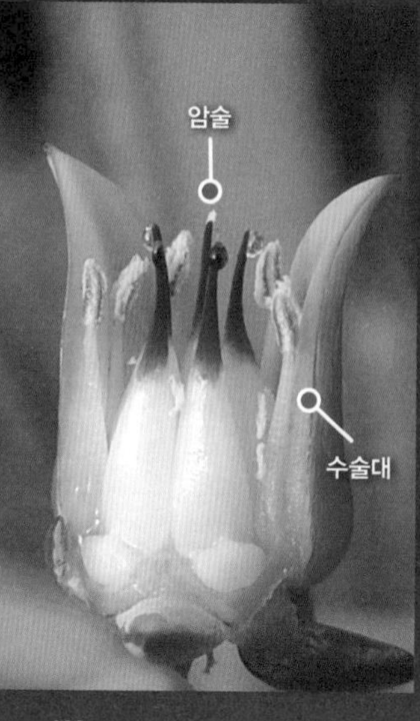

꽃잎 안쪽은
황적색이다.

꽃받침조각은
옆으로 활짝 펼쳐진다.

꽃의 길이는
17밀리미터 정도다.

5개의 꽃받침조각은
길이가 서로 비슷하다.

수술은 10개,
암술은 5개다.

잎 가장자리는
레이스 같은 물결 모양
주름이 있다.

잎의 길이는
15센티미터 정도다.

포기 지름이
30센티미터까지 자란다.

1월의 꽃

꽃대는
잎겨드랑이에 달린다.

약 15~30센티미터
높이로 자란다.

에케베리아 샤비아나 '핑크 프릴스'

[핑크프릴스]

***Echeveria shaviana* 'Pink Frills'**

—

높이 7~8센티미터, 포기 지름 14~16센티미터 정도 자란다. 잎은 길이 7~8센티미터, 폭 25밀리미터 정도다. 잎은 청보라 빛이 도는 회청록색이며 잎 가장자리는 레이스 같은 물결 모양 주름이 있다. 기원무*E. Shaviana*에 비해 포기 지름이 크고, 잎가에 밝은 핑크빛 줄무늬가 있으며 주름이 많다.

꽃대는
아치형으로 휜다.

잎 가장자리는
레이스 같은
물결 모양 주름이 있다.

아치형으로 휘는
꽃대

꽃은
분홍색으로 핀다.

물결 모양 주름

꽃은 여름에
분홍색으로 핀다.

꽃의 길이는
12밀리미터 정도다.

꽃받침조각은
크기가 서로 다르다.

잎 가장자리는
밝은 분홍색이다.

잎은 길이 7~8센티미터,
폭 25밀리미터 정도다.

포기 지름이
14~16센티미터 정도다.

꽃대는
잎겨드랑이에 달린다.

잎은
긴 거꿀달걀꼴이다.

약 7~8센티미터
높이로 자란다.

꽃차례의 길이는
30~40센티미터 정도다.

회상回想

[에케베리아 '에프터글로우' · 애프터글로우]

***Echeveria* 'Afterglow'**

—

높이 30~60센티미터, 포기 지름 38~45센티미터 정도로 비교적 대형이다. 잎은 길이 20~22센티미터, 폭 9센티미터 정도다. 잎은 회청록색~자주색이며 흰 가루로 덮인다. *E. cante x E. shaviana = E. 'Afterglow'*

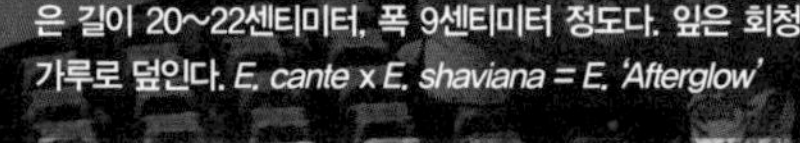

잎은
긴 거꿀달걀꼴이다.

꽃대는
아치형으로 휜다.

꽃잎은
활짝 펼쳐지지 않는다.

꽃받침조각은
길이가 길고
약간 젖혀진다.

꽃은 여름에
분홍색으로 핀다.

꽃받침조각은
약간 젖혀진다.

수술은 10개,
암술은 5개다.

잎은
흰 가루로 덮인다.

잎은 길이 20~22센티미터,
폭 9센티미터 정도다.

포기 지름이
38~45센티미터 정도로
비교적 대형이다.

꽃대는
잎겨드랑이에 달린다.

줄기

약 30~60센티미터
높이로 자란다.

439
돌나물과

에케베리아 미나스

[미나스]

***Echeveria* 'Minas'**

—

높이 10센티미터 정도 자란다. 잎은 길이 65밀리미터, 폭 20~35밀리미터 정도고, 비교적 얇은 편이며, 잎 가장자리는 붉은색으로 물든다.

꽃차례의 높이는 37센티미터 정도다.

잎끝은 뾰족하다.

꽃받침조각은 크기가 서로 다르다.

꽃은 여름에 분홍색으로 핀다.

꽃봉오리

꽃대는
아치형으로 휜다.

꽃의 길이는
15밀리미터 정도다.

수술은 10개,
암술은 5개다.

잎 가장자리는
붉은색으로 물든다.

잎은 길이 65밀리미터,
폭 20~35밀리미터 정도다.

잎은 끝이 뾰족한
거꿀바소꼴이다.

잎은
비교적 얇은 편이다.

줄기는 짧아서
거의 보이지 않는다.

약 10센티미터
높이로 자란다.

440
돌나물과

상학霜鶴

[에케베리아 팔리다 · 작은 멋쟁이]

Echeveria pallida

—

높이 30~45센티미터, 포기 지름 15~22센티미터 정도 자란다. 줄기에서 곁가지가 거의 갈라지지 않는다. 꽃대의 길이는 60~90센티미터 정도다.

꽃차례의 길이는
60~90센티미터 정도다.

잎에는
털이 없다.

꽃대는
아치형으로 휜다.

잎 가장자리는
붉은색이다.

꽃대는
잎겨드랑이에 달린다.

꽃은 겨울에
분홍색으로 핀다.

꽃받침조각은
크기가 서로 다르다.

수술은 10개,
암술은 5개다.

잎 가장자리는
붉은색이다.

잎은 달걀꼴이며
잎끝은 둥글다.

포기 지름이
15~22센티미터
정도 자란다.

12월,
새로 돋는 꽃차례

줄기

약 30~45센티미터
높이로 자란다.

441
돌나물과

에케베리아 조안 다니엘

[조안 다니엘]

Echeveria cv. Joan Daniel

—

높이 10센티미터 이하, 포기 지름 10~12센티미터 정도 자란다. 잎은 길이 5센티미터, 폭 15밀리미터 정도다. 잎에는 털이 없고 잎가에 흑적색 줄무늬가 있다. 꽃잎 아래쪽은 붉은색이지만, 꽃잎 위쪽 끝은 노란색이다. 왕비금사황*E. setosa var. ciliata* X 홍사*E. nodulosa*의 교배종이다.

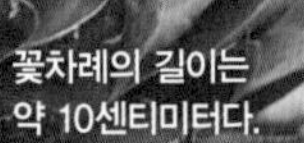

꽃차례의 길이는 약 10센티미터다.

잎 뒷면에 뚜렷한 모서리가 있다.

꽃받침조각은 길이가 짧은 편이다.

꽃받침조각은 옆으로 약간 벌어진다.

꽃대는 잎겨드랑이에 달린다.

꽃잎 아래쪽은 붉은색이지만
꽃잎 위쪽 끝은 노란색이다.

꽃잎은
활짝 펼쳐지지 않는다.

꽃자루와
꽃받침에 미세한 털이 있다.

잎가에
흑적색 줄무늬가 있다.

잎은 길이 5센티미터,
폭 15밀리미터 정도다.

포기 지름이
10~12센티미터
정도 자란다.

줄기에서
곁가지가 잘 갈라진다.

잎 뒷면은
볼록하다.

약 10센티미터
높이로 자란다.

에케베리아 '트라문타나'

[트라문타나]

***Echeveria* 'Tramuntana'**

—

높이 5~10센티미터, 포기 지름 5센티미터 정도 자란다. 잎은 22~34매 정도 달린다. 잎은 길이 3센티미터, 폭 2센티미터, 두께 2밀리미터 정도다. 잎은 주걱 모양의 거꿀달걀꼴이며, 잎끝은 둥글지만 뾰족끝이다. 꽃차례의 길이는 25센티미터 정도며, 한 꽃대에 꽃은 9개씩 달린다.

꽃차례의 길이는 25센티미터 정도다.

잎끝은 둥글지만 뾰족끝이다.

꽃잎 바깥은 황적색이고 안쪽은 노란색이다.

꽃대는 잎겨드랑이에 달린다.

꽃받침조각은 옆으로 벌어진다.

한 꽃대에
꽃은 9개씩 달린다.
꽃의 길이는
8밀리미터 정도다.

꽃받침조각은
옆으로 벌어진다.

수술은 10개,
암술은 5개다.

잎가는
붉은색이다.

잎은 길이 3센티미터,
폭 2센티미터, 두께 2밀리미터 정도다.

포기 지름이
5센티미터
정도 자란다.

잎은 주걱 모양의
거꿀달걀꼴이다.

약 5~10센티미터
높이로 자란다.

줄기에서 곁가지가
잘 갈라진다.

443
돌나물과

홍치련紅稚蓮

[홍치아紅稚兒]

Echeveria macdougallii

—

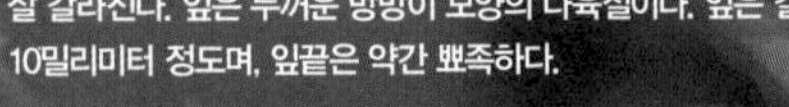

높이 15~30센티미터 정도 자란다. 가지와 잎에는 털이 없고, 줄기에서 곁가지가 잘 갈라진다. 잎은 두꺼운 방망이 모양의 다육질이다. 잎은 길이 3센티미터, 두께 10밀리미터 정도며, 잎끝은 약간 뾰족하다.

한 꽃대에
5(~10)개의 꽃이 달린다.

잎에는
털이 없다.

꽃은
황적색으로 핀다.

꽃봉오리

잎은
어긋나게 달린다.

꽃은 길이 18밀리미터,
지름 12밀리미터 정도다.

수술은 10개,
암술은 5개다.

꽃받침조각은 크기가
서로 비슷하고
길이가 6~8밀리미터 정도다.

잎은
긴 거꿀달걀꼴이다.

잎은 길이 3센티미터,
두께 10밀리미터 정도다.

잎은 두꺼운 방망이 모양의
다육질이다.

줄기에서
곁가지가
잘 갈라진다.

줄기에는 털이 없고
공기뿌리가 나온다.

약 15~30센티미터
높이로 자란다.

444
돌나물과

송과홍조松果紅爪

[에케베리아 '알리에노르' · 알리에노르]

***Echeveria* 'Alienor'**

—

높이 15센티미터 이하, 포기 지름 7~10센티미터 정도 자란다. 잎은 회청록색이며, 길이 40~42밀리미터, 폭 13~14밀리미터 정도다. 꽃차례의 길이는 18~20센티미터 정도다.

꽃차례의 길이는 18~20센티미터 정도다.

잎 뒷면에 둔한 모서리가 있다.

꽃대는 아치형으로 휜다.

꽃받침조각은 짧고 약간 벌어진다.

꽃받침조각은 크기가 서로 다르다.

꽃은
주황색으로 핀다.

꽃은 길이가
13~15밀리미터 정도다.

수술은 10개,
암술은 5개다.

잎은
회청록색이다.

잎은 길이 40~42밀리미터,
폭 13~14밀리미터 정도다.

포기 지름이
7~10센티미터
정도 자란다.

한 포기에 1~3개의
꽃대가 올라온다.

꽃대는
잎겨드랑이에 달린다.

약 15센티미터
이하의 높이로 자란다.

445
돌나물과

에케베리아 '티피'

[티피]

***Echeveria* 'Tippy'**

[*Echeveria* 'Sunburst']

—

포기 지름은 보통 7~10센티미터 정도지만, 15~22센티미터까지도 자란다. 잎은 길이 4센티미터, 폭 15밀리미터 정도의 거꿀달걀꼴이다. 잎끝은 둥글지만 빨간 뾰족끝이다. 꽃의 길이는 1센티미터 정도다.

꽃대잎이 작은 편이다.

잎에는 털이 없다.

꽃대는 잎겨드랑이에 달린다.

꽃받침조각은 옆으로 벌어진다.

꽃잎 안쪽은 진한 노란색이다.

꽃은
황적색으로 핀다.

꽃의 길이는
1센티미터 정도다.

수술은 10개,
암술은 5개다.

잎끝은 둥글지만
빨간 뾰족끝이다.

잎은 길이 4센티미터,
폭 15밀리미터 정도다.

포기 지름은
보통 7~10센티미터 정도지만,
15~22센티미터까지도 자란다.

잎은
회청록색이다.

포기는 모여서
무리 지어 자란다.

약 10센티미터
높이로 자란다.

446
돌나물과

에케베리아 '펀퀸'

[펀퀸 · 오락여왕娛樂女王 · 성탄전야의 장미]

***Echeveria* 'Fun Queen'**

—

높이 15센티미터 이하로 자란다. 잎은 청록색이고 거꿀바소꼴이다. 꽃차례의 길이는 20센티미터 정도며, 꽃의 길이는 2센티미터 정도다. 꽃받침조각과 꽃잎은 옆으로 벌어진다.

꽃차례의 길이는 20센티미터 정도다.

잎끝은 둥글지만 뾰족하다.

꽃은 주황색으로 핀다.

술모양꽃차례總狀花序

꽃봉오리

꽃은
주황색으로 핀다.

꽃받침조각은
옆으로 벌어진다.

수술은 10개, 암술은 5개다.
꽃의 길이는 2센티미터 정도다.

잎은
청록색이다.

잎은 길이 6센티미터,
폭 3센티미터 정도다.

잎은 잎끝이 뾰족끝인
거꿀바소꼴이다.

포기는 모여서
무리 지어 자란다.

꽃대는
잎겨드랑이에 달린다.

약 15센티미터
높이로 자란다.

447
돌나물과

구미무久美舞

Echeveria multicaulis

—

높이 15~30센티미터 정도 자란다. 잎은 길이가 4~5센티미터 정도다. 꽃차례는 길이가 25센티미터 정도다. 꽃받침조각은 털이 없고, 꽃잎보다 짧으며 옆으로 약간 벌어진다.

꽃차례의 길이는 25센티미터 정도다.

잎 양면에는 털이 없다.

꽃차례

꽃봉오리

꽃은
주황색으로 핀다.

꽃받침조각은 꽃잎보다 짧고
옆으로 약간 벌어진다.

수술은 10개,
암술은 5개다.

잎 가장자리는
붉은색이다.

잎은 길이 4~5센티미터,
폭 25~30밀리미터 정도다.

잎은 긴 거꿀바소꼴이며,
에메랄드빛 연한 초록색이다.

어린 가지에
털이 없고
광택이 있다.

줄기에서
곁가지가
잘 갈라진다.

약 15~30센티미터
높이로 자라는 버금떨기나무다.

에케베리아 '로프로쉬'

***Echeveria* 'Laubfrosch'**

—

높이 6~15센티미터 정도 자란다. 잎은 길이 3센티미터, 폭 2센티미터까지도 커진다. 여름에 잎 가장자리는 붉은색으로 변한다. 꽃은 5~7월, 11~2월 한 해에 두 번 핀다. 꽃은 황적색이며 길이가 15~18밀리미터 정도다.

꽃은 5~7월, 11~2월 한 해에 두 번 핀다.

잎 가장자리는 붉은색으로 변한다.

술모양꽃차례

꽃받침조각은 옆으로 펼쳐진다.

줄기에서 곁가지가 잘 갈라진다.

꽃은
황적색으로 핀다.

꽃의 길이는
15~18밀리미터 정도다.

수술은 10개,
암술은 5개다.

잎은 두께 4밀리미터 정도의
도톰한 다육질이다.

잎은 길이 3센티미터,
폭 2센티미터까지 커진다.

잎은 긴 거꿀바소꼴이며,
잎끝은 둥글지만 뾰족끝이다.

꽃대는
잎겨드랑이에 달린다.

잎은
긴 거꿀달걀꼴이다.

약 6~15센티미터
높이로 자라는 버금떨기나무다.

449
돌나물과

에케베리아 '미니벨'

[미니벨 · 훔멜즈 미니벨]

***Echeveria* 'MiniBelle'**

[*Echeveria* 'Hummel's Minibelle']

—

높이 15~30센티미터 정도 자란다. 줄기는 적갈색이며, 공기뿌리가 나온다. 잎은 길이 4~5센티미터, 폭 15밀리미터 정도의 거꿀바소꼴이다. 꽃잎 바깥은 붉은색이며 안쪽은 황적색이다.

꽃차례의 길이는 30~40센티미터 정도다.

잎 가장자리는 붉게 물든다.

원뿔꽃차례

꽃잎 바깥은 붉은색이며 안쪽은 황적색이다.

잎끝은 뾰족하다.

꽃은
초가을에 핀다.

꽃의 길이는
약 2센티미터다.

수술은 10개,
암술은 5개다.

잎은
어긋나게 달린다.

잎은 길이 4~5센티미터,
폭 15밀리미터 정도의
거꿀바소꼴이다.

잎은
거꿀바소꼴이다.

줄기에서
곁가지가 잘 갈라진다.

줄기는 적갈색이며
공기뿌리가 나온다.

약 15~30센티미터
높이로 자라는
버금떨기나무다.

작은꽃자루는
없거나 매우 짧다.

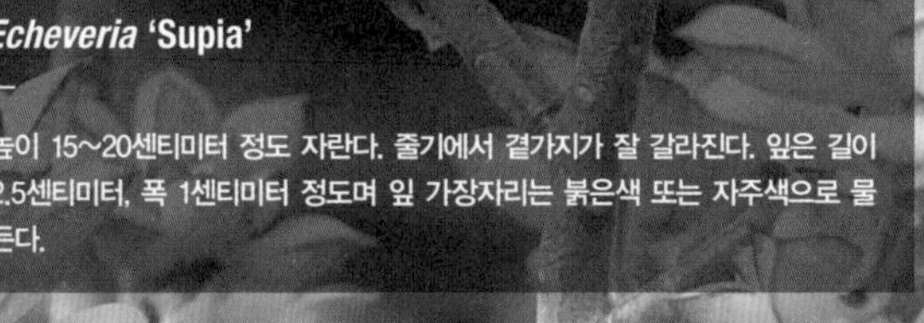

에케베리아 '수피아'

[수피아 · 구미리]

***Echeveria* 'Supia'**

—

높이 15~20센티미터 정도 자란다. 줄기에서 곁가지가 잘 갈라진다. 잎은 길이 2.5센티미터, 폭 1센티미터 정도며 잎 가장자리는 붉은색 또는 자주색으로 물든다.

잎 양면에는
털이 없다.

잎겨드랑이에
꽃대가 올라온다.

꽃잎 바깥은 붉은색,
안쪽은 주황색이다.

돋아나는
새 잎

꽃받침조각은
약간 벌어진다.

꽃의 길이는
15밀리미터 정도다.

수술은 10개,
암술은 5개다.

잎 가장자리는
붉은색 또는 자주색이다.

잎은 길이 25밀리미터,
폭 10밀리미터 정도다.

잎은 거꿀바소꼴이다.

포기는 모여서
무리 지어 자란다.

줄기에서
곁가지가 잘 갈라진다.

약 15~20센티미터 높이로
자라는 버금떨기나무다.

451
돌나물과

홍화장紅化粧

[홍장紅粧]

***Echeveria* 'Victor'**

—

높이 15센티미터 이하로 자란다. 잎은 길이 5센티미터, 폭 15밀리미터 정도다. 꽃차례의 길이는 15센티미터 정도다. 꽃은 황적색으로 피고, 꽃잎 안쪽은 노란색이다. 구미무*E. multicaulis* x 정야*E. derenbergii*의 교배종이다.

꽃차례의 길이는 약 15센티미터다.

잎은 도톰하며 잎 뒷면에 둔한 모서리가 있다.

꽃대는 잎겨드랑이에 달린다.

꽃잎 안쪽은 노란색이다.

잎은 어긋나게 달린다.

꽃은
황적색으로 핀다.

꽃의 지름은
1센티미터 정도다.

수술은 10개,
암술은 5개다.

잎은
긴 거꿀달걀꼴이다.

잎은 길이 5센티미터,
폭 15밀리미터 정도다.

잎은 긴 거꿀달걀꼴이며,
잎끝은 둥글지만 뾰족끝이다.

포기는 모여서
무리 지어 자란다.

줄기에서
곁가지가
잘 갈라진다.

약 15센티미터
높이로 자란다.

452
돌나물과

금광휘金光輝

[골든 글로우]

***Echeveria* 'Golden Glow'**

—

높이 20~30센티미터, 포기 지름 46센티미터 정도 자란다. 잎은 길이 7~10센티미터, 폭 35밀리미터 정도다. 꽃의 길이는 15밀리미터 정도며, 봄부터 여름에 산호빛 분홍색으로 핀다.

꽃대는 잎겨드랑이에 달린다.

잎에는 털이 없다.

꽃잎 안쪽은 주황색이다.

5개의 꽃받침조각은 크기가 서로 다르다.

크기가 다른 꽃받침조각

꽃차례는
아치형으로 휜다.

꽃의 길이는
약 15밀리미터다.

수술은 10개,
암술은 5개다.

잎은 긴
거꿀달걀꼴이다.

잎은 길이 7~10센티미터,
폭 35밀리미터 정도다.

포기 지름이
46센티미터 정도 자란다.

잎은 성장기에 연둣빛이다가
휴면기에는 붉은 색으로 물든다.

줄기는 길게 자라
옆으로 눕게 된다.

약 20~30센티미터
높이로 자라는 버금떨기나무다.

453
돌나물과

화빙火氷

[강엽련 · 파이어 앤 아이스 · 에케베리아 수브리기다 '파이어 앤 아이스']

***Echeveria subrigida* 'Fire and Ice'**

—

높이 23~30센티미터, 포기 지름 46센티미터 정도로 비교적 대형이다. 잎은 길이 23센티미터, 폭 8센티미터 정도다. 술모양꽃차례는 곧게 서며 길이가 45센티미터 정도다. 작은꽃자루의 꽃대잎은 S자 모양으로 꼬부라지는 특징이 있다.

술모양꽃차례는 곧게 서며 길이가 45센티미터 정도다.

잎 표면에 깊게 홈이 파져 있고, 뒷면에 모서리가 뚜렷하다.

술모양꽃차례

수술은 10개, 암술은 5개다.

꽃잎 안쪽은 노란색이다.

꽃은
산홋빛 분홍색으로
여름에 핀다.

S자 모양의
꽃대잎

꽃대잎

작은꽃자루에 꽃대잎은
S자 모양으로
꼬부라지는 특징이 있다.

잎 가장자리는
암적색이다.

잎은 길이 23센티미터,
폭 8센티미터 정도다.

포기 지름이
46센티미터 정도로 대형이다.

잎 뒷면에
모서리가 뚜렷하다.

줄기에서
곁가지가 갈라지지 않는다.

약 23~30센티미터
높이로 자란다.

454
돌나물과

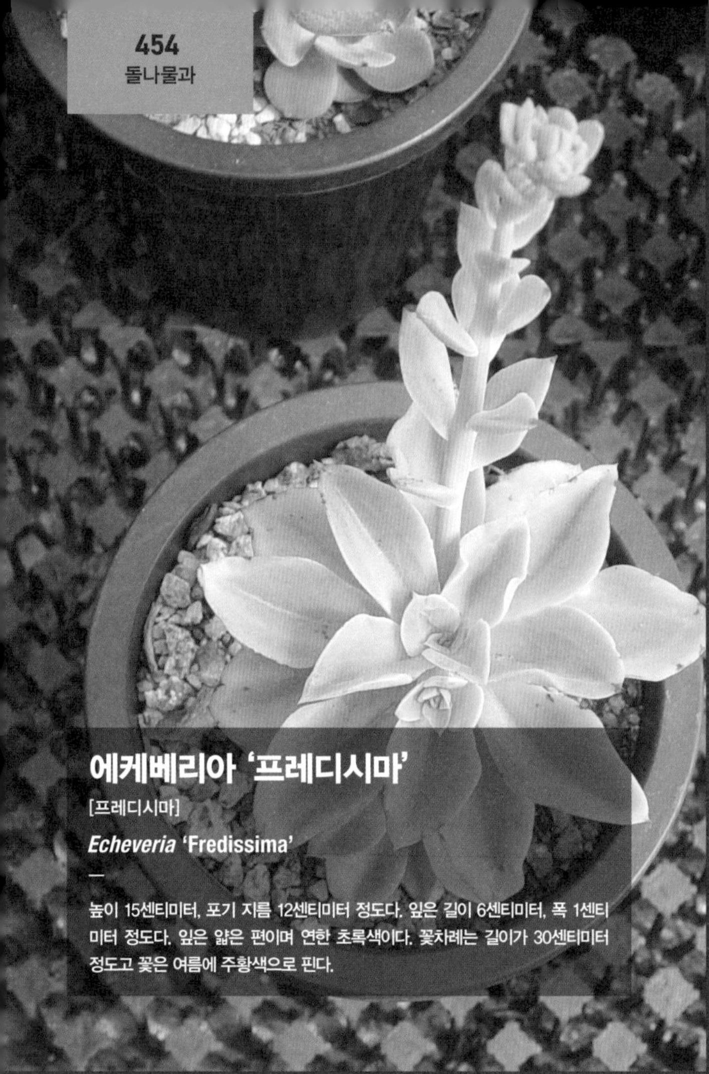

에케베리아 '프레디시마'

[프레디시마]

***Echeveria* 'Fredissima'**

—

높이 15센티미터, 포기 지름 12센티미터 정도다. 잎은 길이 6센티미터, 폭 1센티미터 정도다. 잎은 얇은 편이며 연한 초록색이다. 꽃차례는 길이가 30센티미터 정도고 꽃은 여름에 주황색으로 핀다.

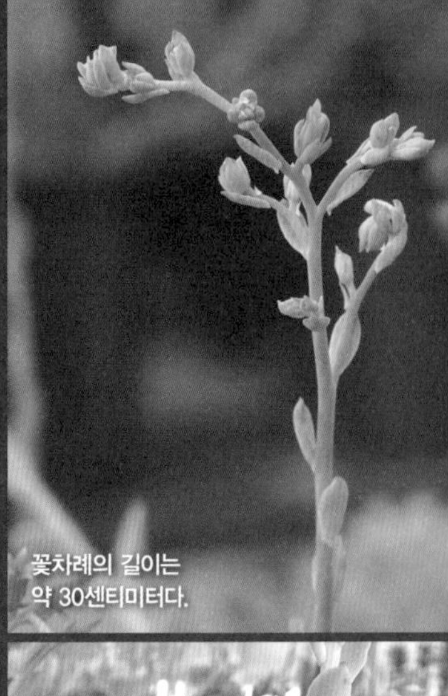

꽃차례의 길이는
약 30센티미터다.

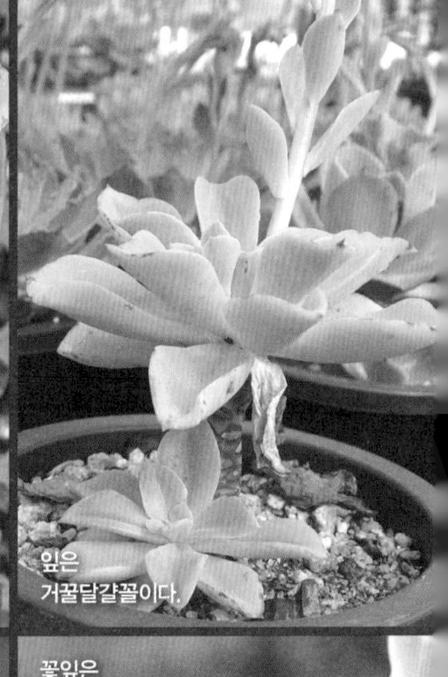

잎은
거꿀달걀꼴이다.

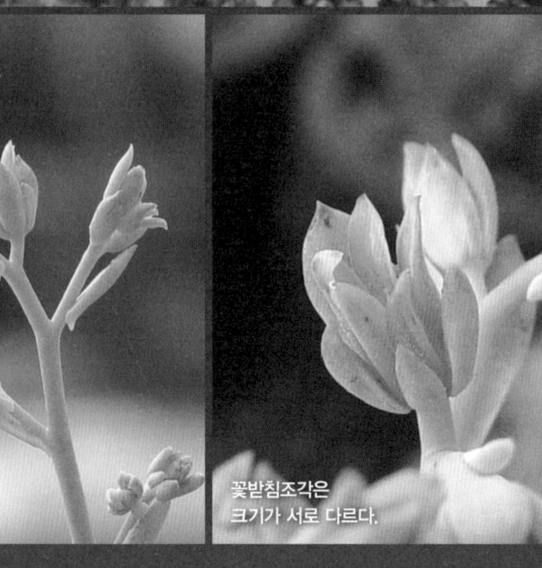

꽃자루에
털이 없다.

꽃받침조각은
크기가 서로 다르다.

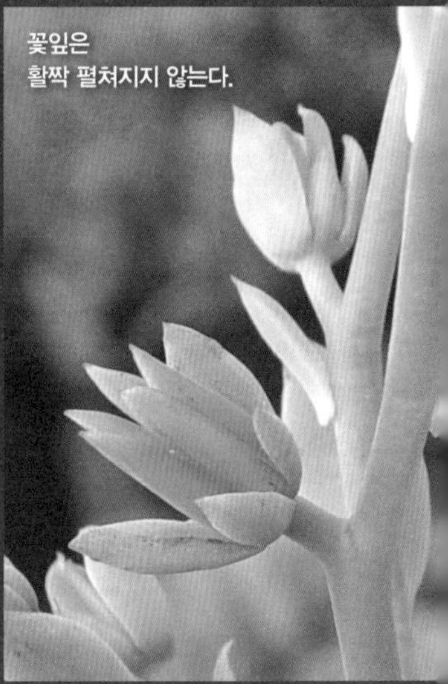

꽃잎은
활짝 펼쳐지지 않는다.

꽃의 길이는
약 15밀리미터다.

수술은 10개,
암술은 5개다.

잎 표면은
약간 안으로 오므리는 경향이 있다.

잎은 길이 6센티미터,
폭 1센티미터 정도다.

포기 지름이
12센티미터 정도다.

줄기에서
곁가지가 잘 갈라진다.

줄기

약 15센티미터
높이로 자란다.

455
돌나물과

대화금大和錦

[에케베리아 푸르푸소룸 · 화관花冠]

Echeveria purpusorum

—

높이 15센티미터 이하, 포기 지름 12~15(~38)센티미터 정도 자란다. 잎은 끝이 뾰족한 달걀꼴이며 길이 6센티미터, 폭 4센티미터 정도다. 잎은 회백록색이며 적갈색 얼룩점이 불규칙하게 있다. 잎 뒷면에 뚜렷한 모서리가 있다.

꽃차례의 길이는 20센티미터 정도다.

잎 뒷면에 모서리가 뚜렷하다.

꽃대잎은 두터운 육질이다.

꽃받침조각은 길이가 서로 다르다.

잎 뒷면에 적갈색 얼룩점이 있다.

꽃의 길이는
약 12밀리미터다.

꽃잎은 황적색이며
꽃잎 끝은 노란색이다.

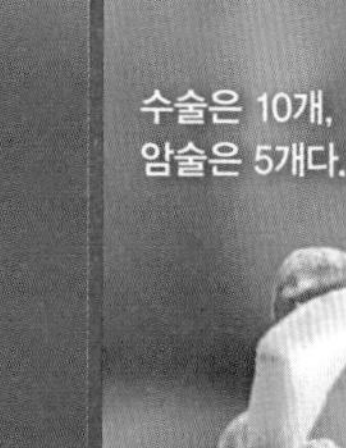
수술은 10개,
암술은 5개다.

잎에는 적갈색 얼룩점이
불규칙하게 있다.

잎은 길이 6센티미터,
폭 4센티미터 정도다.

포기 지름이 12~15(~38)센티미터
정도 자란다.

포기는 모여서
무리 지어 자란다.

꽃대는
잎겨드랑이에 달린다.

약 15센티미터
높이로 자란다.

456
돌나물과

에케베리아 '디오니소스'

[디오니소스]

***Echeveria* 'Dionysos'**

—

포기 지름이 8~9센티미터 정도다. 잎은 길이 4센티미터, 폭 25~30밀리미터, 두께 10밀리미터 정도다. 잎 뒷면에 모서리가 뚜렷하고 적갈색 얼룩점이 있다. 대화금*E. purpusorum*에 비해 포기가 작은 소형이며 바커스*E. Bacchus*에 비해 줄기에서 곁가지가 갈라지지 않는다.

꽃차례의 길이는 40~45센티미터 정도다.

잎 뒷면에 모서리가 뚜렷하다.

꽃대잎의 숫자가 적고, 크기도 작은 편이다.

꽃잎 끝은 노란색이다.

꽃받침조각은 짧으며 약간 벌어진다.

꽃의 길이는
12밀리미터 정도다.

꽃잎은 황적색이며
끝 쪽은 노란색이다.

수술은 10개,
암술은 5개다.

잎 가장자리에
적갈색 줄무늬가 있다.

잎은 길이 4센티미터,
폭 25~30밀리미터,
두께 10밀리미터 정도다.

포기 지름이 8~9센티미터
정도로 소형이다.

잎 양면에는 적
갈색 얼룩점이 있다.

줄기에서 곁가지가
갈라지지 않는다.

약 10센티미터
높이로 자란다.

457
돌나물과

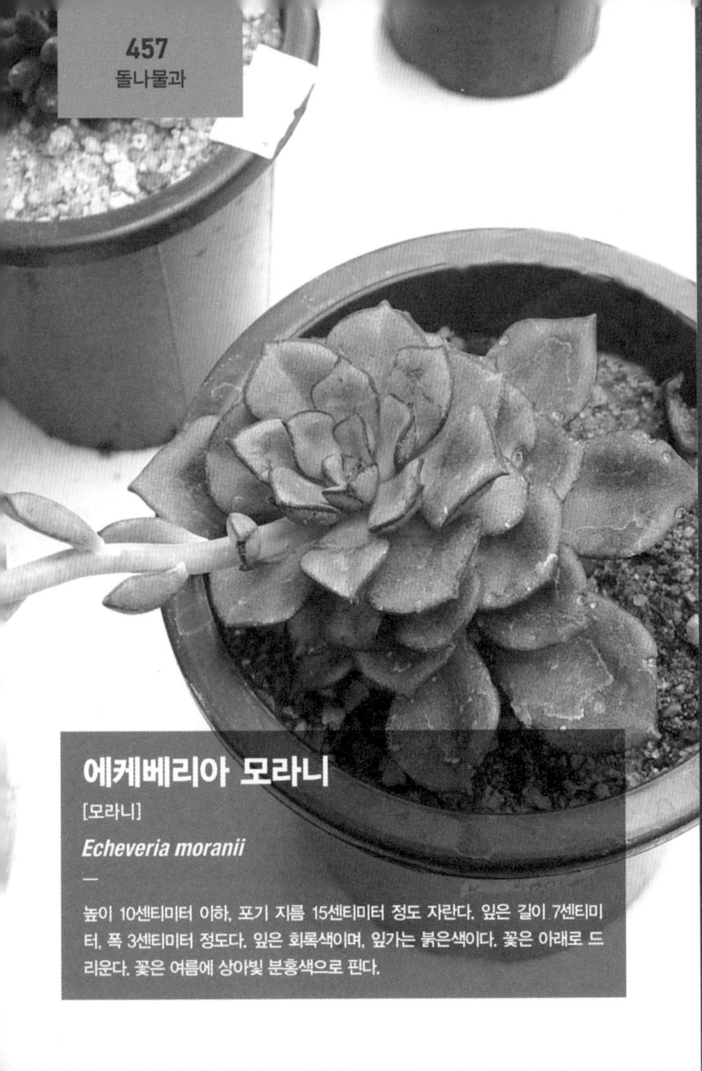

에케베리아 모라니

[모라니]

Echeveria moranii

—

높이 10센티미터 이하, 포기 지름 15센티미터 정도 자란다. 잎은 길이 7센티미터, 폭 3센티미터 정도다. 잎은 회록색이며, 잎가는 붉은색이다. 꽃은 아래로 드리운다. 꽃은 여름에 상아빛 분홍색으로 핀다.

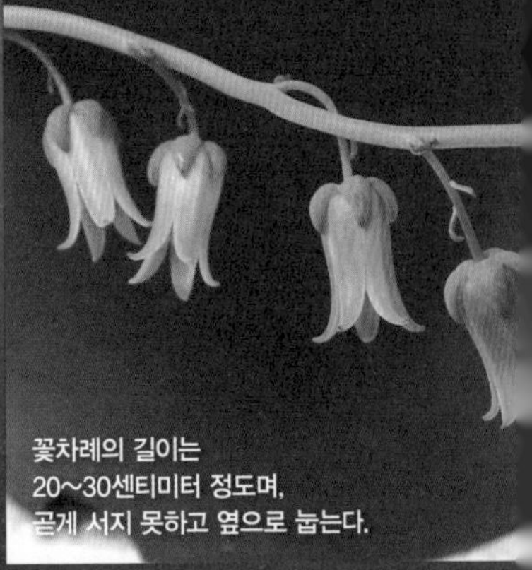

꽃차례의 길이는 20~30센티미터 정도며, 곧게 서지 못하고 옆으로 눕는다.

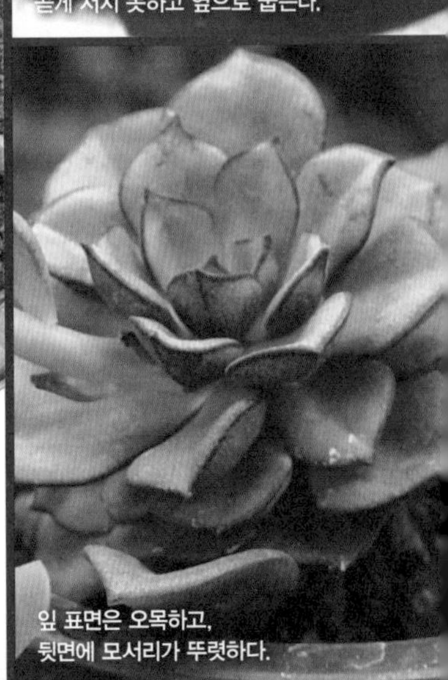

잎 표면은 오목하고, 뒷면에 모서리가 뚜렷하다.

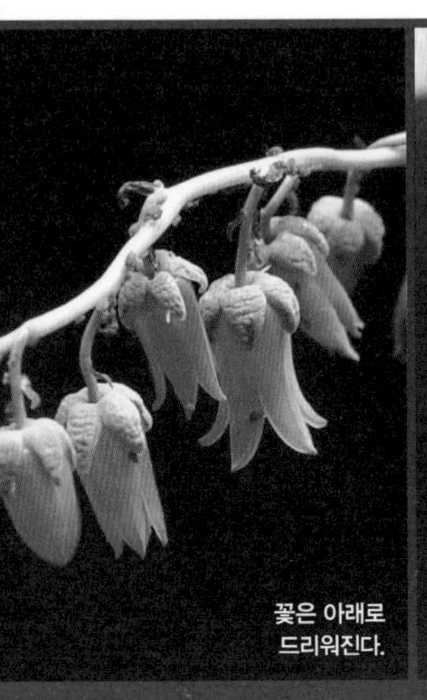

꽃은 아래로 드리워진다.

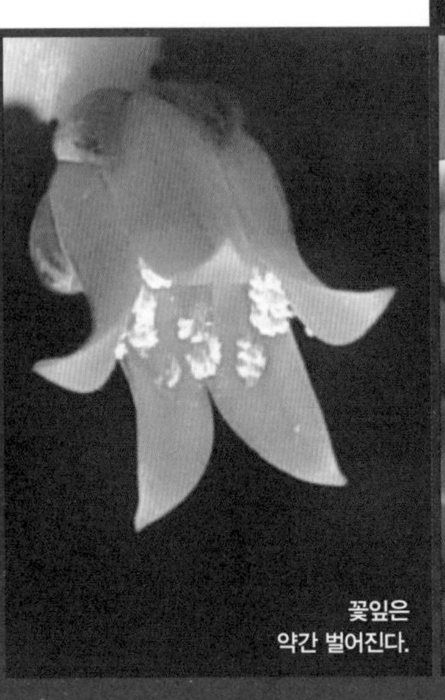

꽃잎은 약간 벌어진다.

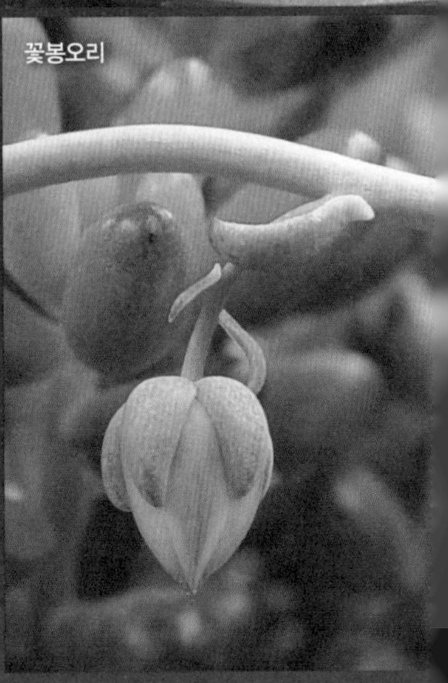

꽃봉오리

꽃의 길이는
13밀리미터 정도다.

꽃받침조각은
꽃잎에 바짝 붙어있다.

수술은 10개,
암술은 5개다.

잎은 어두운 회록색이며
잎가는 붉은색이다.

잎은 길이 7센티미터,
폭 3센티미터 정도다.

포기 지름이
약 15센티미터다.

꽃대는
잎겨드랑이에 달린다.

잎은 끝이
뾰족한 거꿀달갈꼴이다.

높이 10센티미터
이하로 자란다.

에케베리아 '양진'

[양진]

Echeveria 'Yangjin'

—

높이 10센티미터 이하, 포기 지름 5~6센티미터 정도 자란다. 잎 표면은 오목하고 뒷면은 볼록하며 잎은 가운데로 오므린다. 1994년 대한민국 전양진 선생님의 육종품종이다.

꽃대는 잎겨드랑이에 달리며 길이가 약 10센티미터다.

잎 뒷면에 모서리가 희미하게 있다.

꽃대에 이삭잎이 큰 편이다.

꽃잎 안쪽은 노란색이다.

잎겨드랑이에서 꽃대가 올라온다.

꽃받침조각은
약간 벌어진다.

꽃은 황적색으로 피며,
길이가 1센티미터 정도다.

수술은 10개,
암술은 5개다.

잎은
가운데로 오므린다.

잎은 끝이 뾰족한
거꿀달걀꼴이다.

포기 지름이
5~6센티미터 정도 자란다.

잎 표면은 오목하고
뒷면은 볼록하다.

클론이
발생한다.

높이
10센티미터 이하로 자란다.

459
돌나물과

에케베리아 '탕기'

[탕기 · 빅토리아]

***Echeveria* 'Tanguy'**

—

높이 13센티미터, 포기 지름 13센티미터 정도 자란다. 잎은 길이 7~8센티미터, 폭 25밀리미터, 두께 7밀리미터 정도다. 잎가는 붉은색이며, 잎 뒷면에 둔한 모서리가 있다. 꽃의 길이는 15밀리미터 정도며 3~7월에 붉은색으로 핀다.

꽃대는 잎겨드랑이에 달린다.

잎 뒷면에 붉은색의 둔한 모서리가 있다.

꽃받침조각은 약간 벌어진다.

꽃대잎이 큰 편이다.

꽃에는 향기가 있다.

꽃은 3~7월에 붉은색으로 핀다.

꽃의 길이는 15밀리미터 정도다.

수술은 10개, 암술은 5개다.

잎끝은 뾰족하다.

잎은 길이 7~8센티미터, 폭 25밀리미터 정도다.

포기 지름이 13센티미터 정도다.

잎은 끝이 뾰족한 거꿀바소꼴이다.

꽃대는 잎겨드랑이에 달린다.

약 13센티미터 높이로 자란다.

대화봉

[에케베리아 '투르기다' · 투르기다 · 투기다]

***Echeveria* 'Turgida'**

—

높이 10센티미터 이하, 포기 지름 8센티미터 정도 자란다. 잎은 딱딱하고 잎 표면은 편평하며 뒷면은 약간 볼록하다. 잎 뒷면에 모서리가 희미하게 있다. 잎끝은 가시처럼 뾰족하다. 한 포기에 2~4개의 꽃대가 올라와 꽃이 핀다.

꽃차례의 길이는 10센티미터 정도다.

잎 뒷면에 모서리가 희미하게 있다.

꽃잎 안쪽은 주황색이다.

잎겨드랑이에서 꽃대가 올라온다.

잎끝은 가시처럼 뾰족하다.

꽃은 붉은색으로 핀다.

꽃받침조각은 약간 벌어진다.

수술은 10개, 암술은 5개다.

잎은 회청록색이다.

잎은 길이 4센티미터, 폭 15밀리미터 정도다.

포기 지름이 8센티미터 정도 자란다.

포기는 모여서 무리 지어 자란다.

높이 10센티미터 이하로 자란다.

꽃차례의 길이는
15센티미터 정도다.

에케베리아 '멜라코'

[멜라코 · 몰라코]

***Echeveria* 'Melaco'**

—

높이 10센티미터 이하, 포기 지름 8센티미터 정도 자란다. 잎은 청동빛이 도는 진한 흑녹색이다. 잎은 길이 4센티미터, 폭 2센티미터 정도다. 잎 표면은 약간 오목하고 뒷면은 볼록하며 둔한 모서리가 있다.

잎 뒷면은 볼록하며
둔한 모서리가 있다.

술모양꽃차례

꽃받침조각은
옆으로 펼쳐진다.

잎은
거꿀달걀꼴이다.

꽃은
붉은색으로 핀다.

꽃의 길이는
약 1센티미터다.

수술은 10개,
암술은 5개다.

잎은 청동빛이 도는
진한 흑녹색이다.

잎은 길이 4센티미터,
폭 2센티미터 정도다.

포기 지름
8센티미터 정도 자란다.

잎 표면은
약간 오목하다.

잎겨드랑이에서
꽃대가 올라온다.

높이 10센티미터
이하로 자란다.

에케베리아 콤프레시카울리스

[콤프레시카울리스 · 베네쥬엘라]

Echeveria compressicaulis

—

높이 15~30센티미터 정도 자라며, 줄기에서 곁가지가 잘 갈라진다. 잎은 어두운 자줏빛 또는 적갈색을 띠는 초록색이다. 줄기와 꽃대가 불규칙하게 납작해지는 특징이 있다.

꽃차례의 길이는 20센티미터 정도다.

잎은 어두운 자줏빛 또는 적갈색을 띠는 초록색이다.

술모양꽃차례

잎 뒷면은 볼록하다.

잎은 어긋나게 달린다.

꽃은
황적색이다.

꽃받침조각은 짧으며
옆으로 펼쳐진다.

수술은 10개,
암술은 5개다.

잎은
긴 길둥근꼴이다.

잎은 다육질이며
표면은 약간 오목하다.

잎끝은
둔하게 뾰족하다.

꽃대도
불규칙하게 납작해진다.

줄기와 꽃대가
불규칙하게 납작해지는 특징이 있다.

약 15~30센티미터
높이로 자라며,
줄기에서 곁가지가
잘 갈라진다.

징강澄江

[진강 · 에케베리아 '수미에']

***Echeveria* 'Sumie'**

—

높이 10센티미터 이하로 낮게 자란다. 포기 지름이 12센티미터 정도다. 잎은 거꿀달걀꼴이며 길이 6센티미터, 폭 25밀리미터 정도다. 잎에는 짧은 털처럼 보이는 가느다란 흰색 점무늬가 있는 특징이 있다.

꽃차례는
길이 12센티미터 정도다.

잎에는
짧은 털처럼 보이는 가느다란
흰색 점무늬가 있는 특징이 있다.

꽃대잎이
큰 편이다.

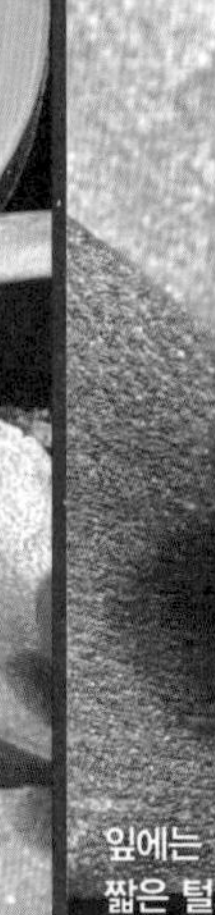

암술머리는
진한 붉은색이다.

잎 표면에
털 같은 점무늬

꽃은
분홍색으로 핀다.

수술은 10개, 암술은 5개다.

꽃받침조각은
짧고 옆으로 퍼진다.

잎은
거꿀달걀꼴이다.

잎은 길이 6센티미터,
폭 25밀리미터 정도다.

포기 지름이
12센티미터 정도다.

잎겨드랑이에서
꽃대가 올라온다.

포기는 모여서
무리 지어 자란다.

높이 10센티미터
이하로 낮게 자란다.

464
돌나물과

홍사紅司

Echeveria nodulosa

—

높이 20(~50)센티미터, 포기 지름 10~13센티미터 정도 자란다. 잎은 길이 6센티미터, 폭 2센티미터 정도다. 잎은 회록색이며 주걱 모양이다. 잎에는 선명한 적자색 줄무늬가 있다.

꽃차례의 길이는
60센티미터 정도로 길다.

잎 뒷면은
볼록하다.

술모양꽃차례

꽃받침조각은
활짝 펼쳐진다.

꽃잎 끝은
흰색이다.

꽃은 한여름에
연한 분홍색으로 핀다.

꽃의 길이는
15밀리미터 정도다.

수술은 10개,
암술은 5개다.

잎끝은 둥글지만
뾰족끝이다.

잎은 길이 6센티미터,
폭 2센티미터 정도다.

포기 지름은
10~13센티미터
정도 자란다.

줄기에서
곁가지가 잘 갈라진다.

약 20(~50)센티미터
높이로 자란다.

465
돌나물과

화벌花筏

[꽃돛단배 · 꽃뗏목 · 하나이카타]

Echeveria 'hanaikada'

—

높이 10센티미터, 포기 지름 20센티미터 정도 자란다. 잎은 긴 거꿀달걀꼴이며 길이 7~8센티미터, 폭 2센티미터 정도다. 햇볕의 양에 따라 잎은 짙은 자줏빛으로 변한다. 꽃차례의 길이는 20~30센티미터 정도다.

꽃차례는 잎겨드랑이에 달리며 길이가 20~30센티미터 정도다.

잎 양면에는 털이 없다.

꽃은 주황색으로 핀다.

포기는 모여서 무리 지어 자란다.

꽃은 겨울에
주황색으로 핀다.

꽃받침조각은 작고
옆으로 펼쳐진다.

수술은 10개,
암술은 5개다.

햇볕의 양에 따라
잎은 짙은 자줏빛으로 변한다.

잎은 길이 7~8센티미터,
폭 2센티미터 정도다.

포기 지름이
20센티미터 정도 자란다.

줄기는
곧게 선다.

줄기에는
털이 없다.

약 10센티미터
높이로 자란다.

자진주紫珍珠

[도무都舞 · 라일락 · 백리연柏利蓮]

***Echeveria gibbiflora* 'Perle von Nurnberg'**

—

높이 15~20센티미터, 포기 지름 15~20센티미터 정도다. 잎은 푸르스름한 자주색이며 잎 표면은 오목하고, 뒷면은 볼록하고 모서리가 있다. 꽃차례의 길이는 40센티미터 정도며 아치형으로 휘어 아래를 향한다. 꽃은 봄부터 늦여름까지 핀다.

꽃차례의 길이는
40센티미터 정도다.

잎 뒷면은 볼록하며
모서리가 있다.

꽃대는 아치형으로 휘어
아래를 향한다.

꽃받침은
꽃잎에 붙어있다.

잎끝은 둥글지만
뾰족끝이다.

꽃은 산홋빛이 도는
붉은색이다.

꽃받침은
꽃잎에 바짝 붙어 있다.

수술 10개,
암술은 5개다.

잎은
푸르스름한 자주색이다.

잎은 길이 8~10센티미터,
폭 6센티미터 정도다.

포기 지름은
15~20센티미터 정도다.

잎은 긴
거꿀달걀꼴이다.

줄기에서 곁가지가
갈라지지 않는다.

높이가
15~20센티미터 정도다.

467
돌나물과

고자古紫

[흑옥자黑玉子]

Echeveria affinis

—

높이 15센티미터, 포기 지름 15센티미터 정도 자란다. 잎은 흑녹색이며 길이 7센티미터, 폭 25밀리미터 정도다. 잎끝은 길게 뾰족하다. 꽃차례는 길이가 20~30(~50)센티미터 정도며 겨울에 붉은색 꽃이 핀다.

꽃차례의 길이는 20~30(~50)센티미터 정도다.

잎 양면에는 털이 없다.

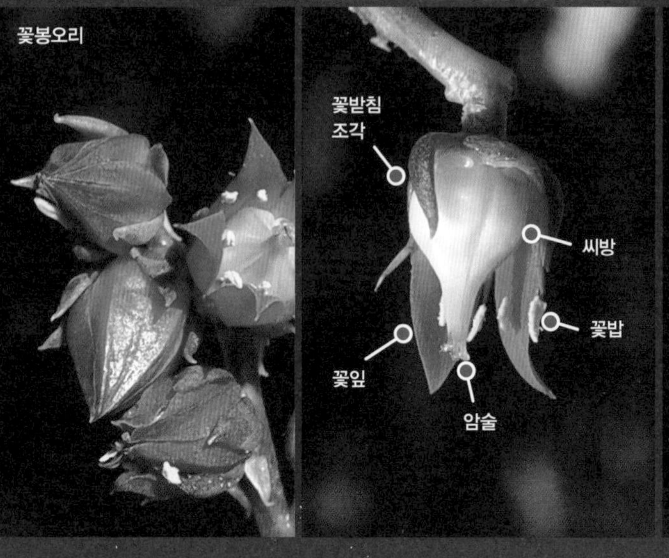

꽃봉오리

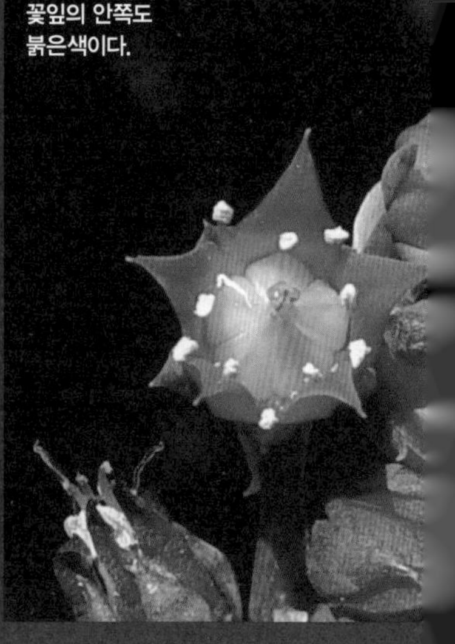

꽃잎의 안쪽도 붉은색이다.

꽃은
붉은색으로 핀다.
수술은 10개,
암술은 5개다.
꽃받침조각은
펼쳐지지 않는다.
꽃받침
조각
잎은 다육질이며
흑녹색이다.
잎은 길이 7센티미터,
폭 25밀리미터 정도다.
포기 지름은
15센티미터 정도다.
꽃봉오리
꽃대에
털이 없다.
줄기는 거의 없으며,
높이가 15센티미터
정도 자란다.

468
돌나물과

에케베리아 '알프레드 그라프'

[알프레드 그라프]

Echeveria **'Alfred Graff'**

—

높이 15~30센티미터, 포기 지름 38~45센티미터 정도 자란다. 잎은 어두운 흑록색이며 보통 길이 18~22센티미터, 폭 3~4센티미터 정도다. 꽃차례의 길이는 35센티미터 정도며, 꽃자루에 꽃대잎이 큰 편이다.

꽃대의 길이는 35센티미터 정도며 굵고 튼튼하며 곧게 선다.

잎은 어두운 흑록색이다.

암술과 수술

꽃은 늦여름에 붉은색으로 핀다.

꽃잎 안쪽도 붉은색이다.

꽃자루에
꽃대잎이 큰 편이다.

꽃의 길이는
10밀리미터 정도다.

수술은 10개,
암술은 5개다.

잎은
긴 거꿀달걀꼴이다.

잎은 보통 길이 18~22센티미터,
폭 3~4센티미터 정도다.

포기 지름이
38~45센티미터 정도다.

잎끝은 가시처럼
뾰족하다.

짧은 줄기가
있다.

높이가
15~30센티미터 정도다.

469
돌나물과

자염

[에케베리아 '페인티드 프릴' · 페인티드 프릴 · 샤비홍]

***Echeveria* 'Painted Frills'**

—

높이 10센티미터, 포기 지름 10센티미터 정도 자란다. 잎은 길이 5센티미터, 폭 2센티미터 정도다. 잎은 붉은색 또는 자주색이다.

꽃차례의 길이는 25센티미터 정도다.

잎 뒷면에 둔한 모서리가 있다.

꽃은 연한 붉은색으로 핀다.

꽃잎 안쪽은 주황색이다.

꽃받침조각은 활짝 펼쳐진다.

꽃은 늦은 여름에 연한 붉은색으로 핀다.

꽃의 길이는 약 1센티미터다.

수술은 10개, 암술은 5개다.

잎은 긴 거꿀달걀꼴이다.

잎은 길이 5센티미터, 폭 2센티미터 정도다.

포기 지름은 10센티미터 정도 자란다.

잎은 붉은색 또는 자주색이다.

잎겨드랑이에서 꽃대가 올라온다.

높이가 10센티미터 정도 자란다.

470
돌나물과

흑왕자黑王子

[에케베리아 '블랙 프린스' · 블랙프린스 · 흑조黑助]

***Echeveria* 'Black Prince'**

—

높이 25센티미터, 포기 지름 15~22센티미터 정도 자란다. 잎은 흑적색이며 길이 11센티미터, 폭 3센티미터 정도다. 꽃은 붉은색으로 피며, 꽃잎 끝은 약간 벌어진다. 기원무*E. shaviana* x 고자*E. affinis*의 교배종이다.

꽃차례의 길이는
35센티미터 정도다.

잎은
흑적색이다.

꽃받침조각은
약간 벌어진다.

꽃잎은
활짝 펼쳐지지 않는다.

꽃잎 안쪽도
붉은색이다.

꽃은
붉은색으로 핀다.

꽃받침조각은
약간 벌어진다.

수술은 10개,
암술은 5개다.

잎은 끝이
뾰족한 바소꼴이다.

잎은 길이 11센티미터,
폭 3센티미터 정도다.

포기 지름이
15~22센티미터 정도 자란다.

잎겨드랑이에서
꽃대가 올라온다.

잎끝은
뾰족하다.

약 25센티미터
높이로 자란다.

471
돌나물과

숲의 요정

[에케베리아 '구스토' · 구스토]

***Echeveria* 'Gusto'**

—

높이 10센티미터 이하, 포기 지름 7~8센티미터 정도 자란다. 잎은 길이 3~4센티미터, 폭 1센티미터 정도다. 잎은 긴 거꿀달걀꼴이며 청록색이다. 을녀*E. amoena* x 정야*E. derenbergii*의 교배종이다.

꽃차례의 길이는 15센티미터 정도다.

잎 뒷면에 모서리가 거의 없다.

꽃은 보통 노란색으로 핀다.

꽃잎 안쪽도 노란색이다.

꽃받침조각은 약간 벌어진다.

꽃은 적황색 또는
노란색으로 핀다.

꽃의 길이는
1센티미터 정도다.

수술은 10개,
암술은 5개다.

잎은 청록색이다.

잎은 길이 3~4센티미터,
폭 1센티미터 정도다.

포기 지름이 7~8센티미터
정도 자란다.

잎겨드랑이에
꽃대가 올라온다.

잎은
긴 거꿀달걀꼴이다.

높이가
10센티미터 이하로 자란다.

리틀장미

[에케베리아 프롤리피카]

Echeveria prolifica

—

높이가 10센티미터 이하로 땅을 덮고 자란다. 포기 지름 3~4센티미터 정도다. 잎은 길이가 2센티미터 정도로 작고 흰색을 띤 연한 청록색이다. 기는 가지가 사방으로 뻗으며, 클론이 나와 번식한다.

꽃차례의 길이는
15~25센티미터 정도다.

햇볕의 양에 따라
잎은 붉게 물든다.

꽃은
봄에 노란색으로 핀다.

꽃봉오리

잎은 끝이 뾰족한
긴 거꿀달걀꼴이다.

수술은 10개,
암술은 5개다.

꽃받침조각은
짧고 벌어지지 않는다.

꽃대는
거의 드러눕는다.

잎은 흰색을
띤 연한 청록색이다.

잎은 길이가
2센티미터 정도로 작다.

포기 지름이
3~4센티미터 정도다.

기는 가지가
사방으로 뻗어
번식한다.

줄기에서
공기뿌리가
나온다.

높이가 10센티미터
이하로 땅을 덮고 자란다.

473
돌나물과

에케베리아 '문 페어리'

[알프레드 · 문페어리]

***Echeveria* 'Moon Fairy'**

—

높이 10센티미터 이하, 포기 지름 10센티미터 정도 자란다. 잎은 흰 가루로 덮여 있고 청록색이다. 잎은 길이 45밀리미터, 폭 16밀리미터 정도다. 꽃차례의 길이는 26센티미터 정도며 아치형으로 휜다. 한 꽃대에 14개 정도의 꽃이 달린다.

꽃차례의 길이는 26센티미터 정도다.

잎 뒷면에 모서리가 없다.

꽃차례는 아치 모양으로 휜다.

꽃의 길이는 14밀리미터 정도다.

꽃대는 잎겨드랑이에 달린다.

꽃은
노란색으로 핀다.

꽃받침조각은
크기가 서로 다르다.

수술은 10개,
암술은 5개다.

잎은
흰 가루로 덮여 있고
청록색이다.

잎은 길이 45밀리미터,
폭 16밀리미터 정도다.

포기 지름이
10센티미터 정도 자란다.

잎끝은
뾰족하다.

포기는 모여서
무리 지어 자란다.

높이가 10센티미터
이하로 자란다.

474
돌나물과

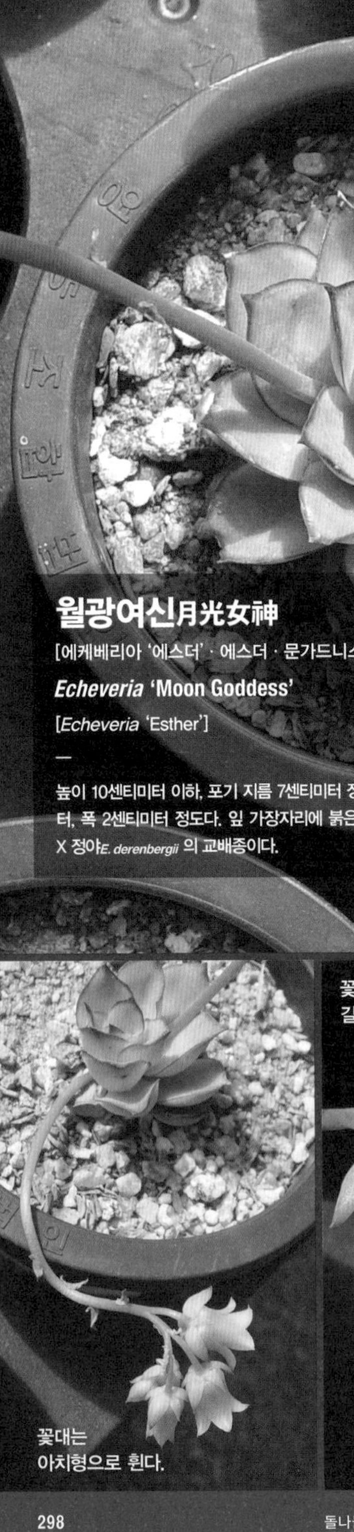

월광여신月光女神

[에케베리아 '에스더' · 에스더 · 문가드니스 · 문가데스]

***Echeveria* 'Moon Goddess'**

[*Echeveria* 'Esther']

—

높이 10센티미터 이하, 포기 지름 7센티미터 정도 자란다. 잎은 길이 4~5센티미터, 폭 2센티미터 정도다. 잎 가장자리에 붉은색 줄무늬가 있다. 화려*E. pulidonis* X 정야*E. derenbergii* 의 교배종이다.

꽃대는
아치형으로 휜다.

잎 표면은 약간 오목하고
뒷면은 볼록하다.

꽃대는
아치형으로 휜다.

꽃받침조각은
길이가 서로 다르다.

잎끝은
뾰족하다.

꽃은 노란색으로 피며,
꽃잎 끝은 펼쳐진다.

꽃받침조각은
약간 벌어진다.

수술은 10개,
암술은 5개다.

잎 가장자리에
붉은색 줄무늬가 있다.

잎은 길이 4~5센티미터,
폭 2센티미터 정도다.

포기 지름이 7센티미터
정도 자란다.

잎겨드랑이葉腋에서
몇 개의 꽃대가 올라온다.

잎은
거꿀달걀꼴이다.

높이가 10센티미터
이하로 자란다.

475
돌나물과

화려花麗

[에케베리아 풀리도니스 · 여제女祭]

Echeveria pulidonis

—

높이 6~10센티미터, 포기 지름 10센티미터 정도 자란다. 잎은 약간 안쪽으로 오므리고 잎 뒷면은 약간 볼록하다. 잎은 푸르스름한 녹색이고 가장자리는 붉은 색이다.

꽃차례는 아치형으로 휜다.

잎끝은 둥글지만 뾰족하다.

꽃은 밝은 노란색으로 핀다.

꽃받침조각은 활짝 펼쳐진다.

잎은 뾰족한 거꿀달걀꼴이다.

꽃잎 끝은
뒤로 젖혀진다.

꽃받침조각은
길이가 서로 다르다.

수술은 10개,
암술은 5개다.

잎 가장자리는
붉은색이다.

잎은 길이가
5센티미터 정도다.

포기 지름은 10센티미터
정도 자란다.

잎겨드랑이에서
꽃대가 올라온다.

포기는 모여서
무리 지어 자란다.

높이가 6~10센티미터
정도 자란다.

476
돌나물과

화지학花之鶴

[에케베리아 '팔리다프린스' · 팔리다프린스]

***Echeveria* 'pallida prince'**

—

높이 20~30센티미터, 포기 지름 10~22센티미터 정도 자란다. 잎은 길이 11센티미터, 폭 4~5센티미터 정도다. 잎 표면은 오목하고 뒷면은 볼록하며 모서리가 둔하게 있다.

꽃차례의 길이는 20센티미터 정도다.

잎 뒷면에 둔한 모서리가 있다.

꽃잎 끝은 약간 젖혀진다.

꽃받침조각은 옆으로 펼쳐진다.

잎은 청록색이다.

꽃대는
아치형으로 휜다.

꽃은
노란색으로 핀다.

꽃받침조각은
서로 크기가 다르다.

잎은
긴 거꿀달걀꼴이다.

잎은 길이 11센티미터,
폭 4~5센티미터 정도다.

포기 지름이 10~22센티미터
정도 자란다.

잎 뒷면은
약간 볼록하다.

잎겨드랑이에서
꽃대가 올라온다.

높이가 20~30센티미터
정도 자란다.

477
돌나물과

에케베리아 '프리린제'

[프리린제 · 풀리린제]

***Echeveria* 'puli~lindsay'**

—

높이 5센티미터, 포기 지름 6센티미터 정도 자란다. 화려*E. pulidonis*에 비해 잎은 좀 더 두텁고 잎의 길이가 짧으며, 잎에 백 분이 많아 잎의 색깔이 좀 더 회백색에 가깝다. 잎가에 붉은색 무늬가 좀 더 넓게 분포한다. *E. pulidonis* X *E. lindsayana* 의 교배종으로 본다.

꽃차례의 길이는
15센티미터 정도다.

잎은 끝이 뾰족한
거꿀달걀꼴이다.

꽃대는
아치형으로 휜다.

꽃받침조각은
약간 펼쳐진다.

잎겨드랑이에서
꽃대가 올라온다.

꽃잎 끝은
약간 젖혀진다.

꽃받침조각은
짧은 편이다.

수술은 10개,
암술은 5개다.

잎 가장자리는
붉은색으로 물든다.

잎에
흰 가루가 많다.

포기 지름이
6센티미터 정도다.

잎 뒷면은
볼록하다.

잎의 색깔이
좀더 회백색에 가깝다.

약 5센티미터
높이로 자란다.

에케베리아 '메모리'

[메모리]

***Echeveria* 'Memory'**

—

높이 6~10센티미터, 포기 지름 12~16센티미터 정도 자란다. 잎은 길이 7센티미터, 폭 23밀리미터, 두께 8밀리미터 정도다. 꽃차례의 길이는 16센티미터 정도며 꽃받침조각은 크기가 서로 다르고 약간 벌어진다.

꽃차례의 길이는 16센티미터 정도다.

잎 뒷면에 모서리가 없다.

잎은 연한 초록색이다.

꽃받침조각은 약간 벌어진다.

잎겨드랑이에서 꽃대가 올라온다.

꽃은
노란색으로 핀다.

꽃의 길이는
약 13밀리미터다.

수술은 10개,
암술은 5개다.

잎은
두께 8밀리미터 정도다.

잎은 길이 7센티미터,
폭 23밀리미터 정도다.

포기 지름이
12~16센티미터 정도다.

잎 표면은 약간 오목하고
뒷면은 약간 볼록하다.

잎끝은
뾰족하다.

높이가 6~10센티미터
정도 자란다.

479
돌나물과

에케베리아 ‘크리스마스’

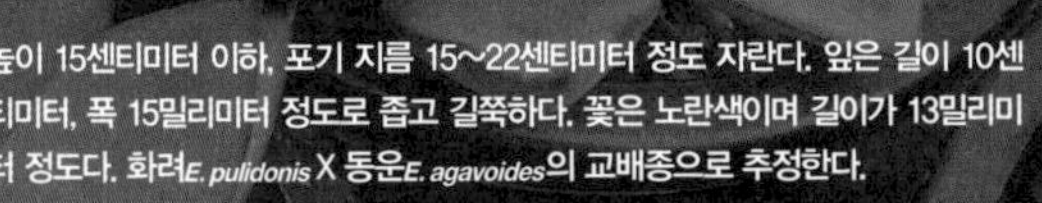

[크리스마스]

Echeveria ‘Christmas’

—

높이 15센티미터 이하, 포기 지름 15~22센티미터 정도 자란다. 잎은 길이 10센티미터, 폭 15밀리미터 정도로 좁고 길쭉하다. 꽃은 노란색이며 길이가 13밀리미터 정도다. 화려*E. pulidonis* X 동운*E. agavoides*의 교배종으로 추정한다.

꽃대는
아치형으로 휜다

강렬한 햇볕에
잎가는 붉은색으로 변한다.

꽃대는
아치형으로 휘어
아래를 향한다.

꽃잎 안쪽도
노란색이다.

줄기에서
클론clone이 발생한다.

꽃은
노란색으로 핀다.

꽃잎 끝은
뒤로 젖혀진다.

수술은 10개,
암술은 5개다.

잎 뒷면은
볼록하다.

잎은 길이 10센티미터,
폭 15밀리미터 정도로
좁고 길쭉하다.

포기 지름은
15~22센티미터
정도 자란다.

잎끝은
뾰족하다.

잎은
청록색이다.

높이가 15센티미터
이하로 자란다.

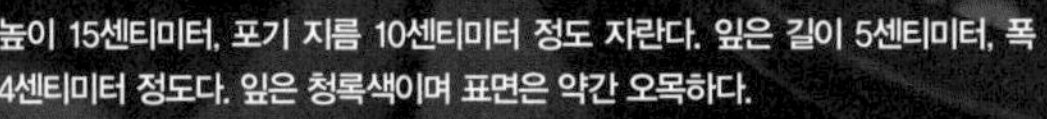

에케베리아 '윈터 선셋'

[윈터 선셋]

***Echeveria* 'Winter Sunset'**

—

높이 15센티미터, 포기 지름 10센티미터 정도 자란다. 잎은 길이 5센티미터, 폭 4센티미터 정도다. 잎은 청록색이며 표면은 약간 오목하다.

꽃차례의 길이는 약 5센티미터다.

잎 뒷면은 볼록하며 모서리가 둔하게 있다.

꽃받침조각은 약간 벌어진다.

꽃받침조각은 크기가 서로 다르다.

잎끝은 뾰족하다.

꽃은
연한 노란색으로 핀다.

꽃의 길이는
15밀리미터 정도다.

수술은 10개,
암술은 5개다.

잎은
청록색이다.

잎은 길이 5센티미터,
폭 4센티미터 정도다.

포기 지름이
10센티미터 정도다.

잎 표면은
약간 오목하다.

줄기

높이가 15센티미터
정도 자란다.

정야靜夜

[에케베리아 데렌베르기 · 백연화白蓮華 · 데렌베르지]

Echeveria derenbergii

[Baby Echeveria · Painted Lady]

—

높이 10센티미터, 포기 지름 5센티미터 정도 자란다. 줄기 아래쪽의 잎은 겨울에 떨어지는 경향이 있다.

꽃은 늦겨울에서 여름 사이에 핀다.

잎은 거꿀달걀꼴이다.

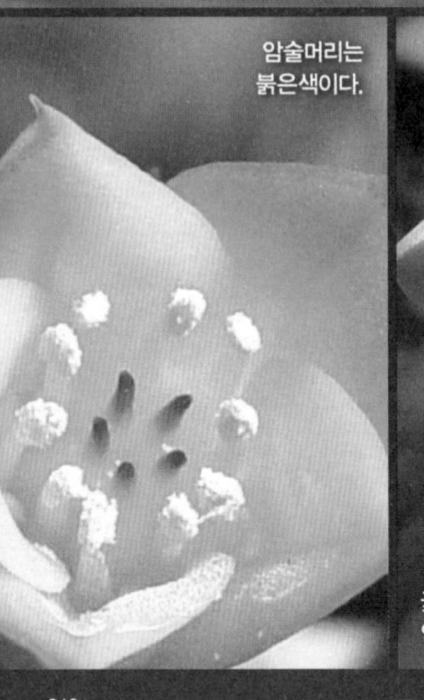

암술머리는 붉은색이다.

꽃받침조각은 약간 벌어진다.

잎끝은 가시처럼 뾰족하다.

꽃은
황적색으로 핀다.

꽃받침은
꽃잎보다 짧다.

수술은 10개,
암술은 5개다.

잎은
백록색이다.

잎끝은 둥글지만
뾰족끝이다.

포기 지름은
5센티미터 정도 자란다.

포기는 모여서
무리 지어 자란다.

줄기 아래쪽의 잎은
겨울에 떨어지는 경향이 있다.

높이 10센티미터
정도 자란다.

482
돌나물과

에케베리아 루카스

[루카스]

***Echeveria* 'Lucas'**

—

높이 15 센티미터 이하, 포기 지름 16센티미터 정도 자란다. 잎은 길이 8~10센티미터, 폭 28밀리미터, 두께 12밀리미터 정도로 좁은 편이다. 꽃차례의 길이는 50~60센티미터까지 높게 올라간다.

꽃차례는 길이가 50~60센티미터까지 높게 올라간다.

잎 양면에는 털이 없다.

꽃차례는 아치형으로 휜다.

꽃봉오리

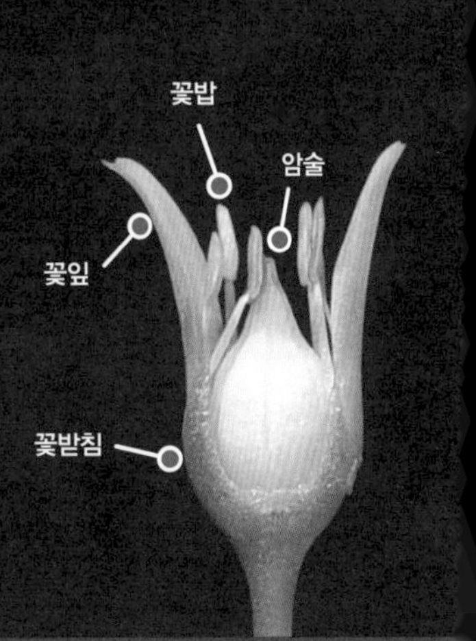

꽃은
황적색으로 핀다.

꽃의 길이는
15밀리미터 정도다.
꽃받침조각은 약간 벌어진다.

꽃잎 안쪽은
노란색이다.

잎끝은
뾰족하다.

잎은 길이 8~10센티미터,
폭 28밀리미터 정도다.

포기 지름은
16센티미터 정도 자란다.

잎 뒷면은
약간 볼록하다.

잎겨드랑이에서
꽃대가 올라온다.

높이가
15센티미터
이하로 자란다.

483
돌나물과

옥배玉盃

[에케베리아 '길바' · 길바]

***Echeveria* 'Gilva'**

—

높이 15센티미터, 포기 지름 14센티미터 정도 자란다. 줄기는 없거나 길이가 3~5센티미터 정도로 짧다. 꽃차례의 길이는 50센티미터 정도로 길다. 동운*E. agavoides* x 월영*E. elegans*의 교배종이다.

꽃차례의 길이는 50센티미터 정도로 길다.

잎 뒷면은 볼록하다.

꽃잎 끝은 노란색이다.

꽃자루는 아치형으로 휜다.

꽃봉오리

꽃잎 안쪽은 노란색이다.

꽃은 분홍색이 도는 붉은색으로 핀다.

꽃받침조각은 짧고, 옆으로 펼쳐진다.

잎 표면은 약간 오목하다.

잎은 길이 4~7센티미터, 폭 25밀리미터 정도다.

포기 지름이 14센티미터 정도 자란다.

잎끝은 뾰족하다.

잎겨드랑이에서 꽃대가 올라온다.

높이가 15센티미터 정도 자란다.

484
돌나물과

길왜연吉娃蓮

[에케베리아 치와와엔시스 · 치와와엔시스]

Echeveria chihuahuensis

—

높이 10센티미터, 포기 지름 7~10센티미터 정도 자란다. 잎은 흰 가루로 덮인 청록색이며, 잎끝은 뾰족끝이다. 꽃대의 길이는 20센티미터 정도다.

꽃대는 길이가 20센티미터 정도다.

잎끝은 가시처럼 뾰족한 뾰족끝이다.

꽃대는 아치형으로 휜다.

수술은 10개다.

꽃봉오리

꽃의 길이는
1센티미터 정도다.

꽃받침조각은
길이가
같지 않다.

꽃잎 끝은
약간 젖혀진다.

꽃잎 바깥은 분홍색이고,
꽃잎 안쪽은 노란색이다.

잎끝은
붉은색이다.

잎은 길이 4센티미터,
폭 2센티미터 정도다.

포기 지름이
7~10센티미터
정도 자란다.

잎은
청록색이다.

포기는 모여서
무리 지어 자란다.

높이가 10센티미터
정도 자란다.

485
돌나물과

동운東雲

[서曙 · 선봉仙鳳]

Echeveria agavoides

—

높이 15센티미터 이하, 포기 지름 20센티미터 정도 자란다. 잎은 길이 4~8센티미터, 폭 3센티미터, 두께 5밀리미터 정도다. 꽃차례의 길이는 50센티미터 정도로 길다.

꽃차례의 길이는 50센티미터 정도로 길다.

잎 뒷면에 모서리가 거의 없다.

작은모임꽃차례

수술은 10개, 암술은 5개다.

꽃봉오리

꽃은 분홍빛이 도는
붉은색으로 핀다.

꽃잎 안쪽은
노란색이다.

꽃받침조각은 짧고
옆으로 펼쳐진다.

잎끝은 가시처럼
뾰족하다.

잎은 길이 4~8센티미터,
폭 3센티미터 정도다.

포기 지름이
20센티미터 정도 자란다.

잎겨드랑이에서
꽃대가 올라온다.

줄기는 거의 없다.

높이가 15센티미터
이하로 자란다.

486
돌나물과

흑단黑檀

[에보니 · 자단紫檀]

***Echeveria agavoides* 'Ebony'**

—

높이 15센티미터 이하, 포기 지름 15~25센티미터 정도 자란다. 잎은 길이 7~12센티미터, 폭 3센티미터 정도다. 잎은 연한 녹색이고 가장자리는 진한 붉은색이다. 잎끝은 날카롭게 뾰족하며, 잎 뒷면에 모서리가 거의 없다.

꽃차례는 길이가 30~40센티미터 정도다.

잎 뒷면에 모서리가 거의 없다.

꽃대는 아치형으로 휜다.

꽃받침조각은 길이가 같지 않다.

잎끝은 날카롭게 뾰족하다.

꽃은
봄에 핀다.

꽃은
길이 15밀리미터 정도다.

꽃잎 바깥은 붉은색,
안쪽은 노란색이다.

잎끝은
날카로운 뾰족끝이다.

잎은 길이 7~12센티미터,
폭 3센티미터 정도다.

포기 지름
15~25센티미터 정도 자란다.

잎끝은
진한 붉은색이다.

포기는 모여서
무리 지어 자란다.

높이가 15센티미터
이하로 자란다.

에케베리아 아가보이데스 '로미오'

[로미오 · 레드에보니]

***Echeveria agavoides* 'Romeo'**

—

높이 10센티미터, 포기 지름 11센티미터 정도 자란다. 잎은 길이 4~5센티미터, 폭 3센티미터 정도다. 잎은 자색 빛이 강한 녹색이며 잎끝은 진한 흑적색이고 뾰족끝이다.

꽃차례의 길이는
25~30센티미터 정도다.

잎 뒷면에
모서리가 둔하게 있다.

꽃대는
아치형으로 휜다.

꽃잎 끝은
약간 펼쳐진다.

잎끝은 진한 흑적색이고
가시 같은 뾰족끝이다.

꽃은
봄에 핀다.

꽃받침조각은 짧으며
꽃잎에 붙어있다.

꽃잎 바깥은
황적색이지만
안쪽은 주황색이다.

잎끝은 가시처럼
날카롭게 뾰족하다.

잎은 길이 4~5센티미터,
폭 3센티미터 정도다.

포기 지름이
11센티미터 정도 자란다.

잎겨드랑이에서
꽃대가 올라온다.

잎은
자색 빛이
강한 녹색이다.

높이가 10센티미터
정도 자란다.

에케베리아 아가보이데스 '마리아'

[마리아]

Echeveria agavoides **'Maria'**

—

높이 10센티미터, 포기 지름 12센티미터 정도 자란다. 잎은 옥색이며 길이 5~6센티미터, 폭 4센티미터 정도다. 꽃은 황적색으로 피며, 꽃잎 안쪽은 노란색이다.

꽃차례의 길이는 50센티미터 정도다.

잎 뒷면에는 모서리가 거의 없다.

꽃은 황적색으로 핀다.

꽃대는 아치형으로 휜다.

꽃봉오리

꽃은 황적색이며
꽃잎 안쪽은 노란색이다.

꽃받침조각은
짧고 거의 벌어지지 않는다.

수술은 10개,
암술은 5개다.

잎끝은 가시처럼
날카롭게 뾰족하다.

잎은 길이 5~6센티미터,
폭 4센티미터 정도다.

포기 지름이
12센티미터 정도 자란다.

가시처럼
뾰족한 잎끝

잎은
옥색이다.

높이가 10센티미터
정도 자란다.

489

돌나물과

그라프토세둠 '고스티'

[고스티]

x *Graptosedum* 'Ghosty'

—

높이 15~20센티미터, 포기 지름 8센티미터 정도 자란다. 줄기는 길이가 25~30센티미터 정도고 비스듬히 옆으로 뻗어간다. 잎은 회청록색이며 길이 4센티미터, 폭 13밀리미터 정도다. 꽃잎에 흑적색 얼룩점이 있다.

꽃차례는 잎겨드랑이에 달리며 길이가 25센티미터 정도다.

잎 뒷면에 둔한 모서리가 있다.

암술머리는 흰색이다.

꽃잎에 흑적색 얼룩점이 있다.

작은모임꽃차례

꽃은
연한 노란색으로 핀다.

꽃의 지름은
25밀리미터 정도다.

암술은 5개,
수술은 10개다.

잎끝은 둥글지만
뾰족끝이다.

잎은 길이 4센티미터,
폭 13밀리미터 정도다.

포기 지름이
8센티미터 정도 자란다.

잎은
회청록색이다.

줄기는 누워서
옆으로 뻗어간다.

높이가
15~20센티미터
정도 자란다.

그라프토세둠 '메를린'

[메를린 · 멀린]

x *Graptosedum* 'Merlin'

—

높이 10센티미터, 줄기 길이 50센티미터까지 사방으로 퍼진다. 잎은 길이 4센티미터, 폭 15밀리미터 정도다. 어린잎의 뒷면에는 모서리가 뚜렷하다. 꽃차례의 길이는 25센티미터고, 한 꽃대에 4~5개의 꽃이 핀다. 꽃잎에 흑적색 얼룩점이 있다. *Graptopetalum paraguayense*(seed parent) x *Sedum allantoides* 'Goldii' (pollen parent)의 교배종이다.

꽃차례의 길이는 25센티미터 정도다.

어린잎의 뒷면에는 모서리가 뚜렷하다.

잎겨드랑이에서 꽃대가 올라온다.

꽃받침조각은 벌어지지 않는다.

잎은 긴 거꿀달걀꼴이다.

잎에
흑적색
얼룩점
꽃잎은
활짝 펼쳐진다.
연녹색
흑적색
얼룩점
꽃잎의 아래쪽은
연한 초록빛이 돌고,
꽃잎에 흑적색 얼룩점이 있다.
잎끝은
뾰족하다.
잎은 길이 4센티미터,
폭 15밀리미터 정도다.
잎끝은 뾰족끝이고,
어린잎은 붉은빛이 돈다.
가지가
사방으로 뻗는다.
높이가
10센티미터 정도다.
줄기 길이가
50센티미터까지 자란다.

491
돌나물과

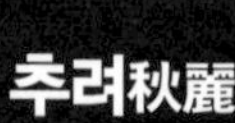

추려秋麗

[프란체스코 발디]

x *Graptosedum* 'Francesco Baldi'

[Pink Beauty]

—

높이 15센티미터 정도 자란다. 줄기는 길이가 22~30센티미터 정도며 누워서 옆으로 퍼진다. 잎은 길이가 3~4센티미터 정도다. 꽃대의 길이는 15~25센티미터 정도로 길다.

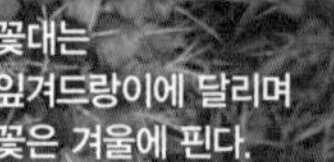

꽃대는 잎겨드랑이에 달리며 꽃은 겨울에 핀다.

잎 뒷면에 둔한 모서리가 있다.

어린 열매

꽃봉오리

잎은 뾰족한 거꿀바소꼴이다.

꽃의 지름은 15밀리미터 정도고
수술은 10개, 암술은 5개다.

꽃은
연한 노란색으로 핀다.

꽃받침조각은
벌어지지 않는다.

잎에는
광택이 없다.

잎의 길이는
3~4센티미터 정도다.

잎은 거꿀바소꼴이며
잎끝은 뾰족하다.

잎은 강렬한 햇볕에
청동색으로 변하고,
겨울에는 창백한 청록색이다.

꽃대의 길이는
15~25센티미터 정도로 길다.

줄기의 길이는
22~30센티미터 정도며
누워서 옆으로 퍼진다.

농월朧月

[그라프토페탈룸 파라구아이엔스 · 용월]

Graptopetalum paraguayense

[Ghost Plant · Mother of Pearl Plant]

—

높이 15~30센티미터 정도 자란다. 잎은 길이 3~4센티미터, 폭 2~2.5센티미터 정도다. 꽃차례는 길이 8~10센티미터 정도이며, 잎겨드랑이에 달린다. 꽃잎은 흰색이며 흑적색 얼룩점이 있다.

꽃차례는 길이 8~10센티미터 정도이며, 잎겨드랑이에 달린다.

잎 양면에는 털이 없다.

꽃받침조각은 벌어지지 않는다.

5개의 수술은 곧게 서고, 5개의 수술은 뒤로 젖혀진다.

꽃봉오리

꽃의 지름은
약 2센티미터다.

수술은 10개,
암술은 5개다.

꽃잎은 흰색이며,
흑적색 얼룩점이 있다.

잎은 회녹색을 띠며
광택이 있다.

잎은 길이 3~4센티미터,
폭 20~25밀리미터 정도다.

잎은 거꿀바소꼴이며
잎끝은 뾰족하다.

잎끝은
뾰족하다.

공기뿌리

높이가 15~30센티미터
정도 자라며,
줄기는 짧으며
곁가지가 잘 갈라진다.

493
돌나물과

홍농월紅朧月

Graptopetalum paraguayense 'Pinky'

—

농월*G. paraguayense*과 비슷하지만 잎의 색깔이 연한 분홍색이다.

꽃차례는 잎겨드랑이에 달리며 길이가 10센티미터 정도다.

잎 뒷면에 둔한 모서리가 있다.

꽃자루에는 털이 없다.

꽃잎에 적자색 얼룩점이 있다.

꽃대는 잎겨드랑이에 달린다.

꽃의 지름은
약 2센티미터다.

꽃잎에
적자색
얼룩점

수술은 10개,
암술은 5개다.

잎은
연한 분홍색이다.

잎은 길이가
3~4센티미터 정도다.

잎은 거꿀바소꼴이며
잎끝은 뾰족하다.

줄기에서
곁가지가 잘 갈라진다.

줄기

높이가 15~30센티미터
정도 자란다.

494
돌나물과

자심경천紫心景天

[그라프토페탈룸 수페르붐 · 수페르붐 · 슈퍼붐]

Graptopetalum superbum

—

높이 10센티미터 이하, 포기 지름 10센티미터 정도 자란다. 잎은 길이 5센티미터, 폭 15밀리미터 정도다. 잎에는 회백색 흰 가루가 덮여 있으며 잎은 햇볕의 양에 따라 붉은보라 빛으로 변하기도 한다. 꽃잎에 자주색 얼룩점이 있다.

긴 꽃대는 잎겨드랑이에 달리며 꽃은 봄에 핀다.

잎은 납작한 편이다.

꽃받침조각은 펼쳐지지 않는다.

젖혀지기 전 수술

잎끝은 뾰족하다.

꽃은 연한 노란색으로 피며,
꽃잎에 자주색 얼룩점이 있다.

암술과 수술은
각 5개씩이다.

붉은보라 빛으로
변한 잎

잎은 길이 5센티미터,
폭 15밀리미터 정도다.

포기 지름이
10센티미터 정도다.

잎은 햇볕의 양에 따라
붉은보라 빛으로 변하기도 한다.

잎은 회백색
흰 가루가 덮여 있다.

높이가 10센티미터
이하로 자란다.

495
돌나물과

그라프토페탈룸 멘도제

[멘도제 · 멘도사 · 멘도자]

Graptopetalum mendozae

—

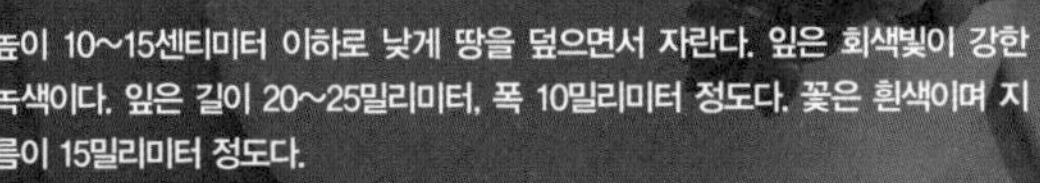

높이 10~15센티미터 이하로 낮게 땅을 덮으면서 자란다. 잎은 회색빛이 강한 녹색이다. 잎은 길이 20~25밀리미터, 폭 10밀리미터 정도다. 꽃은 흰색이며 지름이 15밀리미터 정도다.

잎겨드랑이에서
1~3개의 꽃대가 올라온다.

잎 뒷면

꽃받침조각은
펼쳐지지 않는다.

꽃은 흰색이며
지름이 15밀리미터 정도다.

잎겨드랑이에서
꽃대가 올라온다.

한 꽃대에
4~10개의 꽃이 연중 핀다.

수술은 10개,
암술은 5개다.

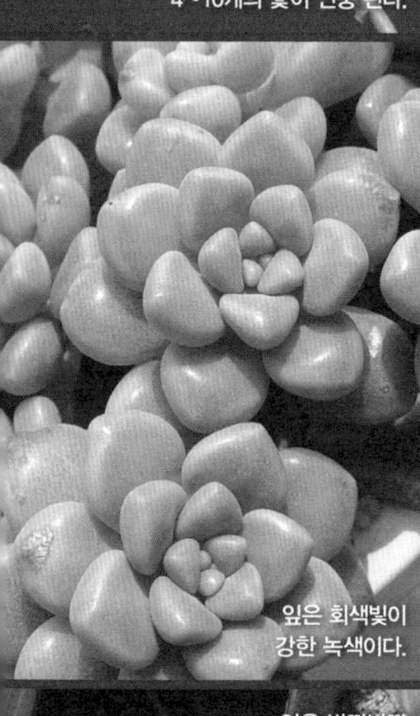
잎은 회색빛이
강한 녹색이다.

잎은 길이 20~25밀리미터,
폭 10밀리미터 정도다.

잎은 통통한 거꿀바소꼴이며
잎끝은 둔하게 뾰족하다.

잎은 반짝반짝
광택이 있다.

포기는 모여서
무리 지어 자란다.

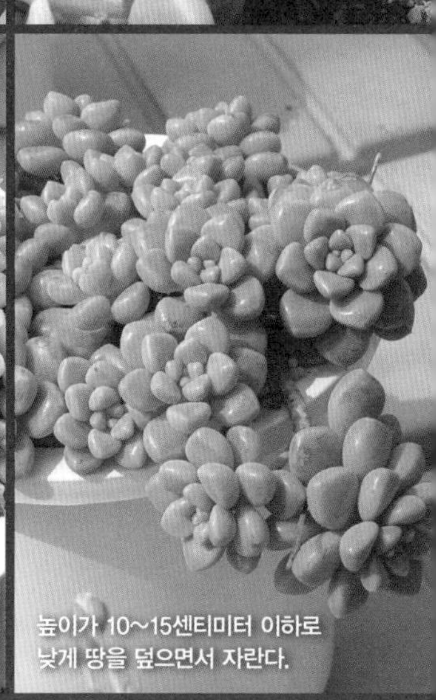
높이가 10~15센티미터 이하로
낮게 땅을 덮으면서 자란다.

496
돌나물과

그라프토페탈룸 '미리내'

[미리내]

***Graptopetalum* 'Mirinae'**

—

멘도제*G. mendozae*와 비슷하지만 꽃잎이 4개인 것이 많다. 꽃잎에 연한 갈색 얼룩점이 있다. 높이 15센티미터 이하로 자란다.

잎겨드랑이에서 꽃차례가 올라와 흰색 꽃이 핀다.

잎 뒷면은 볼록하다.

꽃은 5월에 흰색으로 핀다.

꽃은 지름이 13밀리미터 정도다.

씨방은 보통 3~4실이다.

꽃잎은 3~5개이지만
대부분 4개인 것이 많다.

꽃잎에
연한 갈색 얼룩점이 있다.

꽃의 중심부는
연한 녹색이다.

잎에 광택이 있다.

잎은 길이 25밀리미터,
폭 5~8밀리미터 정도다.

잎은 통통한 거꿀바소꼴이며
잎끝은 뾰족하다.

잎가에 둔한 모서리가 있고
잎끝은 뾰족하다.

줄기에서
곁가지가 잘 갈라진다.

높이가 15센티미터
이하로 자란다.

497
돌나물과

청두靑豆

[블루 빈스 · 블루빈]

***Graptopetalum pachyphyllum* 'Blue beans'**

—

높이 10센티미터 정도 자란다. 잎은 통통한 둥근기둥꼴이며, 잎 길이 15밀리미터, 폭 5밀리미터 정도다. 잎은 회청색이며, 잎끝은 붉은색이다. 겨울에 잎 전체가 주황색으로 물든다. 꽃잎에 흑적색 얼룩점이 있다.

꽃차례는 길이가 15센티미터 정도다.

잎은 회청색이다.

꽃은 7월에 흰색으로 핀다.

암술과 수술

꽃받침조각은 펼쳐지지 않는다.

꽃의 지름은 2센티미터 정도며 꽃잎에 흑적색 얼룩점이 있다.

수술은 10개이며, 그 중 5개는 아래로 젖혀진다.

수술은 10개, 암술은 5개다.

잎끝은 붉은색이다.

잎 길이 15밀리미터, 폭 5밀리미터 정도다.

통통한 잎은 바나나처럼 약간 휘며, 잎끝은 위를 향한다.

포기는 모여서 무리 지어 자란다.

잎겨드랑이에서 꽃대가 올라온다.

높이가 10센티미터 이하로 자란다.

남두藍豆

[그라프토페탈룸 파키필룸 · 파키필룸]

Graptopetalum pachyphyllum

—

높이 10센티미터 이하로 자란다. 잎은 통통한 거꿀바소꼴이며 잎 길이 15밀리미터, 폭 5밀리미터 정도다. 잎은 회록색이며, 잎끝은 흑적색이다. 꽃잎에 흑적색 얼룩점이 있다.

꽃차례는 길이가 15센티미터 정도다.

잎은 통통한 거꿀바소꼴이다.

꽃잎에 흑적색 얼룩점이 있다.

암술과 수술

꽃받침조각은 펼쳐지지 않는다.

꽃잎에 흑적색
얼룩점이 있다.

꽃의 지름은
2센티미터 정도다.

수술은 10개,
암술은 5개다.

잎끝은
흑적색이다.

잎 길이 15밀리미터,
폭 5밀리미터 정도다.

통통한 잎은 바나나처럼
약간 휘며, 잎끝은 위를 향한다.

꽃잎은
길게 뾰족하다.

포기는 모여서
무리 지어 자란다.

높이가 10센티미터
이하로 자란다.

499
돌나물과

백모단白牡丹

[백모란 · 그라프토베리아 '티투반스' · 티투반스]

x *Graptoveria* 'Titubans'

—

높이 20~30센티미터 정도 자란다. 잎은 길이 4센티미터, 폭 2센티미터 정도다. 농월*Graptopetalum paraguayense* X 정야*x Echeveria derenbergii*의 교배종이며, 잎은 농월을 닮고 꽃은 정야처럼 노란색이다.

꽃차례의 길이는 20센티미터 정도다.

잎 뒷면은 볼록하다.

꽃잎 안쪽도 노란색이다.

꽃받침조각은 활짝 벌어지지 않는다.

잎끝은 뾰족하다.

꽃은
노란색으로 핀다.

꽃잎은
약간 벌어진다.

수술은 10개,
암술은 5개다.

잎에는 광택이 없다.

잎은 길이 4센티미터,
폭 2센티미터 정도다.

잎은 거꿀바소꼴이며
잎끝은 첨두다.

잎겨드랑이에서
꽃대가 올라온다.

줄기에서
곁가지가 잘 갈라진다.

약 20~30센티미터
높이로 자란다.

500
돌나물과

그라프토베리아 '오팔리나'

[오팔리나]

x *Graptoveria* 'Opalina'

—

높이 10센티미터 이하, 포기 지름 7센티미터 정도 자란다. 잎은 길이 3센티미터, 폭 13밀리미터 정도다. *Echeveria colorata fa. colorata* x *Graptopetalum amethystinum* 의 교배종이다.

꽃차례의 길이는 15센티미터 정도다.

잎 뒷면에 둔한 모서리가 있다.

꽃은 봄에 연한 노란색으로 핀다.

꽃받침조각은 벌어지지 않는다.

잎겨드랑이에서 꽃대가 올라온다.

꽃은 지름
10밀리미터 정도다.
꽃잎은
약간 벌어진다.
수술은 10개,
암술은 5개다.
잎끝은 둥글지만
뾰족끝이다.
잎은 길이 3센티미터,
폭 13밀리미터 정도다.
포기 지름이
7센티미터 정도다.
줄기에서
곁가지가 잘 갈라진다.
잎 뒷면은
볼록하다.
높이가
10센티미터 이하로 자란다.

501
돌나물과

은성銀星

[실버스타 · 그라프토베리아 '실버스타']

X *Graptoveria* 'Silver Star'

—

높이 15센티미터 이하로 자란다. 잎에는 은빛 광택이 있다. 잎끝은 털처럼 가늘고 길다. 꽃잎은 연한 붉은색이지만 꽃잎 끝은 녹백색이다. 꽃받침조각은 길이가 서로 다르고 꽃잎에 바짝 붙어있다. *Graptopetalum filiferum* 과 *Echeveria agavoides var multifida* 의 교배종이다.

꽃대는
잎겨드랑이에 달린다.

잎 뒷면은
볼록하다.

꽃받침은
꽃잎에 바짝 붙어있다.

암술과
수술

수술대는
흰색이다.

꽃은 연한 붉은색이지만
꽃잎 끝은 녹백색이다.

꽃받침조각은 크기가 서로 다르다.
꽃의 길이는 17밀리미터 정도다.

수술은 10개,
암술은 5개다.

잎끝은
털처럼 가늘고 길다.

잎에는
은빛 광택이 있다.

잎은 거꿀바소꼴이며
잎끝은 길게 뾰족한 점첨두다.

꽃대잎

포기는 모여서
무리 지어 자란다.

높이가 15센티미터
이하로 자란다.

502
돌나물과

그라프토베리아 '어 그림 원'

[어 그림 원 · 잔월殘月]

x *Graptoveria* 'A Grim One'

—

높이 5~10센티미터 정도 자란다. 잎은 회록색이고 길이 5센티미터, 폭 2센티미터, 두께 7밀리미터 정도다. 잎끝은 둥글지만 돌기처럼 뾰족한 뾰족끝이다. 꽃은 노란색이고 꽃잎 안쪽에 적갈색 얼룩점이 있다.

꽃은 길이 11밀리미터, 지름 6밀리미터 정도다.

잎은 흰 가루로 덮인다.

꽃대는 잎겨드랑이에 달린다.

꽃봉오리

꽃은 노란색이고,
꽃잎 안쪽에 적갈색 얼룩점이 있다.

수술은 10개,
암술은 5개다.

꽃받침은 길이가
9밀리미터 정도다.

잎끝은 둥글지만
돌기처럼 뾰족한 뾰족끝이다.

잎은 길이 5센티미터,
폭 2센티미터 정도다.

잎은 거꿀바소꼴이며
흰가루로 덮인 회록색이다.

잎은 두께가
7밀리미터 정도고
회록색이다.

포기는 모여서
무리 지어 자란다.

높이가 5~10센티미터
정도 자란다.

연봉蓮鳳

[그라프토베리아 앨버트 베인즈]

x *Graptoveria* 'Albert Baynes'

[*Graptoveria* 'Albert Baynesii']

—

높이 20~30센티미터 정도 자란다. 잎은 달걀꼴 또는 거꿀달걀꼴이며 길이 8센티미터, 폭 4센티미터 정도다. 잎은 푸르스름한 녹색이며 불그스름한 얼룩점이 있는 특징이 있다. 꽃대는 3~4개가 올라오며, 길이가 20센티미터 정도다.

꽃차례의 길이는 20센티미터 정도다.

잎은 달걀꼴 또는 거꿀달걀꼴이다.

꽃받침조각은 벌어지지 않는다.

꽃잎은 약간 펼쳐진다.

잎끝은 뾰족하다.

꽃은
봄에 핀다.
꽃잎은
붉은 빛을 띤다.
수술은 10개,
암술은 5개다.
잎에 불그스름한
얼룩점이 있다.
얼룩점
잎은 길이 8센티미터,
폭 4센티미터 정도다.
잎은 줄기 끝에 모여 달린다.
꽃대는
잎겨드랑이에 달린다.
포기는 모여서
무리 지어 자란다.
높이가 20~30센티미터
정도 자란다.

희미한
회백색 줄무늬

연봉금蓮鳳錦

[오팔금]

x *Graptoveria* 'Albert Baynes variegata'

—

연봉*Graptoveria* 'Albert Baynes'과 비슷하지만, 잎에 희미한 회백색 줄무늬가 들어 있는 특징이 있다.

꽃차례의 길이는 30센티미터 정도다.

잎은 회록색이다.

꽃대는 잎겨드랑이에 달린다.

꽃받침조각은 벌어지지 않는다.

꽃봉오리

꽃은
봄에 핀다.

수술은 10개,
암술은 5개다.

꽃의 길이는
약 1센티미터다.

잎에 희미한
회백색 줄무늬가 있다.

잎은 길이 8센티미터,
폭 4센티미터 정도다.

포기 지름이
10~15센티미터 정도 자란다.

잎 표면에
희미한 줄무늬

포기는 모여서
무리 지어 자란다.

약 20~30센티미터
높이로 자란다.

그라프토베리아 ‘캐룰레센스’

[은홍련銀紅蓮 · 케룰레센스]

x *Graptoveria* ‘Caerulescens’

—

높이 20센티미터, 포기 지름 7~10센티미터 정도 자란다. 꽃차례의 길이는 10센티미터 정도다. 꽃잎에 자주색 얼룩점이 있다. 팡톰x *Graptoveria* ‘Fantome’의 꽃자루는 아치형으로 아래로 휘지만, 캐룰레센스x *Graptoveria* ‘Caerulescens’ 의 꽃자루는 곧게 선다.

꽃차례의 길이는 10센티미터 정도다.

잎 뒷면에 둔한 모서리가 있다.

꽃은 봄에 핀다.

꽃잎에 자주색 얼룩점이 있다.

씨방은 5실이다.

꽃은
연한 노란색으로 핀다.

꽃받침조각은
벌어지지 않는다.

수술은 10개,
암술은 5개다.

잎 뒷면은
볼록하다.

잎은 길이 4~5센티미터,
폭 15밀리미터 정도다.

포기 지름이
7~10센티미터 정도 자란다.

꽃대는
잎겨드랑이에 달린다.

잎끝은
뾰족하다.

약 20센티미터
높이로 자란다.

506
돌나물과

남색천사藍色天使

[그라프토베리아 '팡파래' · 팡파래]

x *Graptoveria* 'Fanfare'

—

높이 15센티미터 이하로 자란다. 잎은 연한 연두색이며, 잎끝은 길게 뾰족하다. 꽃차례는 길이 20~25센티미터 정도다.

꽃차례는 길이가 20~25센티미터 정도다.

잎 뒷면에 모서리가 없다.

꽃대는 잎겨드랑이에 달린다.

꽃받침조각은 길이가 서로 다르다.

꽃은 연한 노란색이다.

꽃은
연한 노란색으로 핀다.

꽃받침조각은
벌어지지 않는다.

수술은 10개,
암술은 5개다.

잎은 연한 연두색이며,
잎끝은 길게 뾰족하다.

잎은 길이 5센티미터,
폭 1센티미터 정도다.

잎은 줄꼴이며
잎끝은 점첨두다.

높이가 15센티미터
이하로 자란다.

507
돌나물과

자몽紫夢

[그라프토베리아 '퍼플드림스' · 퍼플드림스]

x *Graptoveria* 'Purple Dreams'

—

높이 15센티미터 이하, 포기 지름 4~5센티미터 정도 자란다. 잎은 길이 2~3센티미터, 폭 1센티미터 정도의 통통한 다육질이다. 잎은 흰 가루로 덮인 청록색이며 잎가는 붉은색으로 물든다.

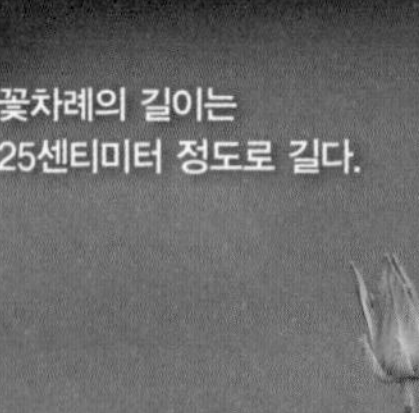

꽃차례의 길이는
25센티미터 정도로 길다.

잎 뒷면은
볼록하게 통통하다.

꽃대는
잎겨드랑이에 달린다.

꽃봉오리

잎끝은
둔하게 뾰족하다.

꽃은 6월에
분홍색으로 핀다.

꽃은 길이가
12밀리미터 정도다.

꽃받침조각은
벌어지지 않는다.

잎 가장자리는
붉은색으로 물든다.

잎은 길이 2~3센티미터,
폭 1센티미터 정도다.

포기 지름이
4~5센티미터 정도다.

잎은
흰 가루로 덮인
청록색이다.

포기는 모여서
무리 지어 자란다.

높이가 15센티미터
이하로 자란다.

508
돌나물과

그라프토베리아 ‘픽 루즈’

[픽루즈]

x *Graptoveria* ‘Pik-Ruz’

—

줄기는 길이가 30센티미터까지 자란다. 줄기는 아래쪽에서 곁가지가 잘 갈라진다. 꽃차례는 길어가 10센티미터 정도다. 꽃잎에 붉은색의 얼룩점이 있다.

꽃차례는 길이가
10센티미터 정도다.

잎은
두께 3~5밀리미터 정도다.

꽃대는
잎겨드랑이에 달린다.

꽃받침조각은
벌어지지 않는다.

꽃잎에
붉은색 얼룩점이 있다.

꽃잎 안쪽은
오렌지 빛이 도는 황적색이다.

잎은 끝이 뾰족한
긴 거꿀바소꼴이다.

잎은 길이 25~30밀리미터,
폭 10~13밀리미터 정도다.

잎은 통통한 다육질이며
회청록색이다.

포기는 모여서
무리 지어 자란다.

줄기는 아래쪽에서
곁가지가 잘 갈라진다.

줄기는 길이가
30센티미터까지도 자란다.

홍포도紅葡萄

[대화연大和蓮 · 자포도紫葡萄 · 그라프토베리아 아메토룸]

x *Graptoveria* 'Amethorum'

—

높이 20센티미터 이하. 포기 지름 8~13센티미터 정도 자란다. 짧고 통통한 잎은 밝은 회록색이다. 꽃은 주황색이고 수술 중 5개는 뒤로 젖혀진다. 취미인 *Graptopetalum amethystemum* X 대화금*Echeveria purpusorum*의 교배종으로 본다.

꽃대는 잎겨드랑이에 달린다.

잎에는 털이 없다.

꽃받침조각은 짧으며 벌어지지 않는다.

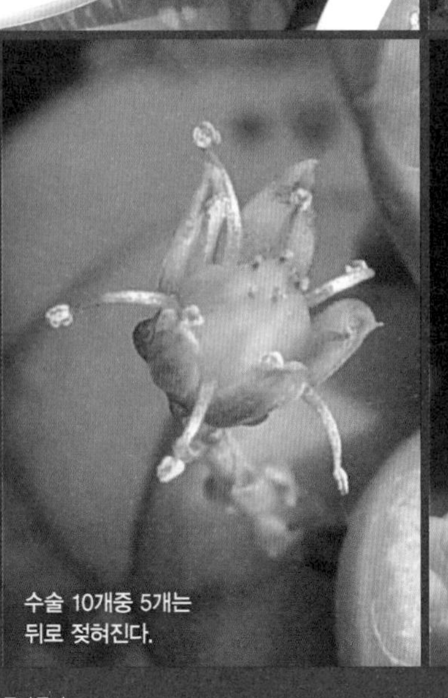

수술 10개중 5개는 뒤로 젖혀진다.

꽃은 늦봄에 핀다.

꽃은
주황색으로 핀다.

꽃받침조각이
짧다.

수술은 10개,
암술은 5개다.

잎 가장자리는
진한 초록색이다.

잎은 길이 6센티미터,
폭 2센티미터 정도다.

포기 지름이
8~13센티미터 정도 자란다.

짧고 통통한 잎은
밝은 회록색이다.

포기는 모여서
무리 지어 자란다.

높이가 20센티미터
이하로 자란다.

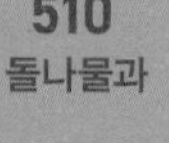

510
돌나물과

흑괴리

X *Graptoveria* 'Fred Ives'

[x *Graptoveria* 'Fred Yves']

—

줄기는 비스듬히 위로 서며, 줄기 끝에 몇 개의 잎이 달린다. 높이 30~45센티미터, 포기 지름 30~40센티미터 정도 자란다. 잎은 푸르스름한 녹색이지만 강한 햇볕 아래에서는 연한 자주색으로 변한다.

꽃차례의 길이는 30~40센티미터 정도다.

잎 뒷면에는 둔한 모서리가 있다.

꽃대는 잎겨드랑이에 달린다.

수술 10개 중 5개는 뒤로 젖혀진다.

꽃받침조각은 벌어지지 않는다.

꽃은 연한
노란색으로 핀다.

5개의 수술은
뒤로 젖혀진다.

수술은 10개,
암술은 5개다.

강렬한 햇볕 아래에서
잎은 연한 자주색으로 변한다.

잎은 길이 15센티미터,
폭 6센티미터 정도다.

포기 지름이
30~40센티미터 정도 자란다.

잎끝은
뾰족하다.

여러 포기가 모여서
무리 지어 자란다.

약 30~45센티미터
높이로 자란다.

511
돌나물과

그라프토베리아 '미시즈 리차드'

[미시즈 리차드]

x *Graptoveria* 'Mrs Richards'

—

높이 10센티미터 이하, 포기 지름 8~10센티미터 정도 자란다. 잎은 털이 없으며 거꿀달걀꼴이다. 잎은 길이 4센티미터, 폭 3센티미터, 두께 5밀리미터 정도다. 잎 표면은 평평하고 약간 오목하며, 뒷면은 약간 볼록하며, 모서리가 희미하게 있다. 꽃잎 끝은 둘로 갈라진다.

꽃차례의 길이는 15센티미터 정도다.

잎은 두께가 5밀리미터 정도다.

꽃잎이 4개인 꽃

암술은 5개다.

꽃잎 끝은 둘로 갈라진다.

꽃의 길이는
약 1센티미터다.

꽃받침조각은
벌어지지 않는다.

수술은
10개다.

잎은 진한 분홍색
또는 회록색이다.

잎은 길이 4센티미터,
폭 3센티미터 정도다.

포기 지름이
8~10센티미터 정도다.

꽃대는
잎겨드랑이에 달린다.

꽃대는
아치형으로 휜다.

높이가 10센티미터
이하로 자란다.

512
돌나물과

크렘네리아 '익스파트리아타'

[익스파트리아타]

x *Cremneria* 'Expatriata'

[x *Graptoveria* 'Korrigan']

—

높이 8~10센티미터 정도 자란다. 잎은 밝은 회청록색이며, 길이 3센티미터, 폭 12밀리미터 정도다.

꽃차례의 길이는 약 25센티미터다.

잎은 두터운 다육질이다.

꽃대는 잎겨드랑이에 달린다.

꽃받침조각은 벌어지지 않는다.

잎 뒷면에 모서리가 희미하게 있다.

꽃은
노란색으로 핀다.
꽃의 지름은
약 13밀리미터다.
암술과 수술은
각 4~6개씩다.
잎끝은
뾰족하다.
잎은 두터운 다육질의
거꿀바소꼴이다.
잎은 길이 3센티미터,
폭 12밀리미터 정도다.
여러 포기가 모여서
무리 지어 자란다.
잎은
회청록색이다.
높이가 8~10센티미터
정도 자란다.

타키베리아 루스반크로프트

[루스 반크로프트]

Taciveria Ruth Bancroft

—

높이 10센티미터 이하, 포기 지름 7센티미터 정도 자란다. 잎은 길이 3센티미터, 폭 15밀리미터 정도다. 잎은 녹색이지만 강한 태양에서 주홍색 또는 붉은색으로 물든다. 꽃잎에 붉은색 줄무늬가 있으며, 여름에 분홍색으로 핀다.

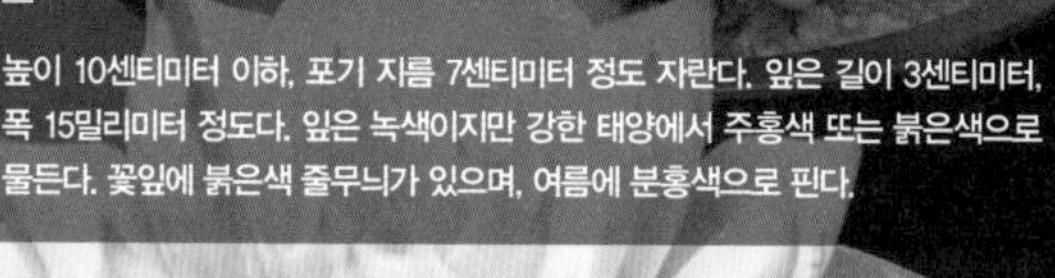

꽃차례의 길이는 15센티미터 정도다.

잎 뒷면은 볼록하다.

꽃은 여름에 분홍색으로 핀다.

꽃받침조각은 벌어지지 않는다.

씨방은 5실이다.

꽃잎에
붉은색 줄무늬가 있다.

꽃의 지름은
3센티미터 정도로 큰 편이다.

수술은 10개,
암술은 5개다.

잎은 녹색이지만
강한 태양에서
주홍색 또는 붉은색으로 물든다.

잎은 길이 3센티미터,
폭 15밀리미터 정도다.

포기 지름이
7센티미터 정도다.

꽃대는
잎겨드랑이에 달린다.

주홍색 또는
붉은색으로 물든 잎

높이가
10센티미터 이하로 자란다.

군란群卵

[세레리아]

Tylecodon sinus-alexandra

[*Tylecodon ceraria pygmaea*]

—

높이 15센티미터정도 자란다. 잎은 동글동글하며 두터운 달갈꼴이다. 잎에는 진한 녹색 얼룩무늬가 있다. 식물은 유독성으로 알려져 있다.

꽃은 여름에
연한 분홍색으로 핀다.

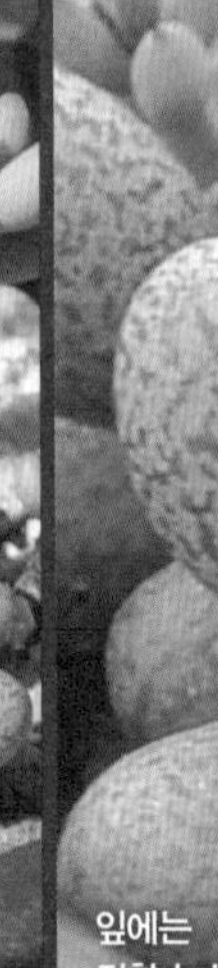

잎에는
진한 녹색 얼룩무늬가 있다.

꽃은
연한 분홍색으로 핀다.

꽃받침조각은
꽃부리통부에 바짝 붙어있다.

꽃대는
잎겨드랑이에 달린다.

꽃의 지름은
약 15밀리미터다.

꽃받침조각은
벌어지지 않는다.

꽃부리갈래조각은
뒤로 약간 젖혀진다.

잎은
밝은 초록색이다.

잎은 길이 15밀리미터,
두께 8밀리미터 정도다.

잎은 동글동글하며
두터운 달걀꼴이다.

동글동글한 잎

줄기에서
곁가지가 잘 갈라진다.

약 15센티미터
높이로 자란다.

515
돌나물과

소옥小玉

[리틀잼 · 크램노세둠 리틀잼]

x *Cremnosedum* 'Little Gem'

—

높이 15센티미터 이하로 자란다. 잎은 길이 2센티미터 미만이고 광택이 있으며, 잎에는 가장자리 털이 있다. *Cremnophila* 속과 *Sedum* 속 간의 교배종이다.

꽃은 늦겨울에서 봄에 핀다.

잎에는 광택이 있다.

씨방은 5실이다.

꽃대는 잎겨드랑이에 달린다.

꽃받침조각은 벌어지지 않는다.

꽃은
노란색으로 핀다.

꽃잎은
5개다.

수술은 10개,
암술은 5개다.

붉게 물든 잎

잎의 길이는
2센티미터 미만이다.

잎은 통통한 다육질의
거꿀달걀꼴이다.

잎가에
짧은 가장자리
털이 있다.

여러 포기가 모여서
무리 지어 자란다.

높이가 15센티미터
이하로 자라는 소형종이다.

516
돌나물과

크램노세둠 '펜 아 루'

[펜아루]

x *Cremnosedum* 'Penn Ar Ru'

—

잎은 길이 6센티미터, 폭 23밀리미터 정도다. 꽃차례의 길이는 25센티미터 정도며, 곧게 서지 못하고 비스듬히 휜다.

원뿔꽃차례는 길이가 25센티미터 정도다.

잎 양면에 털이 없다.

꽃대는 잎겨드랑이에 달린다.

암술머리는 붉은색이다.

잎 뒷면에 모서리

꽃의 길이는
약 1센티미터다.
꽃은 연분홍빛이 도는
흰색으로 핀다.
수술은 10개,
암술은 5개다.
잎 표면은
약간 오목하다.
잎은 길이 6센티미터,
폭 23밀리미터 정도다.
잎은 거꿀바소꼴이며,
잎끝은 뾰족끝이다.
잎끝은
뾰족하다.
여러 포기가 모여서
무리 지어 자란다.
약 15센티미터
높이로 자란다.

크램노페탈룸 ‘후레드 와스’

[후레드 와스]

x *Cremnopetalum* ‘Fred Wass’

—

높이 30센티미터, 포기 지름 12~14센티미터 정도 자란다. 잎은 연한 청록색이며, 길이 6~7센티미터, 폭 2~3센티미터 정도다. 꽃잎에는 암적색 얼룩점이 있다.

꽃차례의 길이는 20센티미터 정도다.

잎은 연한 청록색이다.

꽃대는 잎겨드랑이에 달린다.

한 꽃대에 20개 정도의 꽃이 달린다.

꽃잎의 길이는 약 7밀리미터다.

5개의 수술은 위로 곧게 서고,
5개의 수술은 꽃잎 아래로 젖혀진다.
얼룩점
꽃은 흰색이며
활짝 펼쳐진다.
꽃잎에는
암적색 얼룩점이 있다.
잎끝은
뾰족하다.
잎은 길이 6~7센티미터,
폭 2~3센티미터 정도다.
포기 지름이
12~14센티미터 정도 자란다.
농월*Graptopetalum paraguayense*에 비해
잎의 길이가 길다.
잎은 약간의 연한 청록색
흰 가루로 덮인다.
약 30센티미터
높이로 자란다.

518
돌나물과

석연石蓮

[인디카 · 시노크라술라 인디카]

Sinocrassula indica

—

높이 5~10센티미터 정도 자란다. 잎은 길이 25~30밀리미터, 폭 4~10밀리미터 정도다. 꽃차례는 곧게 서며 높이가 50~60센티미터 정도로 높다.

꽃차례는 곧게 서며
높이 50~60센티미터 정도로 높다.

잎 뒷면

꽃대잎

꽃받침조각은
꽃잎에 바짝 붙어있다.

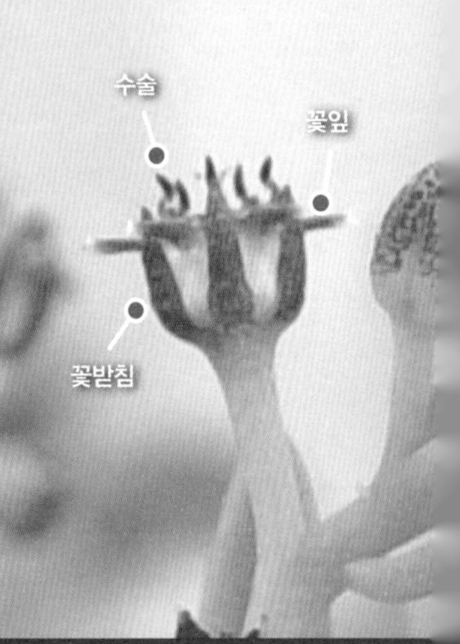

꽃은
여름에 붉은색으로 핀다.

꽃의 지름은
약 6밀리미터로 작다.

암술과 수술은
각 5개씩이다.

잎끝은
가시처럼 뾰족하다.

잎은 길이 25~30밀리미터,
폭 4~10밀리미터 정도다.

잎은 거꿀바소꼴이며,
잎끝은 뾰족끝이다.

여러 포기가 모여서
무리 지어 자란다.

꽃대는
줄기 끝에 달린다.

약 5~10센티미터
높이로 자란다.

519
돌나물과

입전봉立田鳳

[시노크라술라 덴시로술라타 · 천립天笠]

Sinocrassula densirosulata

—

높이 5센티미터 정도 자란다. 잎은 길이 10~25밀리미터, 폭 6~8밀리미터 정도다. 잎에는 털이 없고 잎끝은 뾰족끝이다.

꽃차례의 길이는 50~75밀리미터 정도다.

잎에는 털이 없다.

꽃잎은 활짝 펼쳐진다.

꽃받침조각은 꽃잎에 바짝 붙어있다.

꽃은 늦가을에
미백색으로 핀다.

꽃의 지름은
6밀리미터 정도로 작다.

수술과 암술은
각 5개씩이다.

잎끝은
뾰족끝이다.

잎은 길이 10~25밀리미터,
폭 6~8밀리미터 정도다.

잎은 거꿀바소꼴이다.

꽃대는
줄기 끝에 달린다.

여러 포기가 모여서
무리 지어 자란다.

약 5센티미터
높이로 자란다.

520
돌나물과

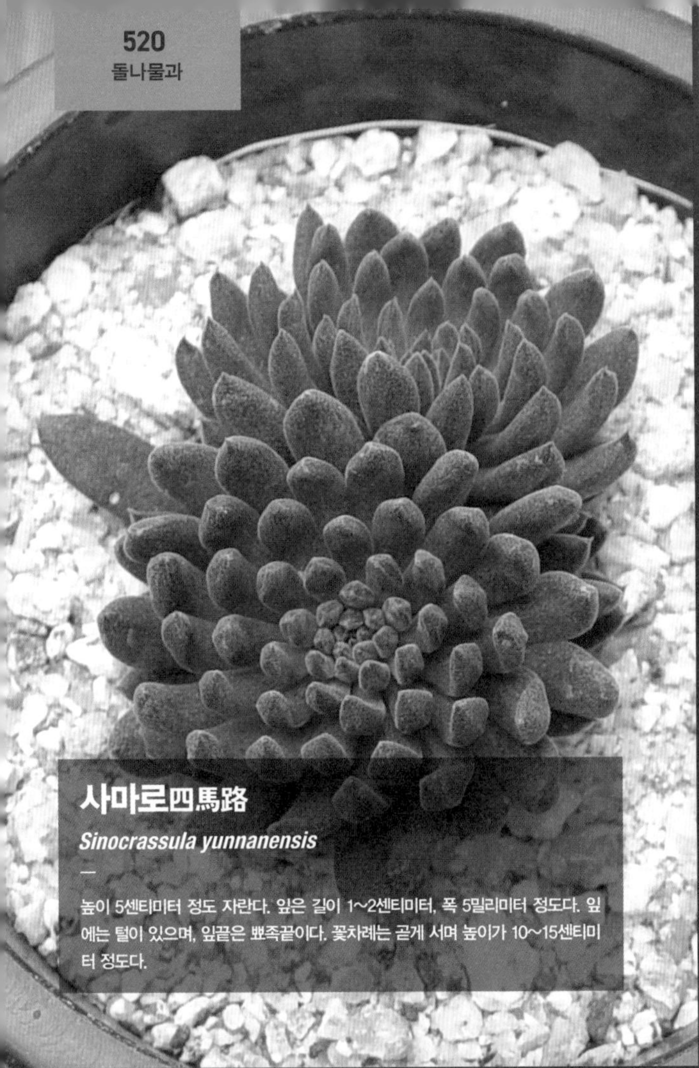

사마로四馬路
Sinocrassula yunnanensis

—

높이 5센티미터 정도 자란다. 잎은 길이 1~2센티미터, 폭 5밀리미터 정도다. 잎에는 털이 있으며, 잎끝은 뾰족끝이다. 꽃차례는 곧게 서며 높이가 10~15센티미터 정도다.

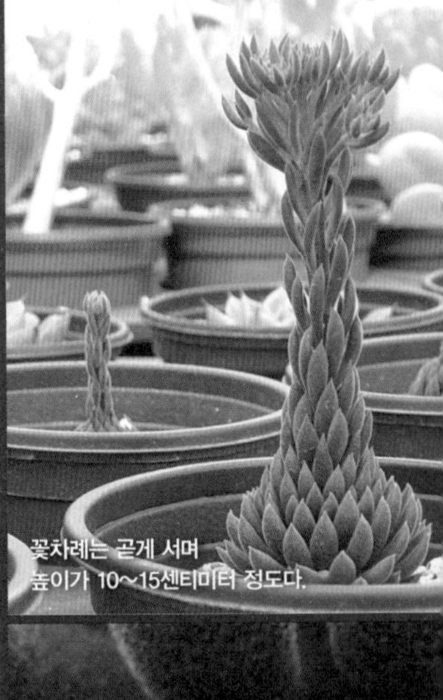

꽃차례는 곧게 서며 높이가 10~15센티미터 정도다.

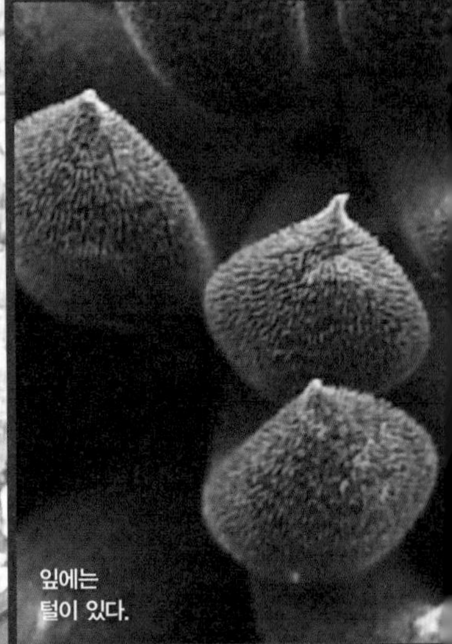

잎에는 털이 있다.

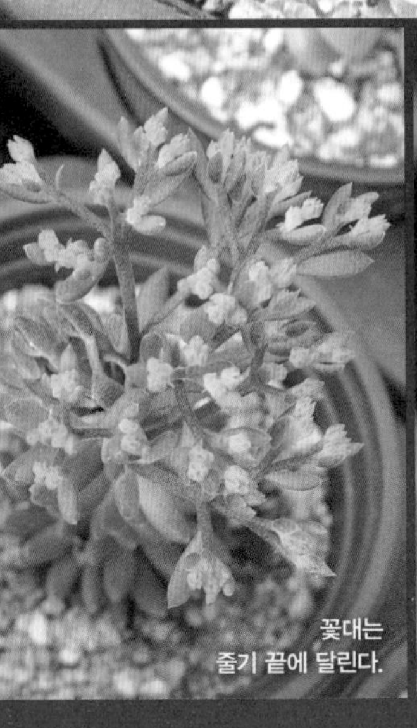

꽃대는 줄기 끝에 달린다.

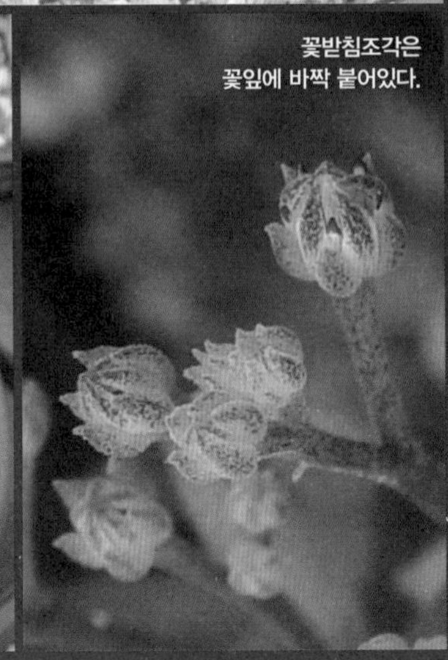

꽃받침조각은 꽃잎에 바짝 붙어있다.

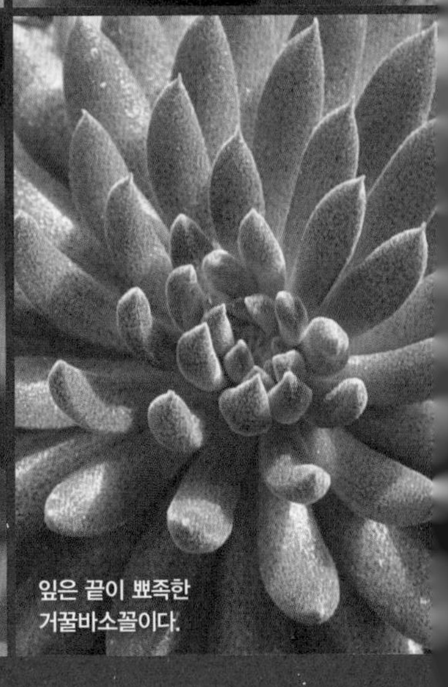

잎은 끝이 뾰족한 거꿀바소꼴이다.

꽃은 여름에
황록색으로 핀다.

꽃의 지름은
6밀리미터 정도로 작다.

암술과 수술은
각 5개씩이다.

잎끝은
뾰족끝이다.

잎은 길이 1~2센티미터,
폭 5밀리미터 정도다.

잎은 거꿀바소꼴이며,
잎끝은 꼬부라져 위를 향한다.

잎끝은
위로 굽는다.

잎이
많이 달린다.

높이가 5센티미터
정도 자란다.

521
돌나물과

벽생마남壁生魔南

[모난테스 무랄리스 · 무랄리스]

Monanthes muralis

—

높이가 5~8센티미터 정도 자라며, 포기가 모여 땅을 덮는다. 잎은 자줏빛을 띤 갈색이며 돌기 같은 샘점이 많이 있다. 잎은 길이 6~10밀리미터, 폭 3~4밀리미터 정도로 작다.

꽃대는 잎겨드랑이에 달린다.

잎에는 돌기 같은 샘점이 많이 있다.

포기는 모여서 무리 지어 자란다.

꽃받침조각은 활짝 펼쳐진다.

암술머리는 붉은색이다.

꽃은 붉은 빛이 도는
황백색으로 핀다.
꽃의 지름은 3~5밀리미터 정도고
꽃잎은 5~10개다.
수술
꽃받침
잎은 자줏빛을
띤 갈색이다.
잎은 길이 6~10밀리미터,
폭 3~4밀리미터 정도로 작다.
잎은 뾰족한
거꿀바소꼴이다.
잎에 돌기 같은
샘점이 있다.
포기가 모여
땅을 덮는다.
높이가 5~8센티미터
정도 자란다.

522
돌나물과

스웨덴 마남瑞典魔南

[서전마남 · 모난테스 폴리필라 · 모난데스 폴리필라]

Monanthes polyphylla

—

높이 10센티미터 이하로 자란다. 아주 작은 잎이 빽빽하게 모여 솔방울처럼 보이는 소형품종이다.

꽃은 잎겨드랑이에 달린다.

서식지는 주로 높은 절벽 암벽에 살고 있다.

꽃받침조각은 털이 있으며 활짝 펼쳐진다.

꽃자루에 털이 있다.

꽃봉오리

암술은 8개다.

우주선처럼 생긴 꽃이 아주 특이하다.

잎은 아주 작다.

잎은 빽빽하게 붙어 솔방울처럼 보인다.

작은잎에 광택이 있으며, 포기가 무리지어 모여 바위를 덮는다.

포기는 모여서 무리 지어 자란다.

줄기가 다닥다닥 붙어 모여, 땅을 덮으며 자란다.

높이가 10센티미터 이하로 자란다.

523
취손이풀과

단애여왕斷崖女王

Sinningia leucotricha

[Brazilian Edelweiss]

—

덩이뿌리는 지름 10센티미터 정도로 굵어지며 납작한 공 모양이다. 줄기와 잎에는 은백색 털이 많다. 꽃은 줄기 끝에 모여 달리며 주황색 꽃은 길이가 3센티미터 정도다.

꽃은
줄기 끝에 모여 핀다.

잎에
은백색 털이 많다.

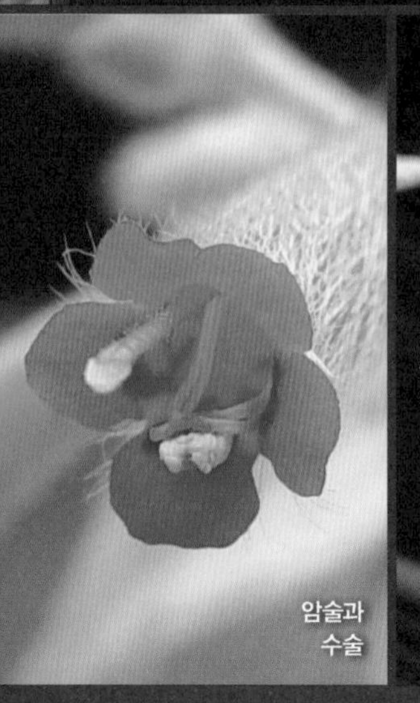

암술과
수술

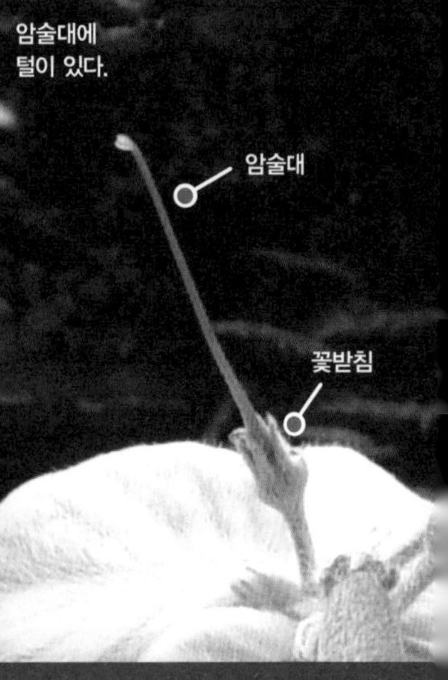

암술대에
털이 있다.

꽃은 통꽃이며,
꽃부리통부 아래쪽은 오목하다.
꽃의 길이는
3센티미터 정도다.
수술
암술
수술은
둘긴수술2强雄蘂이다.
잎은 달걀꼴이며
끝이 뾰족하다.
잎은 길이 8~12센티미터,
폭 6~8센티미터 정도다.
잎은
은백색이다.
꽃은 주황색으로
줄기 끝에 모여 핀다.
덩이뿌리는
지름 10센티미터 정도로 굵어지며
납작한 공 모양이다.
높이가
10~20센티미터
정도 자란다.

524
취손이풀과

무늬제라늄

Pelargonium zonale

—

높이 30~50센티미터 정도 자란다. 잎은 초록색이며 잎 중앙에 폭이 넓은 진한 흑록색 띠무늬가 있다. 꽃은 붉은색, 연한 홍색, 흰색, 진홍색 등 품종에 따라 다양하다.

꽃은 붉은색, 연한 홍색, 흰색, 진홍색, 분홍색 등 품종에 따라 다양하며 우산꽃차례를 이룬다.

잎 중앙에 폭이 넓은 진한 흑녹색 띠무늬가 있다.

어린 열매

꽃받침

잎 양면에 털이 많다.

꽃이 피기 전에는
꽃봉오리가 밑으로 처져 있다가,
점차 위를 향하며 꽃이 피게 된다.

꽃의 지름은
약 4센티미터다.

수술은 10개,
암술머리는 5갈래로 갈라진다.

잎의 지름은
7~13센티미터 정도다.

잎은
어긋나게 달린다.

우산꽃차례

어린 가지는 녹색이며
털이 많다.

약 30~50센티미터
높이로 자라는
늘푸른버금떨기나무다.

525
취손이풀과

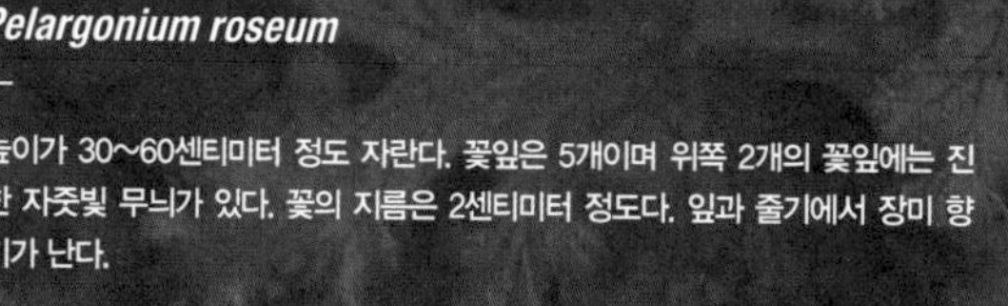

로세움제라늄

Pelargonium roseum

—

높이가 30~60센티미터 정도 자란다. 꽃잎은 5개이며 위쪽 2개의 꽃잎에는 진한 자줏빛 무늬가 있다. 꽃의 지름은 2센티미터 정도다. 잎과 줄기에서 장미 향기가 난다.

4~6월에
분홍색 꽃이 핀다.

잎 양면에는
털이 있다.

특유의 장미 향기는
해충을 막고
모기 퇴치용으로
유용하다고 한다.

꽃봉오리

꽃잎은 5개이며
위쪽 2개의 꽃잎에는
진한 자줏빛 무늬가 있다.

잎은 5갈래로 깊이 갈라지며,
갈라진 잎은 다시 얕게 갈라진다.

잎은
어긋나게 달린다.

암술머리는
5갈래로 갈라진다.

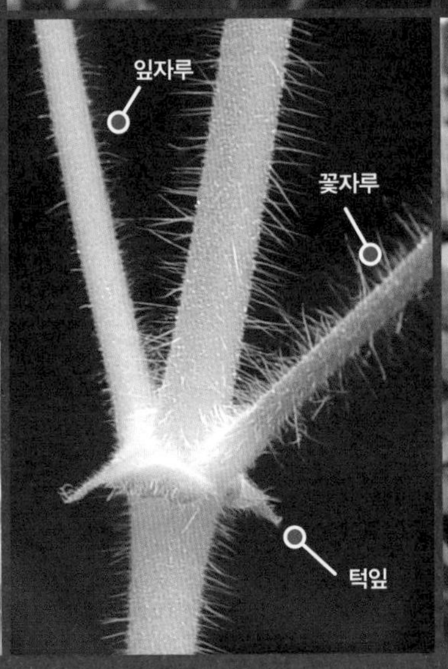

약 30~60센티미터
높이로 자라는
늘푸른버금떨기나무常綠亞灌木다.

526
취손이풀과

로즈제라늄

Pelargonium capitatum

[Rose Geranium]

—

높이가 1미터 정도 자란다. 잎자루가 길고 잎은 둥근꼴이다. 잎에는 얕은 결각이 있고 잎 양면에는 털이 빽빽하다.

꽃은 흰색 또는 분홍색이며 우산꽃차례를 이룬다.

잎 양면에는 털이 많다.

튀는열매는 익으면 5갈래로 갈라진다.

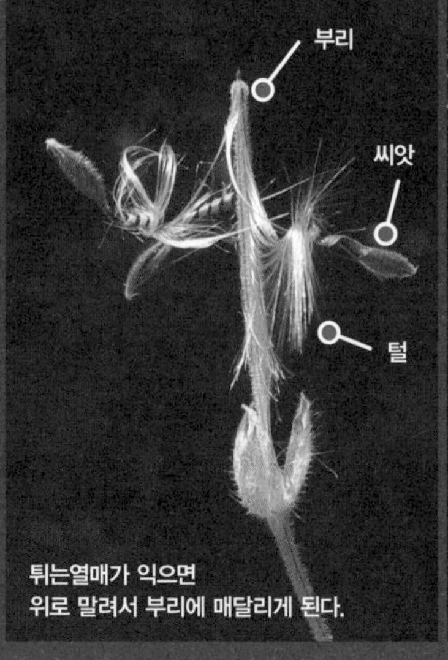

튀는열매가 익으면 위로 말려서 부리에 매달리게 된다.

줄무늬
위쪽 2개의 꽃잎에는
흑적색 줄무늬가 있다.
우산꽃차례
암술머리는
5갈래로 갈라진다.
꽃밥
턱잎
잎에는
얕은 결각이 있다.
잎은
둥근꼴이다.
잎 표면의 털
어린 가지에
털이 많다.
약 1미터 높이로 자라는
늘푸른버금떨기나무다.

527
취손이풀과

후렌치 제라늄

[제왕제라늄 · 도메스티쿰]

Pelargonium domesticum

[French Geranium]

—

높이가 30~50센티미터 정도 자란다. 식물 전체에 부드러운 털이 많다. 꽃의 지름은 5센티미터 정도다. 꽃잎 5개 중 위쪽 2개는 보다 크고 폭이 넓다. 꽃잎에 흑적색 무늬가 있다.

꽃의 지름은
약 5센티미터다.

잎 뒷면
맥 위에 털이 있다.

꽃이 진 후에
남은 꽃받침

꽃받침에는
털이 있다.

꽃잎 5개 중 위쪽 2개는
보다 크고 폭이 넓다.
암술머리
암술머리는
5갈래로 갈라진다.
턱잎은
삼각형이다.
턱잎
잎가에 뾰족한
얕은 톱니가 있다.
잎의 지름은
10센티미터 정도다.
꽃은
잎겨드랑이에 달린다.
어린 가지에는
털이 있다.
약 30~50센티미터
높이로 자라는
늘푸른버금떨기나무다.

528
쥐손이풀과

제라늄 '아메리카나 화이트 스플래시'

***Pelargonium* x *hortorum* 'Americana White Splash'**

[Americana White Splash Zonal Geranium]

—

높이 15~40센티미터 정도 자란다. 잎은 녹색이며 거의 둥근꼴이다. 잎에는 독특한 향기가 있다. 꽃잎은 흰색이며 중앙에 자홍색 무늬가 있다.

우산꽃차례는
지름 8~10센티미터 정도다.

잎 양면에
털이 촘촘하게 많다.

수술은 10개고
꽃밥은 붉은색이다.

6갈래로
갈라진 암술

꽃받침

꽃이 피기 전에는
꽃봉오리가
밑으로 처져 있다가,
점차 위를 향하며
꽃이 피게 된다.

꽃은
지름 4센티미터 정도다.

수술은 10개,
암술머리는 보통
5갈래로 갈라진다.

턱잎

잎은
지름6~8센티미터 정도다.

잎은
어긋나게
달린다.

꽃잎 중앙에
자홍색 무늬가 있다.

어린 가지는 녹색이며
털이 빽빽하게 많다.

높이 15~40센티미터 정도 자라는
늘푸른버금떨기나무다.

529
취손이풀과

꽃은
겹우산꽃차례에 달린다.

잎 뒷면은 회록색이며,
흰색 털이 빽빽하다.

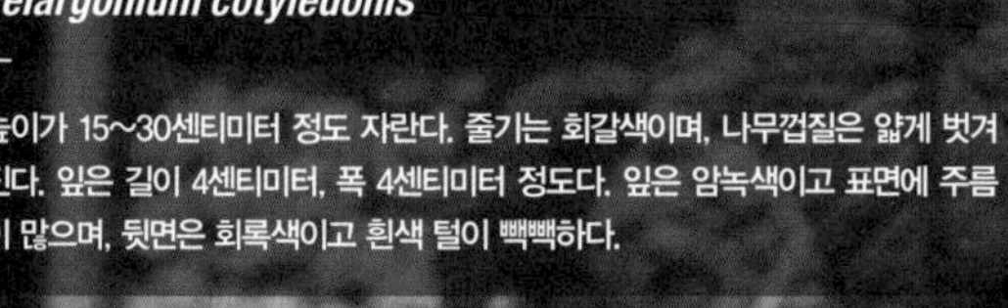

펠라르고니움 코틸레도니스

[코틸레도니스]

Pelargonium cotyledonis

—

높이가 15~30센티미터 정도 자란다. 줄기는 회갈색이며, 나무껍질은 얇게 벗겨진다. 잎은 길이 4센티미터, 폭 4센티미터 정도다. 잎은 암녹색이고 표면에 주름이 많으며, 뒷면은 회록색이고 흰색 털이 빽빽하다.

꽃잎은 5개다.

암술머리는
5갈래로 갈라진다.

겹우산꽃차례複傘形花序

꽃은
순백색으로 핀다.

꽃의 지름은
2센티미터 정도다.

수술은 5개고,
꽃밥은 터지기 전에는
연한 분홍색이다.

잎자루가
길다.

잎은 길이 4센티미터,
폭 4센티미터 정도다.

잎 밑은
염통꼴밑心臟底이다.

잎 표면에는
주름이 많다.

줄기는 회갈색이며
나무껍질은
얇게 벗겨진다.

약 15~30센티미터
높이로 자라는
늘푸른떨기나무다.

530
쥐손이풀과

한 꽃대에 보통 4송이의 꽃이 모여 핀다.

사막沙漠제라늄

[펠라르고니움 알테르난스 · 알테르난스]

Pelargonium alternans

[Blomkoolmalva · koolmalva]

—

높이 40~50센티미터 정도 자란다. 줄기는 회록색 또는 갈색이며 지름 3센티미터 정도 자란다. 꽃은 지름 15밀리미터 정도다. 꽃은 흰색으로 피며 밤에 향기가 난다. 꽃잎 아래쪽에 붉은 줄무늬가 있다. 잎은 깃꼴겹잎이며 털이 많다.

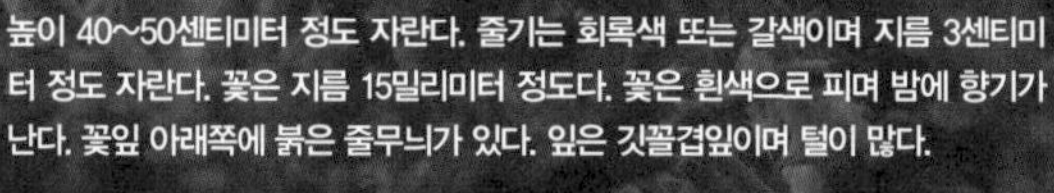

잎 양면에 털이 많다.

튀는열매는 길이 3센티미터 정도다.

꽃받침조각은 5개며 뒤로 젖혀진다.

잎에 주름이 많다.

꽃은 지름
15밀리미터 정도다.

꽃잎 아래쪽에
붉은 줄무늬가 있다.

수술은 5개고,
꽃밥은 붉은색이다.

잎줄기가 길고
털이 있다.

겹잎은 길이 2~6센티미터,
폭 1~2센티미터 정도다.

잎에는 가시 같은
흰색 털이 많다.

나무는 너비
50~60센티미터 정도 퍼진다.

줄기는 회록색 또는 갈색이며
지름 3센티미터 정도 자란다.

높이
40~50센티미터 정도
자라는 갈잎떨기나무다.

531
쥐손이풀과

용골선龍骨扇

[사코카울론 반데리에티에]

Sarcocaulon vanderietiae

—

높이 15~45센티미터 정도 자란다. 줄기는 초록색 또는 갈색이며 지름 5~8센티미터 정도 자란다. 꽃은 지름 30~35밀리미터 정도다.

꽃은 가을부터 봄까지
흰색 또는 옅은 분홍색으로 핀다.

잎 양면에 털이 없다.

수술

암술머리는
5갈래로 갈라진다.

가시는 곧게 뻗으며
길이 15~25밀리미터 정도다.

꽃은 지름
30~35밀리미터 정도다.
꽃잎은 5개며
넓게 서로 겹친다.
꽃받침조각은
길이 5~10밀리미터 정도며
털이 없거나 미세한 털이 있다.
잎 위쪽에
몇 개의 톱니가 있다.
잎은 길이 8~14밀리미터,
폭 6~8밀리미터 정도다.
잎은 마주달리며
거꿀달갈꼴이다.
나무는 너비
30센티미터 정도 퍼진다.
줄기는 초록색 또는 갈색이며
지름 5~8센티미터 정도 자란다.
높이 15~45센티미터 정도 자라는
갈잎떨기나무다.

532
옻나무과

자빌리

[데카리이 · 오페르쿨리카리아 데카리이]

Operculicarya decaryi

[Jabily · Elephant Tree]

—

보통 높이 90~120센티미터 정도 자라지만, 원산지에서는 높이 9미터까지 자란다. 잎줄기葉軸에는 날개가 있다. 꽃의 지름은 2밀리미터 정도로 작으며 암적색으로 늦겨울에 핀다. 줄기 아래쪽 덩이줄기는 뚱뚱하게 굵어진다.

우산꽃차례에
5~6송이의 꽃이 모여 핀다.

잎 양면에는
털이 없다.

열매는 녹색에서
점차 흑자색으로 익는다.

열매의 지름은 9밀리미터 정도며,
씨앗을 싸고 있는 열매살果肉은
잘 떨어지지 않는다.

어린 가지에는
털이 있다.

꽃의 지름은
2밀리미터 정도로 작다.
꽃잎은 5개이며
암적색이다.
수술은 10개,
암술은 5개다.
수술
잎줄기에
날개
작은 잎은
보통 5~17개다.
잎은 광택이 있는
깃꼴겹잎羽狀復葉이다.
오래된 나무껍질은
혹 같은 돌기가
우둘투둘하게 많다.
줄기 아래쪽에 덩이줄기가
뚱뚱하게 발달한다.
보통 높이 90~120센티미터 정도
자라는 떨기나무다.

533
포도과

포도옹葡萄甕

[키포스테마 유타이 · 쥬테 · 포도귀葡萄龜 · 키포스템마 쥬테]

Cyphostemma juttae

[Wild grape · Tree grape · Namibian grape]

—

높이가 2미터 정도 자라며, 줄기는 비대해지고 울퉁불퉁하게 된다. 나무껍질은 종잇장처럼 얇게 벗겨진다. 잎의 길이는 40센티미터 정도의 홑잎單葉이며, 깊은 결각과 톱니가 있다.

겹작은모임꽃차례는 줄기 위쪽에 달린다.

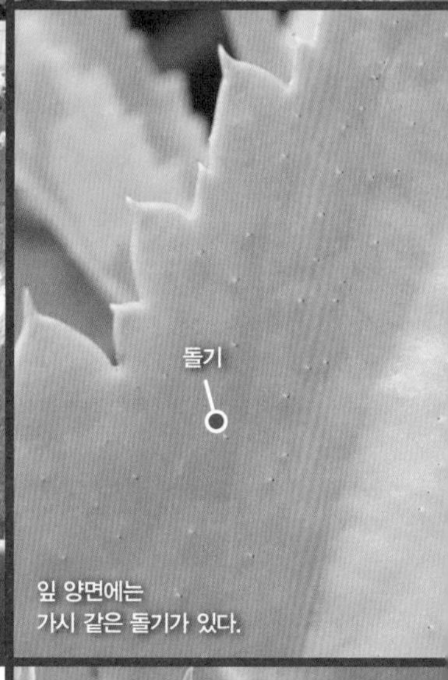

잎 양면에는 가시 같은 돌기가 있다.

열매는 포도 모양이며 독성이 있다.

열매는 붉은색으로 익는다.

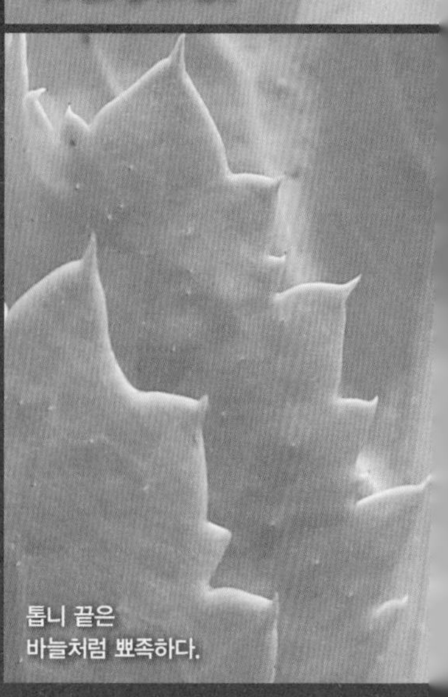

톱니 끝은 바늘처럼 뾰족하다.

황록색의 작은 꽃이 모여서 많이 핀다.

꽃잎은 4개다.

꽃잎은 뒤로 젖혀진다.

잎가에 톱니가 있으며 톱니의 끝은 바늘처럼 뾰족하다.

잎에 깊은 결각이 있다.

잎은 홑잎이며 길이가 40센티미터 정도다.

어린 가지에 가시 같은 작은 돌기가 있다.

나무껍질은 종잇장처럼 얇게 벗겨진다.

떨기나무의 높이는 2미터까지도 자라며, 줄기가 비대해져 울퉁불퉁하게 된다.

534
시계꽃과

환접만幻蝶蔓

[아데니아 글라우카]

Adenia glauca

—

높이가 60~90센티미터 정도 자란다. 줄기 아래쪽 덩이줄기의 지름은 50센티미터까지도 불규칙하게 뚱뚱해진다. 줄기에서 덩굴손이 발달하여 다른 나무를 타고 올라가기도 한다.

꽃은 늦봄에서 초여름에 황록색으로 핀다.

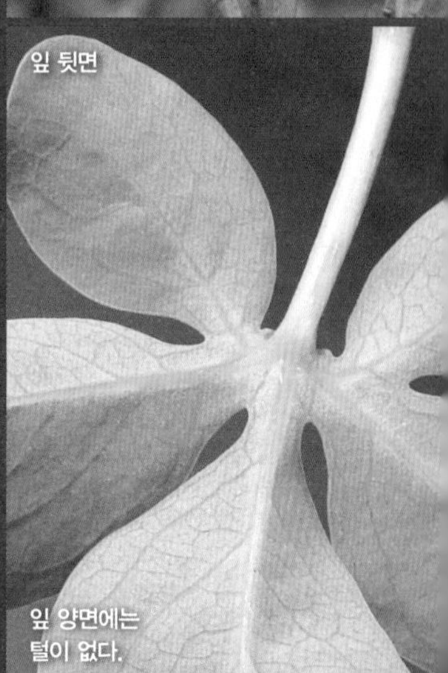

잎 뒷면

잎 양면에는 털이 없다.

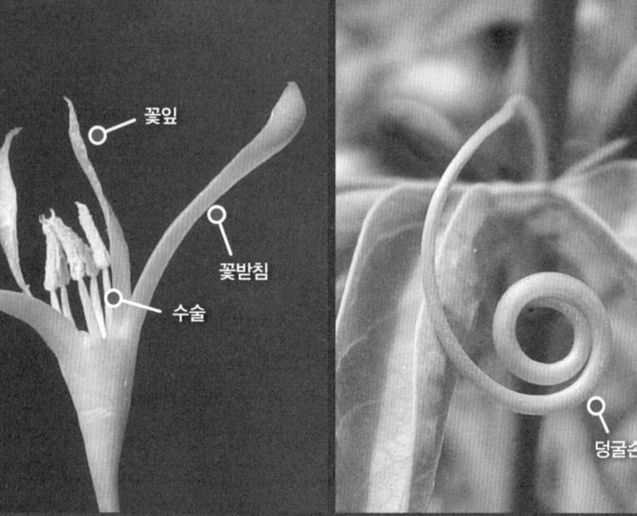

잎겨드랑이에서 덩굴손이 발달한다.

이른 아침 꽃이 필 때 향기가 난다.

꽃의 지름은 15~20밀리미터 정도다.

잎 표면

잎은 홑잎이며 손바닥 모양이다.

갈잎성 잎은 어긋나게 달린다.

어린 가지는 녹색이며 털이 없다.

높이가 60~90센티미터 정도 자라는 떨기나무다.

줄기 아래쪽 덩이줄기는 지름이 50센티미터까지도 불규칙하게 뚱뚱해진다.

사막장미砂漠薔薇

[아데늄 오베숨 · 석화 · 사막의 장미]

Adenium obesum

[Desert Rose]

—

높이가 1.2~1.8미터 정도 자란다. 줄기 아래쪽은 코끼리의 발처럼 뚱뚱하게 비대해진다. 잎은 거꿀달걀꼴이며 길이가 3~10센티미터 정도다. 꽃은 나팔꽃 모양이며 붉은 홍색으로 피지만, 꽃부리 중심부는 흰색이다.

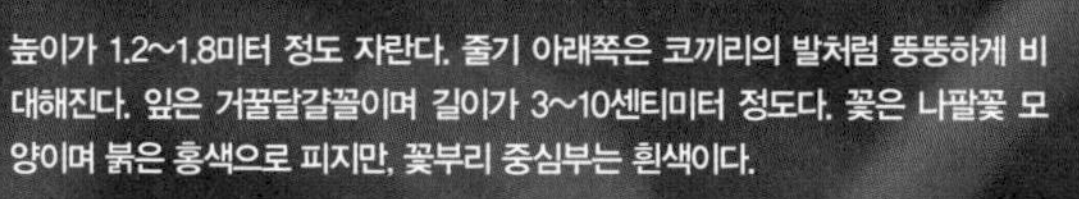

우산꽃차례에
2~10송이의 꽃이 모여 핀다.

잎 양면에는
털이 없다.

쪽꼬투리열매는
180도 정도 벌어진다.

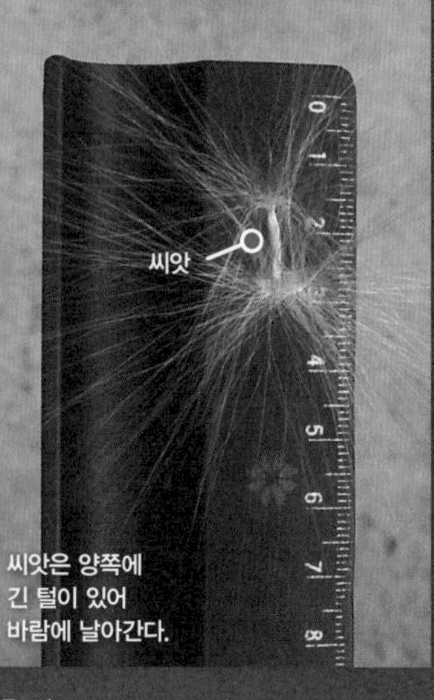

씨앗은 양쪽에
긴 털이 있어
바람에 날아간다.

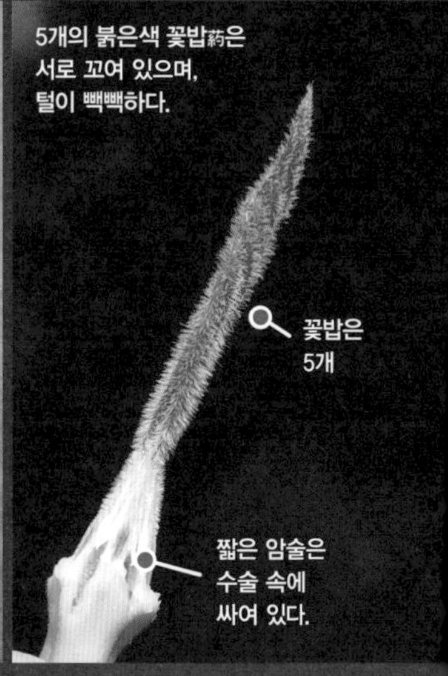

5개의 붉은색 꽃밥葯은
서로 꼬여 있으며,
털이 빽빽하다.

꽃부리통부
꽃부리통부는 황백색이며
꽃부리갈래조각은 5개다.
꽃부리의 지름은 3~6센티미터로
붉은 홍색이지만, 꽃목喉部은 흰색이다.
꽃받침
잎자루가
거의 없다.
잎은
거꿀달걀꼴이다.
잎의 길이는
3~10센티미터 정도며
광택이 있다.
꽃밥
수술대花絲
줄기 아래쪽이
비대하게 굵어지는 떨기나무다.
덩이줄기는
비대한 항아리나
코끼리의 발처럼
뚱뚱하게 살이 찐다.

536
협죽도과

무늬사막장미

Adenium obesum f. variegata

—

사막장미*A. obesum*에 비해 잎에는 불규칙한 유백색 무늬가 있다.

꽃은 줄기 위쪽에
2~10송이가 모여 핀다.

잎에 불규칙한
유백색 무늬가 있다.

꽃은
4~5월에 핀다.

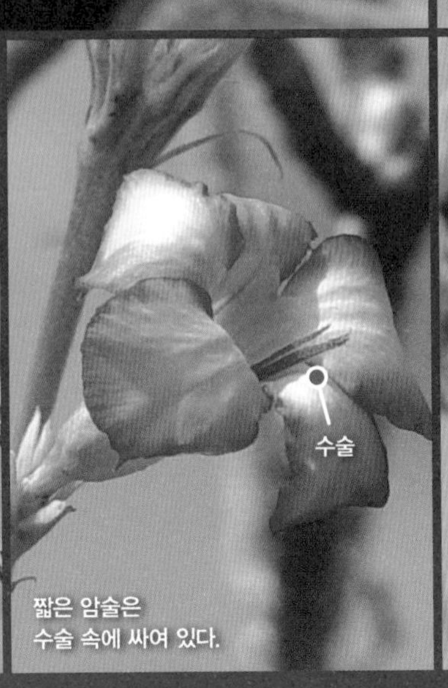

짧은 암술은
수술 속에 싸여 있다.

꽃부리갈래조각은 진한 분홍색~붉은색이지만, 꽃목 부분은 흰색이다.

꽃부리의 지름은 3~6센티미터 정도다.

잎자루가 거의 없다.

잎의 길이는 3~10센티미터 정도다.

잎은 어긋나게 달리며 거꿀달걀꼴이다.

줄기에서 곁가지가 잘 갈라진다.

줄기의 아래쪽은 뚱뚱하게 살이 찐다.

높이가 1.2~1.8미터 정도 자라는 떨기나무다.

537
협죽도과

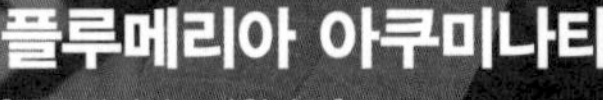

플루메리아 아쿠미나타

[플루메리아 · 사원나무]

Plumeria acuminata

[Frangipani · Temple power]

—

높이가 1~2(~8)미터 정도 자란다. 꽃은 흰색으로 피며, 꽃의 중심부는 노란색이다. 상처가 나면 나오는 유백색 젖물은 유독성이다.

꽃은 줄기 끝에 달린다.

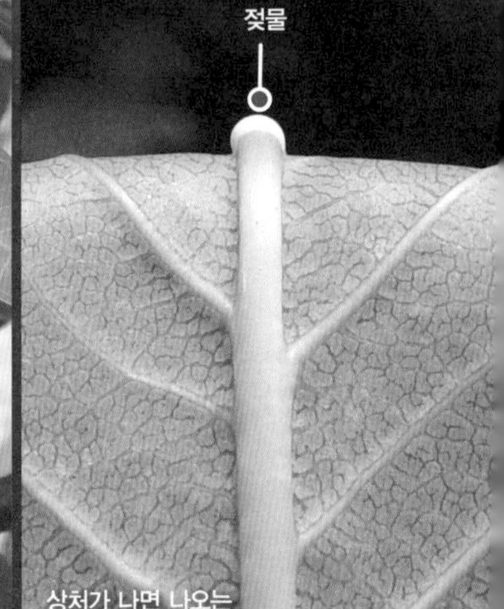

상처가 나면 나오는 유백색 젖물은 유독성이다.

꽃봉오리

꽃차례

꽃은 흰색으로 피며,
꽃의 중심부는 노란색이다.

꽃의 지름은
50~75밀리미터 정도다.

잎 뒷면 잎맥은
도드라진다.

잎은 길이 25~30(~50)센티미터,
폭 7~9센티미터 정도로 크다.

잎은 줄기 위쪽에
모여서 난다.

새로
돋아나는 잎

잎자국은
반달 모양이다.

약 1~2(~8)미터
높이로 자라는
늘푸른떨기나무다.

538
협죽도과

플루메리아 '아비가일'

Plumeria rubra 'Abigail'

—

높이가 4~6미터 정도 자란다. 꽃잎 가장자리는 분홍색이고, 꽃의 중심부는 진한 노란색이다. 꽃잎은 상당 부분이 서로 겹친다. 꽃에는 달콤한 향기가 있다.

꽃은
줄기 위쪽에 모여 핀다.

잎 양면에는
털이 없다.

꽃잎 뒷면에
분홍색 줄무늬

암술과 수술은
짧아서 보이지 않는다.

새잎

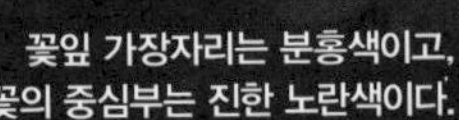

꽃잎 가장자리는 분홍색이고,
꽃의 중심부는 진한 노란색이다.

꽃의 지름은
5~7센티미터 정도다.

꽃봉오리는
연한 분홍색이다.

잎 뒷면 잎맥은
도드라진다.

잎은 길이 25~30(~50)센티미터,
폭 7~9센티미터 정도다.

잎은 폭이 넓은 거꿀바소꼴이며
끝이 뾰족하다.

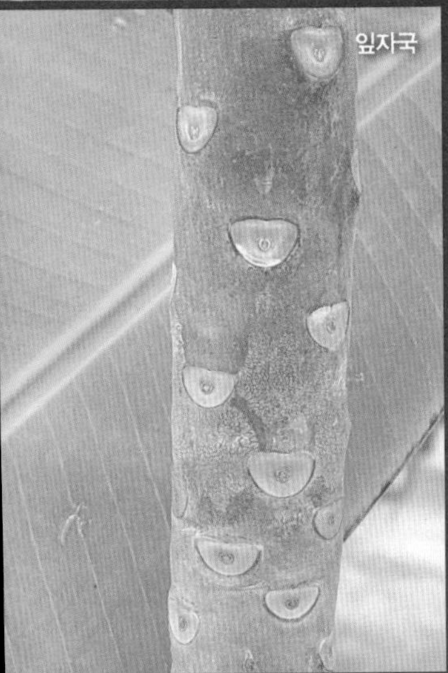

잎자국

어린 가지에는
털이 없다.

약 4~6미터
높이로 자라는
늘푸른떨기나무다.

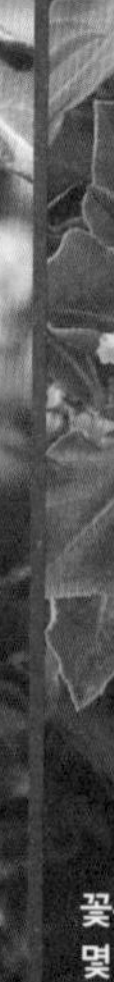

백마성白馬城

[파키포디움 사운데르시]

Pachypodium saundersii

[Star of Lundi · Lundi Star]

—

높이가 60~120센티미터 정도 자라는 열대성 늘푸른떨기나무다. 줄기 아래쪽은 지름 1미터까지도 비대하게 굵어진다. 턱잎托葉이 변한 가시는 길이가 2센티미터 정도며 두 개씩 난다. 열매는 타래 모양이고 길이가 10센티미터 정도다.

꽃은 햇가지 끝에 몇 송이가 모여서 핀다.

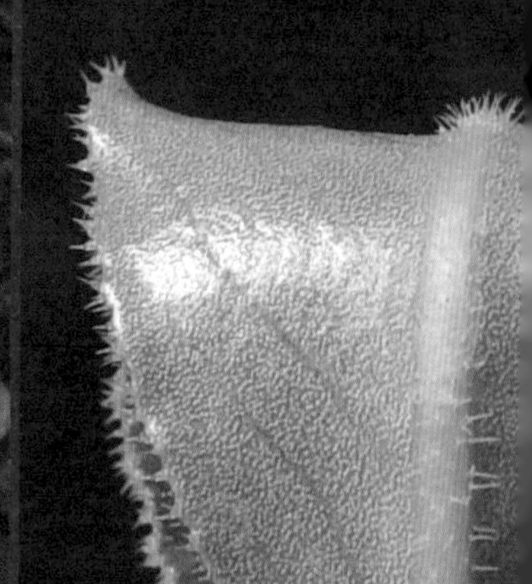

잎 양면 중심맥 위에 털이 있다.

잎에는 가장자리 털이 있다.

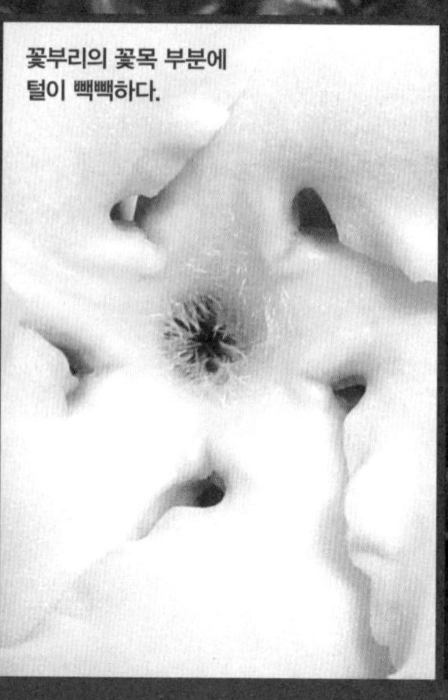

꽃부리의 꽃목 부분에 털이 빽빽하다.

꽃은 흰색으로 핀다.

꽃부리갈래조각
꽃부리통부
꽃부리의 길이는
25~35밀리미터 정도다.
자주색
꽃은 흰색이지만
꽃부리갈래조각의 가장자리는
자주색이다.
턱잎이
변한
가시
잎은 길이 5~6센티미터,
폭 2센티미터 정도다.
잎은 어긋나게 달리고
광택이 있다.
오리는 바람개비처럼 빙빙 도는 모습이다.
턱잎이 변한 가시는 길이가 2센티미터 정
도며 두 개씩 난다.
줄기 아래쪽은
지름이 1미터까지도
비대해지며,
많은 곁가지를 뻗는다.

540
협죽도과

아아상계阿亞相界

[파키포디움 게아이 · 게아이]

Pachypodium geayi

[Madagascar Palm]

—

높이가 3~4(~8)미터 정도 자란다. 줄기는 가운데가 볼록한 타래 모양으로 자란다. 가시의 길이는 3~4센티미터 정도고 3개씩 모여 난다. 잎은 길이 5~10(~40)센티미터, 폭 2~3센티미터 정도다.

7월, 작은모임꽃차례에
황록색 꽃이 핀다.

잎 뒷면
중심맥은
적갈색이다.

꽃은 여름에
연한 황록색으로 핀다.

꽃부리의 지름은
3센티미터 정도다.

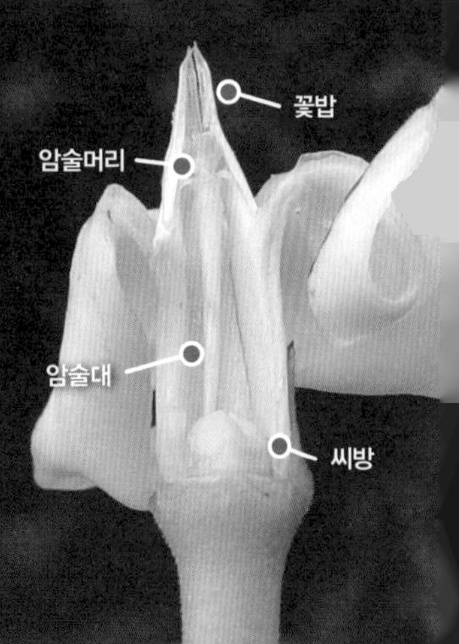

꽃밥은
꽃부리통부 밖으로 내민다.
암술
꽃받침
꽃밥
꽃밥
수술대
꽃받침
잎 뒷면에
털이 빽빽하다.
잎끝은
아래로 꼬부라진다.
잎은
좁고 길다.
잎 가장자리는
뒤로 말린다.
가시의 길이는 3~4센티미터
정도고 3개씩 모여 난다.
높이가 3~4(~8)미터 정도
자라는 갈잎떨기나무다.

541
협죽도과

패왕수霸王樹

[파키포디움 라메레이 · 마다가스카르 야자]

Pachypodium lamerei

—

높이가 1.5~3(~7)미터 정도 자란다. 줄기는 가운데가 볼록한 타래 모양으로 자란다. 줄기의 지름은 40~100센티미터까지 비대해지기도 한다. 가시의 길이는 4~5센티미터 정도고 3개씩 모여 난다. 꽃은 늦봄에서 초여름에 흰색으로 핀다. 꽃의 지름은 2~3센티미터 정도며 향기가 있다.

꽃은 늦봄~초여름에 흰색으로 핀다.

잎 뒷면은 회록색이다.

2월의 열매

6월, 열매가 터지기 전 모습

씨앗에 털이 있어 바람에 날아간다.

꽃부리의 지름은 2~3센티미터 정도며 향기가 있다.

꽃부리의 꽃목 부분은 황록색이다.

꽃부리 갈래조각은 5개다.

잎 뒷면에 털이 빽빽하다.

잎은 길이 8센티미터, 폭 4센티미터 정도다.

잎은 줄기 위쪽에 모여 달린다.

가시는 회갈색이며 길이가 4~5센티미터 정도다.

가시는 세 개씩 모여 난다.

높이가 1.5~3(~7)미터 정도 자라는 갈잎떨기나무며, 줄기는 가운데가 볼록한 타래 모양으로 자란다.

통통하게 부풀지 않는다.

상아궁象牙宮

[로술라툼]

Pachypodium rosulatum* var. *gracilis

—

높이가 90센티미터 정도 자라며, 줄기 아래쪽은 지름 50센티미터까지 뚱뚱하게 비대해진다. 잎은 줄기 끝에서 모여 난다. 꽃은 밝은 노란색으로 피며, 지름이 3~4센티미터 정도다. 통접청*P. horombense*에 비해 꽃부리통부는 통통하게 부풀지 않는다.

꽃은 밝은 노란색으로 봄에 핀다.

잎 양면에는 털이 있다.

열매의 길이는 10밀리미터 정도다.

꽃받침에 털이 있다.

줄기 끝에 모여 나는 잎

꽃부리갈래조각의
끝은 둥글다.
꽃부리의 지름은
3~4센티미터 정도다.
짧은
꽃받침이 있다.
잎 가장자리는
뒤로 약간 말린다.
잎은 길이 6센티미터,
폭 1센티미터 정도다.
잎은
줄기 끝에
모여 난다.
가시는 두 개씩
모여 난다.
줄기에
갈색 가시가
많이 있다.
약 90센티미터 높이로 자라며,
줄기 아래쪽이
지름 50센티미터까지
뚱뚱하게 비대해지는
떨기나무다.

543
협죽도과

통통하게
부풀어 오른다.

통접청筒蝶青

[호롬벤세 · 파키포디움 호롬벤세]

Pachypodium horombense

—

높이가 15~45센티미터 정도 자라며, 줄기에 가시가 빽빽하다. 줄기 아래쪽은 뚱뚱하게 굵어진다. 상아궁*P. rosulatum. var. gracilius*에 비해 키가 작고 꽃이 크며 꽃부리통부는 통통하게 부풀어 오른다.

꽃은 긴 꽃대 끝에
밝은 노란색으로 봄에 핀다.

잎 뒷면에는
털이 빽빽하다.

꽃대는
줄기 위쪽에 달린다.

꽃부리통부 안쪽에
5개의 능선이 있다.

잎은 줄기 위쪽에
모여 난다.

꽃부리갈래조각은
5개다.

꽃은 통꽃이다.

꽃부리통부는
통통하게 부풀어 오른다.

잎자루가
거의 없다.

잎은 갈잎성이며,
좁고 긴 줄꼴이다.

잎은
가늘고 길다.

가시는
두 개씩 모여 난다.

줄기에
가시가 많다.

약 15~45센티미터
높이로 자라며,
줄기 아래쪽이
뚱뚱하게 굵어지는
떨기나무다.

시바의 여왕옥즐女王玉櫛

[파키포디움 덴시플로룸 · 석화石花]

Pachypodium densiflorum

—

높이가 120~180센티미터 정도 자라며 줄기 아래쪽은 지름이 20~25센티미터까지 뚱뚱하게 굵어진다. 꽃차례의 높이는 40~50센티미터 정도 올라와 노란색 꽃이 핀다. 꽃밥이 꽃부리통부 위로 나온다.

꽃차례의 높이는 40~50센티미터 정도다.

잎 양면에는 털이 많다.

꽃부리갈래조각은 약간 뒤로 젖혀진다.

수술

꽃이 떨어진 후 남은 꽃받침에 털이 많다.

꽃부리의 지름은
2~3센티미터 정도다.
꽃은
통꽃이다.
꽃밥은
꽃부리통부
위로 나온다.
잎은
긴 길둥근꼴이다.
잎은 길이 9센티미터,
폭 35밀리미터 정도다.
잎은
줄기 끝에
모여 난다.
줄기에는
길고 강한 가시가
두 개씩 마주난다.
줄기에서
곁가지가
잘 갈라진다.
높이가 120~180센티미터
정도 자라며,
줄기 아래쪽은
지름 20~25센티미터까지
뚱뚱하게 굵어지는 떨기나무다.

545
협죽도과

파라병간巴羅瓶干

[파키포디움 바로니]

Pachypodium baronii

—

높이가 1~3미터 정도 곧게 서서 자란다. 줄기 아래쪽은 지름이 20~40센티미터 정도로 병처럼 뚱뚱하게 굵어진다. 꽃대는 높이가 16~40센티미터며, 3~17개의 꽃이 모여 핀다.

꽃은 봄에 홍색으로 핀다.

잎 양면에는 털이 있다.

꽃은 3~17개가 모여 핀다.

꽃봉오리

가시의 길이는 13밀리미터 정도다.

꽃부리의 지름은
3~4센티미터 정도다.
꽃부리통부
꽃부리통부의
아래쪽은 오목하다.
꽃밥
꽃밥은
꽃부리통부 밖으로 나온다.
잎은 줄기 위쪽에
모여 난다.
잎은 길이 3~18센티미터,
폭 2~9센티미터 정도다.
잎은
넓은 길둥근꼴~거꿀달걀꼴이다.
가시는
두 개씩 모여 난다.
줄기 아래쪽은
지름 20~40센티미터 정도로
병처럼 뚱뚱해진다.
약 1~3미터 높이로
곧게 서서 자라는 떨기나무다.

546
메꽃과

이포모에아 플라텐시스

[플라텐시스]

Ipomoea platensis

[Caudiciform Morning Glory]

—

줄기는 덩굴성이며 길이가 360센티미터 정도로 길게 뻗어 다른 나무나 물체에 붙어 자란다. 줄기 아래쪽은 뚱뚱하게 굵어진다. 꽃은 나팔꽃 모양이며 지름이 6~7센티미터 정도고 초여름에 연한 자주색으로 핀다. 수술과 꽃밥은 흰색이며 수술은 서로 길이가 다르다.

작은모임꽃차례에 2~6송이의 꽃이 모여서 핀다.

잎 뒷면에는 샘점이 있다.

어린 열매

열매는 갈색으로 익는다.

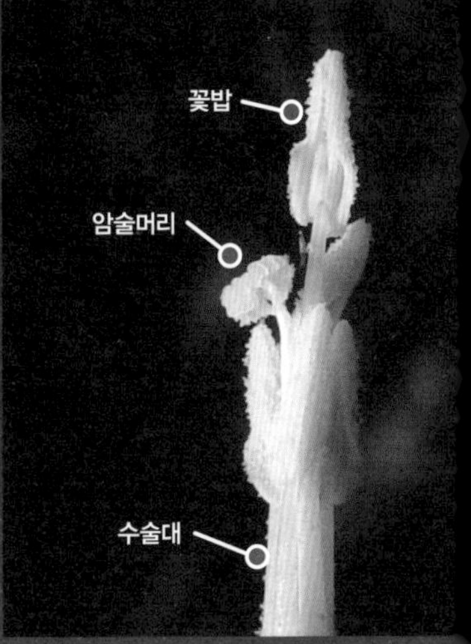

꽃부리의
꽃목 부분은
흑자색이다.

꽃의 지름은
6~7센티미터 정도다.

수술은 길이가 서로 다르며,
수술은 암술보다 길다.

잎 표면에는
털이 없다.

잎은 길이 15센티미터,
폭 8센티미터 정도다.

잎은 어긋나게 달리고
7~9갈래로 깊게 갈라진다.

꽃은
나팔꽃 같은
통꽃이다.

줄기 아래쪽은
뚱뚱하게 굵어진다.

줄기 길이가
360센티미터 정도로
길게 뻗어 다른 나무나
물체에 붙어 자라는
갈잎덩굴나무蔓莖木다.

547
참깨과

황화호마黃花胡麻

[운카리나 그란디디에리 · 그란디디에리]

Uncarina grandidieri

—

약 3(~7.5)미터 높이로 자란다. 줄기 아래쪽은 지름이 30센티미터 정도로 뚱뚱하게 굵어진다. 잎은 끈적끈적하고 곰팡이 냄새가 나며 털이 많다.

꽃은 암수딴그루이고 밝은 노란색으로 핀다.

잎 양면에는 털이 많다.

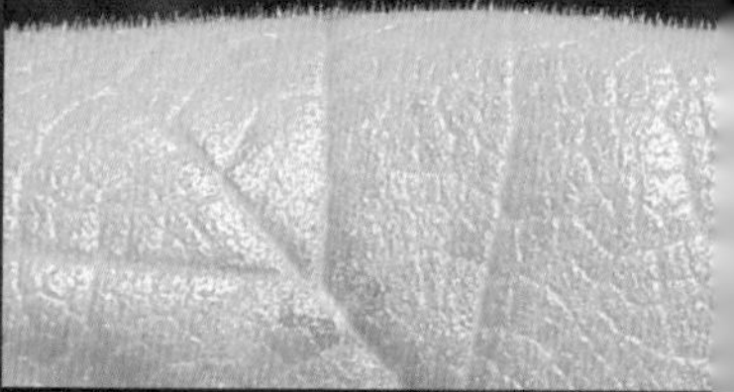

꽃은 꽃가루를 먹는 딱정벌레만이 수정할 수 있도록 구조가 되어 있어 인공수정이 불가능하다.

꽃봉오리

떨어진 꽃

통꽃이다.

꽃부리의 지름은
약 7센티미터다.
꽃부리통부가
길다.
수술 중 두 개는 길고,
두 개는 짧은 둘긴수술이다.
암술
꽃밥
수술대
잎자루에 털
잎은 길이와
폭이 8~15센티미터 정도다.
잎은 마주 달리며,
5~7개의 얕은 결각이 있다.
어린 줄기에는
털이 많다.
높이가 3(~7.5)미터 정도 자라는
열대성 갈잎떨기나무
또는 작은키나무다.
줄기 아래쪽은
지름이 30센티미터 정도로
뚱뚱해진다.

548
참깨과

운카리나 로에오에슬리아나

Uncarina roeoesliana

—

현재 알려진 운카리나*Uncarina* 종류 중 꽃의 크기가 가장 작은 것이 핀다. 꽃부리는 길이 4~5센티미터, 지름 4센티미터 정도다. 잎의 모양은 결각이 없거나, (3~)5개의 깊은 결각이 있는 잎이 있다. 높이 2미터 정도 키가 작게 자란다. 열매는 길이 3.5~5센티미터 정도며 열매에는 안으로 굽은 뾰족한 뿔이 있으며 끈적끈적하다.

꽃은 밝은 노란색으로 핀다.

잎은 끈적끈적하며, 양면에 털이 많다.

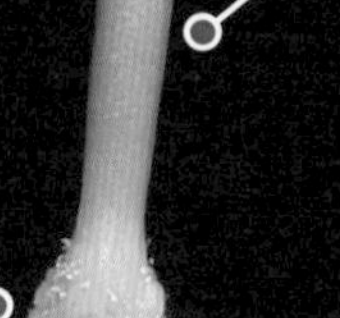

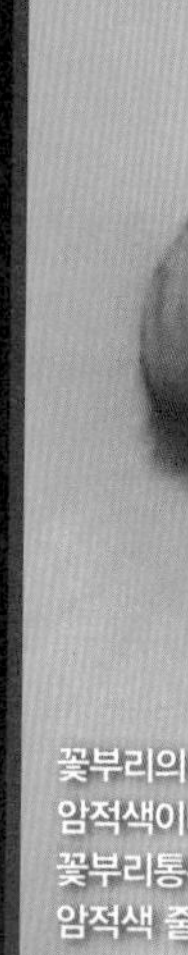

암술대는 길이 45밀리미터 정도다. 암술머리에 둔한 톱니가 있다.

꽃부리의 꽃목 부분은 암적색이며, 꽃부리통부 안쪽에 암적색 줄무늬가 있다.

꽃부리는
지름 4센티미터 정도다.

꽃부리통부는 길이
4~5센티미터 정도로
짧은 편이다.

수술 중 2개는 길고,
2개는 짧은 둘긴수술이다.

잎자루는 길이 10센티미터
정도로 길며 털이 많다.

잎은 길이 7~8센티미터
폭 6~7센티미터 정도다.

잎은 마주 달리며,
결각이 없거나 (3~)5개의
깊은 결각이 있는 잎이 있다.

어린 가지에 털이 많다.

높이 2미터 정도
자라는 열대성
갈잎떨기나무다.

나이가 들어감에 따라
원줄기 아래쪽이
불규칙하게 뚱뚱하게 된다.

549
게스네리아과

바위바이올렛

[스트렙토카르푸스 삭소룸 · 케이프 프림로즈]

Streptocarpus saxorum

[false African violet · Cape primrose]

—

줄기 길이 30~60센티미터 정도까지 자란다. 줄기는 가늘고 털이 많으며 땅을 기면서 자란다. 줄기는 점차 단단한 목질로 된다. 꽃부리는 5갈래로 갈라지며 아래쪽 3개의 갈래조각이 위쪽의 2개의 갈래조각보다 크다. 잎은 길둥근꼴 혹은 달걀모양이며 털이 많은 부드러운 다육질이다.

꽃은 잎겨드랑이에 하나 혹은 두 개가 모여 달린다.

잎 양면에 털이 많다.

꼬투리열매는 가늘며, 꼬여 터져 작은 씨앗이 나온다.

어린 꼬투리에 털이 빽빽하게 많다.

아래쪽 꽃부리갈래조각의 꽃목은 흰색이며, 자주색 점무늬가 있다.

꽃부리는 5갈래로 갈라지며
아래쪽 3개의 갈래조각이
위쪽의 2개의
갈래조각보다 크다.

꽃부리는 길이 4센티미터,
지름 36밀리미터 정도다.

꽃은 이른 봄부터 늦가을까지
지속해서 피며 꽃부리는
나팔꽃처럼 튜브 형태다.

잎자루는
길이 2센티미터 정도며
털이 많다.

잎은 길이 5센티미터,
폭 3센티미터 정도다.

잎은 마주 달리며,
길둥근꼴 혹은 달걀모양의
부드러운 다육질이다.

수술은 2개 암술은 1개며
수술과 암술은
꽃부리통부 속에 들어있다.

어린 가지에
털이 많다.

줄기 길이 30~60센티미터 정도
자라며 늘푸른버금떨기나무다.

550
국화과

자현월紫玄月

[루비 네크리스 · 황화신월黃花新月 · 리틀 피클스]

***Othonna capensis* 'Ruby Necklace'**

[Ruby Necklace · Little Pickles]

—

높이 10센티미터 이하, 줄기 길이 30~60센티미터 정도 땅을 덮으면서 옆으로 퍼진다. 잎은 통통한 다육질이며 길이가 4~5센티미터 정도다. 녹색의 잎은 햇볕을 받으면 붉은빛이 도는 자주색으로 변한다.

꽃은
4~9월에 핀다.

잎은 길쭉한
오이 모양이며
끝이 뾰족하다.

꽃이 진 후의
모습

꽃봉오리

꽃받침은
뒤로 젖혀진다.

꽃은
밝은 노란색으로 핀다.
혀꽃舌狀花
암술
대롱꽃
管狀花
잎의 길이는
4~5센티미터 정도다.
녹색의 잎은
강렬한 햇볕에 붉은빛이 도는
자주색으로 변한다.
잎은
통통한 다육질이다.
줄기는 땅을 덮으면서
옆으로 퍼진다.
잎 표면에
얕은 골이 진다.
높이 10센티미터 이하,
줄기 길이 30~60센티미터 정도
자란다.

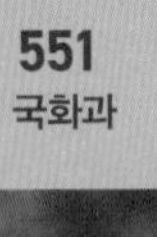

자만도紫蠻刀

[자금장紫金章 · 어미관魚尾冠]

Senecio crassissimus

[Vertical Leaf Senecio]

—

높이가 45~60센티미터 정도 자란다. 잎은 딱딱하고 납작하며 세로로 세워져 달린다. 꽃의 지름은 15~20밀리미터 정도며 연한 노란색으로 핀다.

꽃은
4~5월에 핀다.

잎은 두툼한
넓은 길둥근꼴이다.

꽃이 진 후

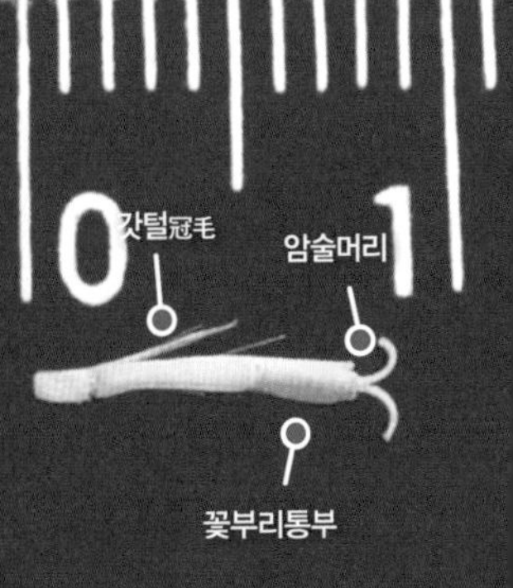

꽃은
노란색으로 핀다.

머리꽃차례의 지름은
15~20밀리미터 정도다.

대롱꽃

잎 가장자리는
자주색이다.

잎의 길이는 5센티미터 정도며,
잎 양쪽 끝은 뾰족하다.

잎은 딱딱하고
세로로 세워져 달린다.

줄기는 곧게 서며
암자색을 띤다.

어린 가지에는
털이 없다.

높이가 45~60센티미터
정도 자란다.

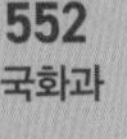

552
국화과

마사이화살촉

[클레이니포르미스 · 창끝]

Senecio kleiniiformis

[Spear Head]

—

높이가 15~30센티미터 정도 자란다. 잎은 청록색이며 화살촉 모양이다. 잎 가장자리에 3~7개의 뾰족한 톱니가 있다. 꽃차례의 길이는 40~50센티미터 정도로 길다. 머리꽃차례의 길이는 13밀리미터 정도다.

꽃차례의 길이는 40~50센티미터 정도로 길다.

잎 뒷면은 볼록하다.

꽃이 진 후의 모습

허꽃은 없고 대롱꽃만 있다.

꽃은 가을에 황백색으로 핀다.

머리꽃차례의 길이는 13밀리미터 정도다.

대롱꽃의 꽃부리갈래조각은 5개다.

잎 가장자리에 3~7개의 뾰족한 톱니가 있다.

잎은 길이 7~8센티미터, 폭 15밀리미터 정도다.

잎은 청록색이며 화살촉 모양이다.

화살촉 모양의 잎

줄기는 연한 녹색이다.

높이가 15~30센티미터 정도 자란다.

553
국화과

천룡天龍

[세네키오 클레이니아 · 유엽칠보수柳葉七寶樹]

Senecio kleinia

—

높이가 120~200센티미터 정도 자란다. 줄기는 회색빛이 도는 녹색이다. 잎의 길이가 12센티미터 정도며 잎 뒷면 중심맥은 도드라진다. 꽃은 가을에 연한 황백색으로 핀다.

온실에서 꽃은 10월에 핀다.

잎 뒷면 중심맥은 도드라진다.

씨앗에 명주실 같은 갓털이 있어 바람에 잘 날린다.

허꽃은 없고 대롱꽃만 있다.

꽃은 쌍성꽃兩性花이며 편평꽃차례를 이룬다.

꽃부리갈래조각은 5개다.

암술머리는 둘로 갈라진다.

잎의 횡단면

잎의 길이는 12센티미터 정도다.

잎은 가늘고 긴 줄꼴이다.

잎은 납작한 다육질이다.

어린 가지에 잎자국이 뚜렷하게 남는다.

높이가 120~200센티미터 정도 자라는 갈잎떨기나무다.

554
국화과

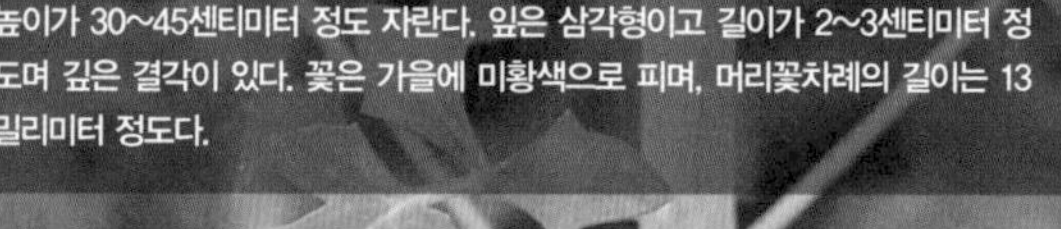

칠보수七寶樹

[십이보수十二寶樹]

Senecio articulatus

[Candle Plant]

—

높이가 30~45센티미터 정도 자란다. 잎은 삼각형이고 길이가 2~3센티미터 정도며 깊은 결각이 있다. 꽃은 가을에 미황색으로 피며, 머리꽃차례의 길이는 13밀리미터 정도다.

꽃은 가을에 미황색으로 핀다.

잎 뒷면

대롱꽃

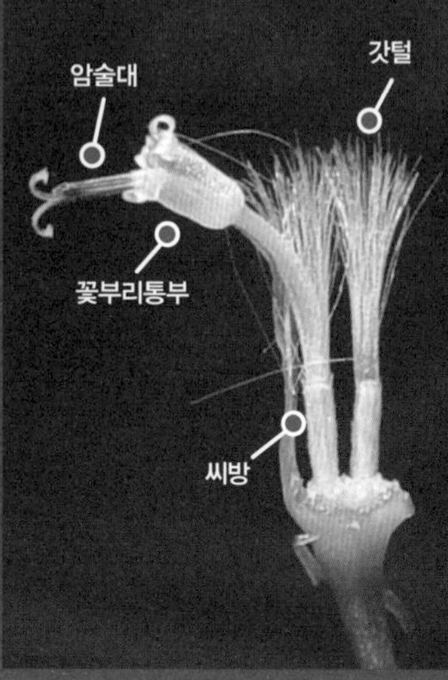

꽃부리갈래조각은 5개이며, 뒤로 말린다.

허꽃은 없고 대롱꽃만 있다.

머리꽃차례의 길이는 13밀리미터 정도다.

암술머리는 둘로 갈라져 뒤로 말린다.

잎자루의 길이는 5~6센티미터 정도로 잎보다 길다.

잎은 삼각형이고 길이가 2~3센티미터 정도며 깊은 결각이 있다.

잎은 어긋나게 달리며 다육질이다.

줄기는 백록색이고 다육질이며 곁가지가 잘 갈라진다.

줄기의 지름은 15밀리미터 정도다.

약 30~45센티미터 높이로 자란다.

555
국화과

칠보수금七寶樹錦

***Senecio articulatus* 'Variegatus'**

[Variegated Candle Plant]

—

높이가 22~50센티미터 정도 자란다. 칠보수와 비슷하지만, 잎의 색깔이 흰색 또는 연분홍색으로 물든다. 칠보수금은 주로 겨울에 자라는 식물이며, 여름에는 보통 발육이 정지된다.

꽃은 겨울에 핀다.

어린잎의 뒷면

열매

얇은열매 끝에 갓털이 있다.

혀꽃은 없고 대롱꽃만 있다.

머리꽃차례의 길이는
12밀리미터 정도다.

꽃부리갈래조각은
5개다.

암술머리는 둘로 갈라지고
뒤로 말린다.

잎자루는
잎보다 길이가 길다.

잎의 길이는 2~3센티미터
정도며 깊은 결각이 있다.

잎은 흰색 또는
연분홍색으로 물든다.

줄기에서
곁가지가 잘 갈라진다.

줄기는 둥근기둥꼴이며
마디가 있다.

약 22~50센티미터
높이로 자란다.

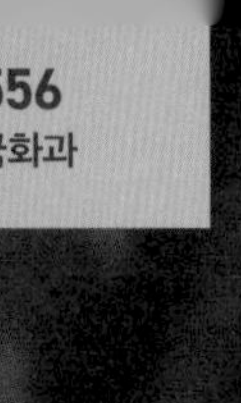

녹영綠鈴

[취옥잠翠玉簪 · 녹옥綠玉]

Senecio rowleyanus

[String of Beads]

—

줄기의 길이는 60~90센티미터 정도며, 동글동글한 잎이 구슬을 엮어놓은 듯 아래로 치렁치렁 늘어진다. 머리꽃차례는 흰색이고 암술대는 진한 적갈색이다. 식물은 전체적으로 유독성이다.

꽃은 겨울에 흰색으로 핀다.

잎끝은 뾰족하다.

꽃봉오리

허꽃은 없고 대롱꽃만 있다.

머리꽃차례의 길이는
12밀리미터 정도다.
암술대는
둘로 갈라져
뒤로 말린다.
꽃부리갈래조각은
5개다.
잎에는
좁은 줄이 있다.
잎의 지름은
6~10밀리미터
정도다.
잎은 녹색의
작은 공 모양이다.
공 모양이 되기 전
새로 돋아나는 잎의 모습
식물은
유독성이다.
줄기의 길이가
60~90센티미터 정도다.

557
국화과

백수락白壽樂

Senecio citriformis

—

높이가 15센티미터 이하로 자라고 현월*S. radicans*에 비해 줄기는 곧게 선다. 잎은 통통한 달걀꼴이며 흰 가루로 덮여있다. 잎에는 녹색 세로줄이 있으며 잎끝은 뾰족하다.

머리꽃차례는 곧게 선다.

잎에 녹색 세로 줄무늬가 있다.

얇은열매瘦果 끝에 갓털이 있다.

머리꽃차례

혀꽃은 없고 대롱꽃만 있다.

꽃은 여름에
흰색으로 핀다.

꽃의 길이는
1센티미터 정도다.

암술머리는
둘로 갈라진다.

잎은 두께가
약 13밀리미터다.

잎은 길이 2센티미터,
지름 13밀리미터 정도다.

잎은 뾰족한
달걀꼴이다.

줄기는 모여서
무리 지어 자란다.

줄기는
곧게 선다.

높이가
15센티미터 이하로 자란다.

현월弦月

[진주목걸이 · 세네키오 라디칸스]

Senecio radicans

[String of Bananas · String of Pearls]

—

줄기 길이가 25~100센티미터 정도 땅에 누워서 자라거나 아래로 늘어진다. 잎은 길이가 2~3센티미터 정도며, 초록색으로 약간 굽은 바나나 같은 작은 둥근기둥꼴이고 끝이 뾰족하다. 식물은 유독성이다. 현월弦月은 초승달이라는 뜻이며, 잎의 모양이 초승달을 닮았다는 뜻이다.

꽃대는 곧게 서며 한 개씩 달린다.

잎은 약간 굽은 바나나 같은 작은 둥근기둥꼴이다.

얇은 열매 끝에 갓털이 있다.

허꽃은 없고 대롱꽃만 있다.

머리꽃차례의 길이는
2센티미터 정도다.
꽃부리갈래조각은
5개다.
0
1
꽃부리통부
대가 있다
갓털은 꽃부리통부
밖으로 나오지 않는다.
잎의 길이는
2~3센티미터 정도다.
잎에는 진한 녹색의
좁은 줄무늬가 있다.
잎은
어긋나게 달리며
다육질이다.
식물은
유독성이다.
줄기에
공기뿌리가
발생한다.
공기뿌리
줄기 길이가
25~100센티미터 정도
누워서 자라거나
아래로 늘어진다.

559
국화과

은월銀月

[세네키오 하워르티]

Senecio haworthii

[tontelbossie · woodly senecio]

—

줄기 길이가 200~250센티미터 정도며, 누워서 자라거나 아래로 늘어진다. 잎은 은백색 솜털로 덮여있고, 잎끝은 뾰족하다. 머리꽃차례의 길이는 2센티미터 정도다. 갓털의 길이는 15밀리미터 정도다.

꽃차례의 길이는
14센티미터 정도다.

잎은 은백색
솜털로 덮여 있다.

얇은열매 끝에
갓털이 있다.

갓털의 길이는
15밀리미터 정도다.

꽃대가
길다.

머리꽃차례의 길이는
2센티미터 정도다.

대롱꽃의 지름은
5밀리미터 정도다.

꽃은 밝은 노란색으로
여름에 핀다.

잎은 통통한
다육질이다.

잎은 길이 3센티미터,
폭 1센티미터 정도다.

잎은 양끝이
뾰족한 바소꼴이다.

줄기는 누워서 자라거나
아래로 늘어진다.

줄기에 은백색
솜털이 있다.

줄기 길이가
200~250센티미터 정도
자라는 떨기나무다.

만보万寶

[남송藍松 · 청월]

Senecio serpens

[kleinia repens · Blue Chalksticks]

—

높이 15~30센티미터, 줄기 길이 60~90센티미터까지 자란다. 줄기는 아래쪽에서 곁가지가 잘 갈라지며 땅을 덮으면서 자란다. 잎은 흰 가루로 덮인 청록색의 다육질이며, 연한 황록색 세로 줄무늬가 있다.

꽃은
여름에 핀다.

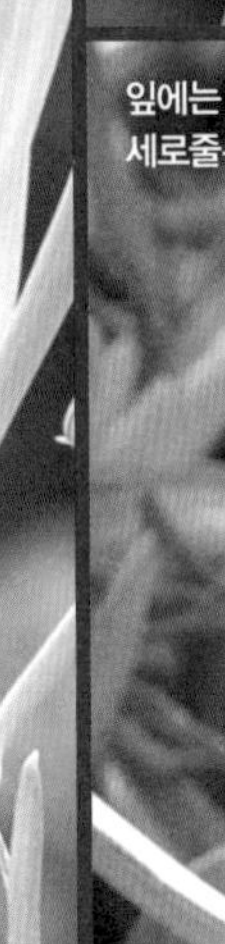

잎에는 연한 황록색
세로줄무늬가 있다.

꽃

꽃

잎에
세로 줄무늬

꽃은
연한 녹색으로 핀다.

머리꽃차례의 지름은
약 15밀리미터다.

꽃

잎은 흰 가루로 덮인
회청록색이다.

잎은 길이 8~9센티미터,
폭 7밀리미터 정도다.

잎은
두툼한 줄꼴이다.

잎끝은 안쪽으로 약간 휘어서
위를 향한다.

줄기는 아래쪽에서
곁가지가 잘 갈라지며
땅을 덮으면서 자란다.

줄기 길이가
60~90센티미터까지 자란다.

561
국화과

비관緋冠

[홍응紅鷹 · 비관국緋冠菊]

Senecio grantii

—

높이가 15~20센티미터 정도 자라며, 줄기는 거의 없다. 잎은 길이 5~7센티미터, 폭 15~25 밀리미터 정도며 털이 없다. 꽃차례의 길이는 25~30센티미터 정도다. 꽃은 겨울에 주홍색으로 핀다.

한 꽃대에 2~4개의 꽃차례가 달린다.

잎에는 톱니가 없고 털이 없으며 광택이 있다.

포기는 모여서 무리 지어 자란다.

꽃봉오리

머리꽃차례에
주홍색 꽃이 핀다.

머리꽃차례의 지름은
약 3센티미터다.

꽃부리갈래조각은
5개다.

잎은 길이 5~7센티미터,
폭 15~25밀리미터 정도다.

포기 지름이
20센티미터
정도 자란다.

잎은
거꿀바소꼴이다.

혀꽃은 없고
대롱꽃만 있다.

꽃차례의 길이는
25~30센티미터 정도다.

줄기는 거의 없고
높이가 15~20센티미터
정도 자란다.

철석장鐵錫杖

[화사花司]

Senecio stapeliaeformis

—

높이가 35~60센티미터 정도 자란다. 가시처럼 보이는 작은 잎은 길이가 5밀리미터 정도며 일찍 말라버린다. 꽃은 봄에 밝은 붉은색으로 핀다.

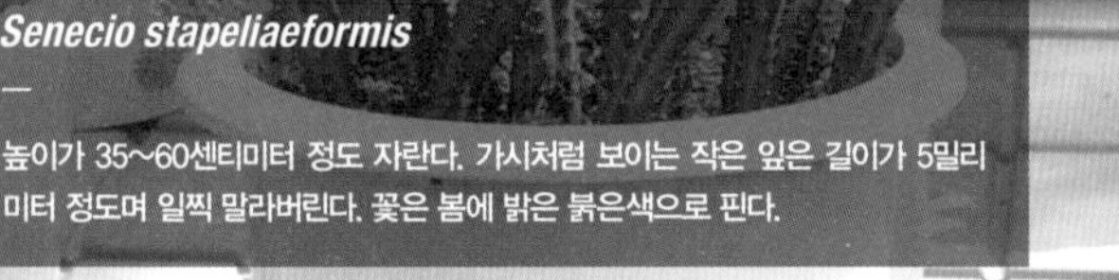

긴 꽃대 끝에 머리꽃차례를 이룬다.

가시처럼 보이는 작은 잎은 일찍 말라버린다.

허꽃은 없고 대롱꽃만 있다.

꽃차례는 줄기 끝에 한 개씩 자란다.

꽃은
붉은색으로 핀다.
머리꽃차례의 지름은
약 20~25밀리미터다.
암술
꽃부리통부
마른 잎
잎의 길이는
5밀리미터 정도다.
잎
잎은 줄기 위쪽에
달린다.
혹줄기가 모여
등줄기가 된다.
혹줄기는
원뿔 모양이다.
혹줄기
높이가 35~60센티미터
정도 자란다.

563
국화과

화제花弟

Senecio stapeliaeformis v. minor

[*Kleinia gregorii*]

—

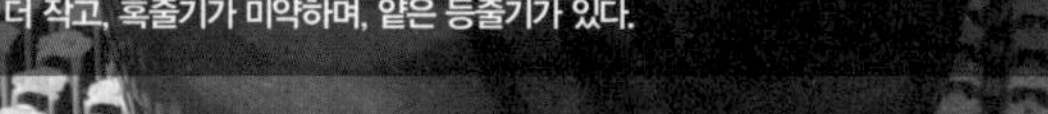

높이 15~35센티미터, 줄기 지름 13밀리미터 정도 자란다. 잎의 길이는 3~5밀리미터 정도고 일찍 말라버린다. 철석장*S. stapeliaeformis*에 비해 줄기의 지름이 좀 더 작고, 혹줄기가 미약하며, 얇은 등줄기가 있다.

꽃차례의 길이는 20센티미터 정도다.

꽃은 이른 여름에 밝은 붉은색으로 핀다.

허꽃은 없고 대롱꽃만 있다.

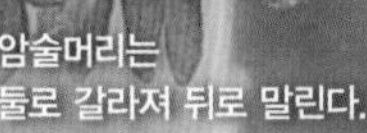

암술머리는 둘로 갈라져 뒤로 말린다.

머리꽃차례의 길이는
약 3센티미터다.
머리꽃차례의 지름은
약 20~25밀리미터다.
암술머리는
둘로 갈라진다.
잎은 일찍
말라버린다.
잎
잎의 길이는
3~5밀리미터 정도다.
새로
돋는 잎
등줄기
미약한 혹줄기가 모여
얇은 등줄기를 이룬다.
철화
철화綴化: 식물의 생장점이 띠 모양으로
비정상적으로 확장되는 경우
높이가 15~35센티미터
정도 자란다.

송이촛대수선

[우바리아 니포피아 · 니포피아 우바리아 · 트리토마 · 니포피아]

Kniphofia uvaria

[Tritoma · Torch Lily]

—

높이 90~120센티미터, 포기 지름 60~90센티미터 정도 자란다. 반늘푸른 잎은 밝은 녹색이며 날카로운 줄꼴이다. 잎은 길이 60~90센티미터, 폭 2~3센티미터 정도다. 잎 가장자리에 날카로운 흰색 가시가 있다. 꽃은 5~10월에 피며, 봉오리일 때는 주홍색이지만 꽃이 피면 밝은 노란색으로 변한다.

술모양꽃차례의 길이는 15~22센티미터 정도다.

잎 양면에는 가시가 없다.

열매의 길이는 10밀리미터 정도다.

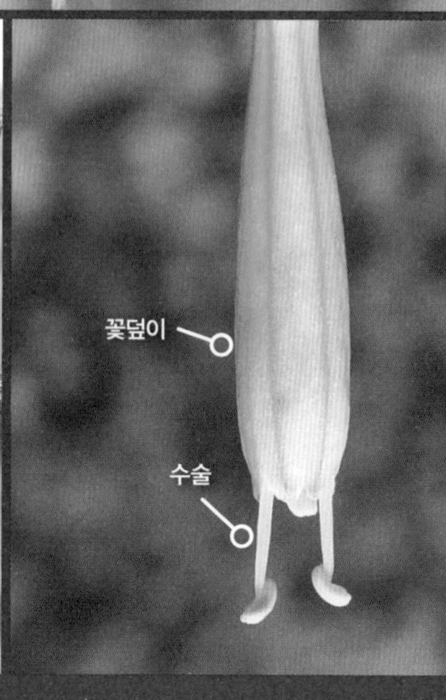

수술은 6개, 암술은 1개다.

꽃은 5~10월에 피며, 봉오리일 때는 주홍색이지만 꽃이 피면 밝은 노란색으로 변한다.

꽃덮이의 길이는 25밀리미터 정도다.

꽃덮이조각은 6개다.

잎 가장자리에 날카로운 흰색 가시가 있다.

잎은 길이 60~90센티미터, 폭 2~3센티미터 정도다.

포기 지름이 60~90센티미터 정도 자란다.

잎가에 가시

줄기는 거의 없다.

약 90~120센티미터 높이로 자란다.

565
백합과

알로에 베라

[진眞 · 노회蘆薈]

Aloe vera

[Medicinal Aloe]

—

줄기는 아주 짧고 높이가 60센티미터 정도 자란다. 잎은 길이 45~60센티미터, 폭 5센티미터 정도다. 잎가에는 작고 뾰족한 가시가 있다. 겨울에서 봄 사이에 통 모양의 노란색 꽃이 핀다.

술모양꽃차례는 길이가 90센티미터 정도다.

잎 뒷면에 둔한 모서리가 있다.

수술은 6개, 암술은 1개다.

꽃덮이조각은 6개다.

꽃은 녹색빛이 도는 노란색으로 핀다.

겨울에서 봄 사이에
통 모양의 노란색 꽃이 핀다.

꽃덮이의 길이는
4센티미터 정도다.

암술과 수술은
꽃덮이 밖으로 나온다.

잎가에
작고 뾰족한 가시가 있다.

잎은 길이 45~60센티미터,
폭 5센티미터 정도다.

포기 지름이
80~100센티미터
정도 자란다.

잎가에
가시가 있다.

줄기

약 60센티미터
높이로 자란다.

566
백합과

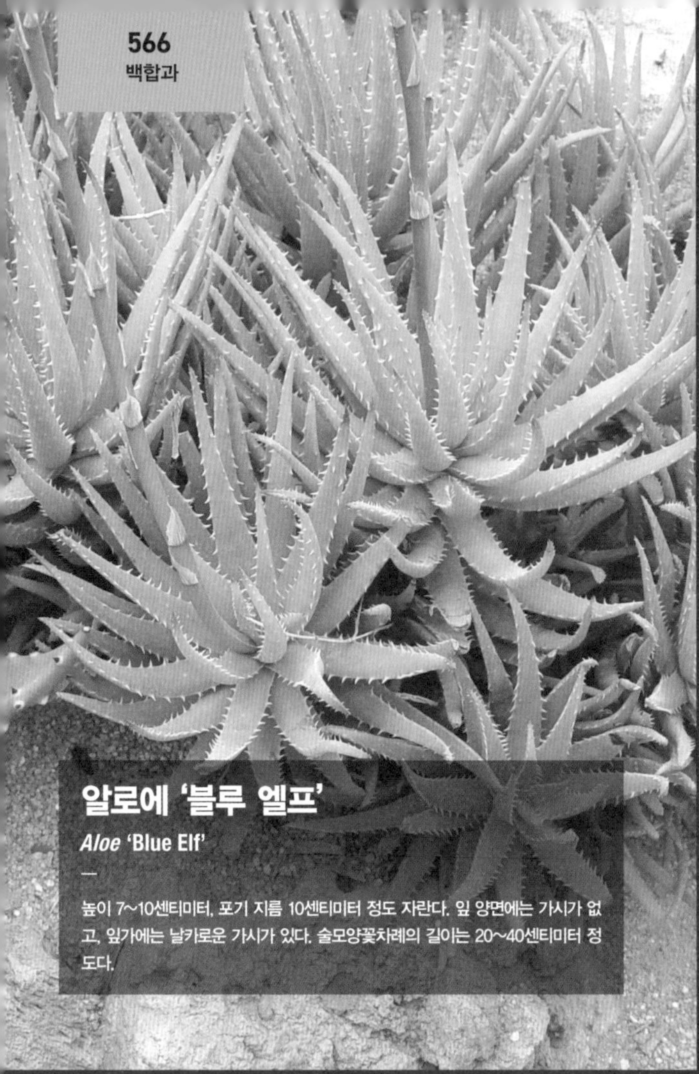

알로에 ‘블루 엘프’

Aloe ‘Blue Elf’

—

높이 7~10센티미터, 포기 지름 10센티미터 정도 자란다. 잎 양면에는 가시가 없고, 잎가에는 날카로운 가시가 있다. 술모양꽃차례의 길이는 20~40센티미터 정도다.

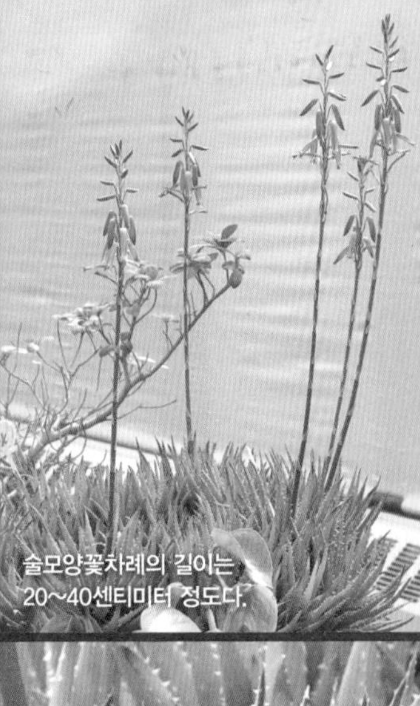

술모양꽃차례의 길이는 20~40센티미터 정도다.

잎가에 날카로운 가시가 있다.

암술은 꽃덮이 밖으로 나온다.

잎 뒷면 위쪽에 가시

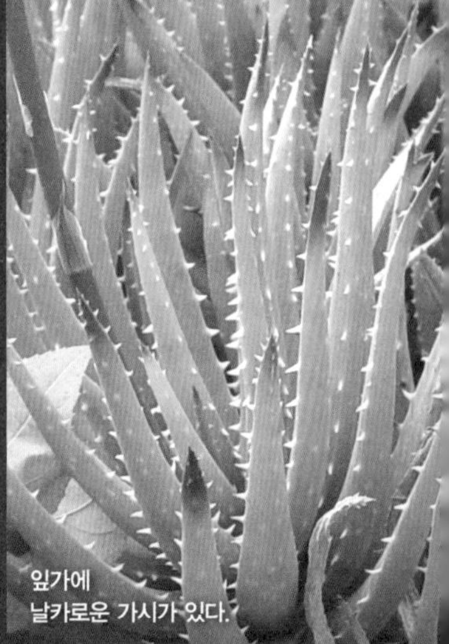

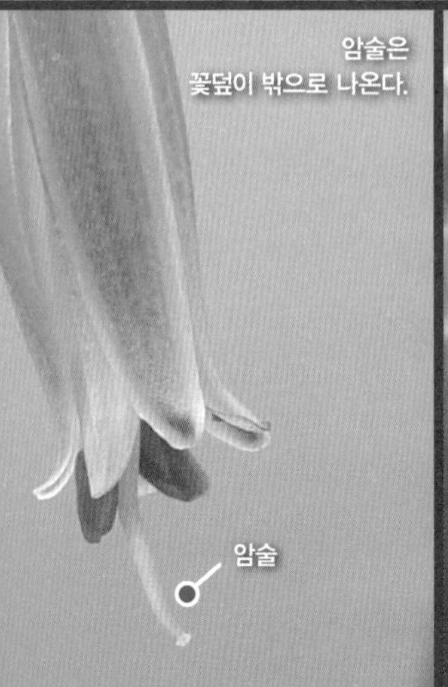

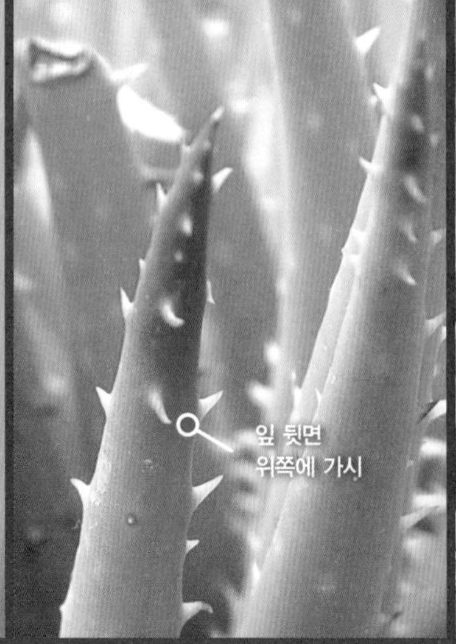

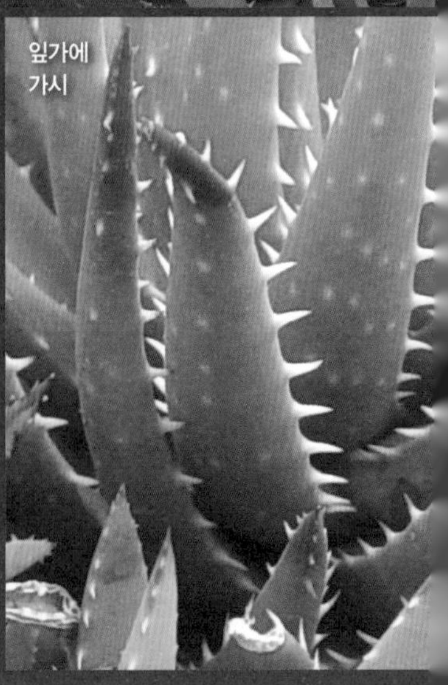

잎가에 가시

겨울에서 봄 사이에
통 모양의 주황색 꽃이 핀다.

수술은 6개,
암술은 1개다.

꽃덮이는 길이가
35밀리미터 정도다.

잎 표면에는
얼룩점이 거의 없다.

잎의 길이는
약 7센티미터다.

포기 지름이
10센티미터 정도 자란다.

잎 뒷면에 흐릿한
흰색 얼룩점이 있다.

잎 밑이 넓어서
줄기를 감싼다.

약 7~10센티미터
높이로 자란다.

567
백합과

알로에 신카타나

Aloe sinkatana

—

높이 60센티미터, 포기 지름 60~90센티미터 정도 자란다. 잎은 길이 40센티미터, 폭 35밀리미터 정도다. 잎은 녹색이지만 붉게 물들기도 한다. 잎 양면에는 흰색 얼룩무늬가 있다. 꽃은 술모양꽃차례이지만, 우산꽃차례처럼 보인다.

꽃대에서
곁가지가 잘 갈라진다.

잎 양면에는
흰색 얼룩무늬가 있다.

술모양꽃차례이지만,
우산꽃차례처럼 보인다.

꽃덮이조각은
6개다.

꽃봉오리

꽃은
연한 노란색으로 핀다.

꽃덮이의 길이는
25밀리미터 정도다.

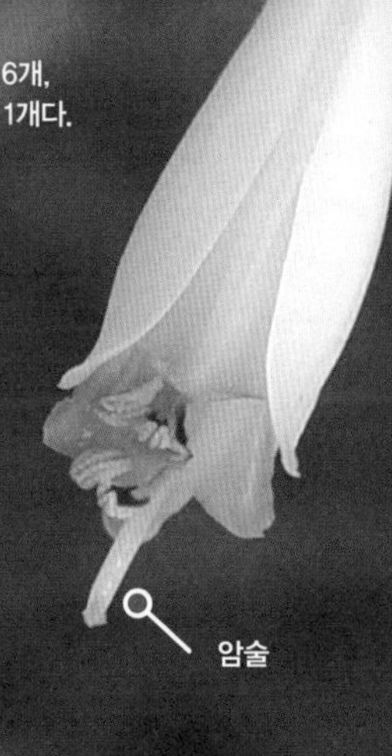

수술은 6개,
암술은 1개다.

잎 가장자리에
날카로운 톱니가 있다.

잎은 길이 40센티미터,
폭 35밀리미터 정도다.

포기 지름이
60~90센티미터 정도 자란다.

면은
볼록하다.

잎 밑이 넓어서
줄기를 감싼다.

약 60센티미터
높이로 자란다.

568
백합과

아려금阿麗錦알로에

[영려금鈴麗錦 · 알로에 아큘레아타]

Aloe aculeata

—

높이 30~45센티미터, 포기 지름 45~60센티미터 정도 자란다. 잎은 길이 60센티미터, 폭 12센티미터 정도다. 잎 양면에 강한 가시가 많이 있다. 술모양꽃차례의 길이는 125센티미터 정도다. 꽃은 녹황색에서 점차 황적색으로 바뀐다.

술모양꽃차례의 길이는 125센티미터 정도다.

잎 뒷면의 가시

술모양꽃차례에 많은 꽃이 달린다.

암술과 수술은 꽃덮이 밖으로 나온다.

꽃덮이와 수술은 각 6개씩이다.

꽃은 녹황색에서 점차 황적색으로 변한다.

꽃덮이의 길이는 약 4센티미터다.

암술은 수술보다 짧다.

잎 표면의 가시

잎은 길이 60센티미터, 폭 12센티미터 정도다.

포기 지름이 45~60센티미터 정도 자란다.

가시 아래쪽은 흰색, 위쪽은 적갈색이다.

꽃봉오리

약 30~45센티미터 높이로 자란다.

산호알로에

[알로에 스트리아타 · 비단알로에 · 은방금 · 자광금]

Aloe striata

[Coral Aloe]

—

높이 60~100센티미터, 포기 지름 120센티미터 정도 자란다. 잎 가장자리에는 적갈색 줄무늬가 있으며, 잎에 가시가 없는 특징이 있다. 꽃은 10년 이상 묵은 포기에서 꽃이 핀다. 방사선을 이용한 돌연변이 품종이다.

술모양꽃차례의 길이는 60센티미터 정도다.

적갈색 줄무늬

잎 양면에는 가시가 없는 특징이 있다.

술모양꽃차례의 작은꽃자루는 위로 갈수록 짧아진다.

꽃덮이조각은 6개다.

잎 밑이 넓어서 줄기를 감싼다.

꽃은 오렌지 빛 붉은색으로 늦겨울에서 초봄에 핀다.

꽃덮이 아래쪽은 움푹 들어간다.

꽃덮이의 길이는 약 3센티미터다.

수술은 6개, 암술은 1개다.

잎 가장자리에는 적갈색 줄무늬가 있다.

잎은 길이 50~60센티미터, 폭 15센티미터 정도다.

포기 지름이 120센티미터 정도 자란다.

꽃대에서 또 다른 꽃대가 갈라진다.

잎겨드랑이에서 2~3개의 꽃대가 올라온다.

약 60~100센티미터 높이로 자란다.

570
백합과

소말리아알로에

[소말리엔시스]

Aloe somaliensis

[Somalian Aloe]

—

높이 15~30센티미터, 포기 지름 15~30센티미터 정도 자란다. 잎 표면에 가늘고 긴 진한 녹색의 얼룩무늬가 있다. 잎가에 갈색의 빳빳한 가시가 줄지어 있다.

꽃차례의 길이는 60~80센티미터 정도다.

잎 양면에는 진한 녹색 얼룩무늬가 있다.

꽃대에서 5~8개의 또 다른 꽃대가 갈라진다.

꽃덮이조각은 6개다.

꽃대는 잎겨드랑이에 달린다.

꽃덮이에
적갈색 줄무늬가 있다.

수술은 6개,
암술은 1개다.

꽃덮이의 길이는
28~30밀리미터 정도다.

잎가에
가시가 있다.

잎은 길이 12~16센티미터,
폭 7센티미터 정도다.

포기 지름이
15~30센티미터 정도 자란다.

잎가에
가시 끝은
적갈색이다.

줄기가 없거나
짧은 줄기가 있다.

약 15~30센티미터
높이로 자란다.

571
백합과

거치鋸齒알로에

Aloe burgersfortensis

—

높이 15~30센티미터, 포기 지름 90~120센티미터까지 자란다. 잎의 길이는 40~60센티미터 정도로 가늘고 길다. 잎은 연한 초록색이며 흰 얼룩점이 많이 있다. 잎 양면에 가시가 없으나, 잎 가장자리에는 뾰족한 가시가 있다.

술모양꽃차례는 잎겨드랑이에 달리며 길이가 1미터 정도다.

잎 양면에는 가시가 없다.

6월, 어린 열매

씨앗은 날개 포함 8밀리미터 정도다.

잎가에 뾰족한 가시

꽃덮이 아래쪽은
움푹 들어간다.
꽃덮이의 길이는
35밀리미터 정도다.
수술은 6개,
암술은 1개다.
잎가에
뾰족한 가시가 있다.
잎은 길이가
40~60센티미터
정도로 가늘고 길다.
포기 지름이
90~120센티미터 정도 자란다.
잎에
흰 얼룩무늬
잎 밑이 넓어서
줄기를 감싼다.
약 15~30센티미터
높이로 자란다.

572
백합과

설화雪花알로에

[설화 · 눈송이알로에]

***Aloe rauhii* 'Snowflake'**

[Snowflake Aloe]

—

높이 30센티미터, 포기 지름 40~60센티미터 정도 자란다. 잎은 길이 25~30센티미터, 폭 4~7센티미터 정도다. 잎은 녹색 바탕에 흰색 얼룩무늬가 있다. 술모양꽃차례의 길이는 50~70센티미터 정도며 꽃은 한겨울에 핀다.

술모양꽃차례의 길이는 50~70센티미터 정도다.

잎은 삼각이 지고 끝은 뾰족하다.

꽃덮이조각은 6개다.

암술과 수술은 꽃덮이 밖으로 나온다.

꽃대에서
또 다른 꽃대가
잘 갈라진다.
꽃덮이는 길이가
4센티미터 정도다.
수술은 6개,
암술은 1개다.
암술
잎가에 가시가 있고
가시는 적갈색이다.
잎은 길이 25~30센티미터,
폭 4~7센티미터 정도다.
포기 지름이
40~60센티미터 정도다.
잎은 녹색 바탕에
흰색 얼룩무늬가 있다.
잎 밑이 넓어서
줄기를 감싼다.
높이가 30센티미터
정도 자란다.

573
백합과

알로에 움폴로지엔시스

[움폴로지엔시스]

Aloe umfoloziensis

—

높이 90센티미터, 포기 지름 22~30(~38)센티미터 정도 자란다. 잎은 길이 15센티미터, 폭 3센티미터 정도다. 잎 양면에 얼룩점이 있다. 술모양꽃차례의 길이는 20~40센티미터 정도다.

술모양꽃차례의 길이는 20~40센티미터 정도다.

잎 양면에 얼룩점斑點이 있다.

꽃덮이조각은 6개다.

암술과 수술은 꽃덮이 밖으로 나오지 않는다.

잎 뒷면에도 얼룩점이 있다.

꽃은
연한 붉은색으로 핀다.

꽃덮이의 길이는
25밀리미터 정도다.

수술은 6개,
암술은 1개다.

잎가에는
날카로운 가시가 있다.

잎은 길이 15센티미터,
폭 3센티미터 정도다.

포기 지름이
22~30(~38)센티미터 정도
자란다.

잎 표면은 녹색이고
적갈색으로 물들기도 한다.

꽃자루는
잎겨드랑이에 달린다.

약 90센티미터
높이로 자란다.

574
백합과

알로에 ‘크리스마스 캐롤’

***Aloe* ‘Christmas Carol’**

—

높이 최대 30센티미터, 포기지름 30센티미터 정도며 느리게 성장한다. 잎은 길이 9~15센티미터, 폭 2~4센티미터 정도다. 잎 표면에 붉은색의 사마귀같은 돌기가 있다. 잎 가장자리에 부드러운 돌기가 있다. 꽃은 연한 붉은색으로 핀다.

술모양꽃차례는 길이 30~50센티미터 정도다.

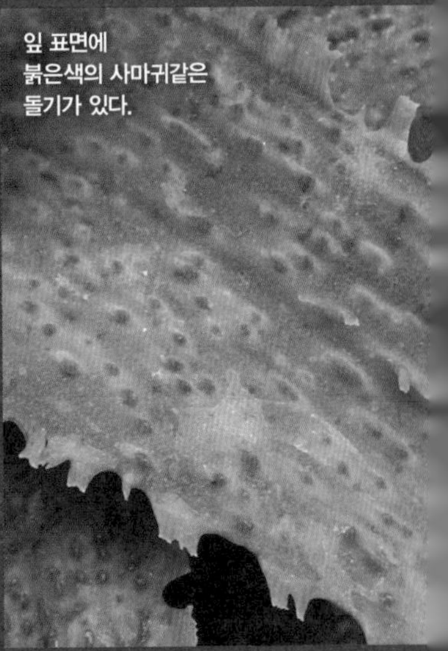

잎 표면에 붉은색의 사마귀같은 돌기가 있다.

꽃덮이조각은 6개다.

암술과 수술은 꽃덮이 밖으로 약간 나온다.

잎은 흑록색이며 쐐기꼴이다.

꽃은
연한 붉은색으로 핀다.

꽃덮이는 길이
20밀리미터 정도다.

수술은 6개,
암술은 1개다.

잎 가장자리에
부드러운 돌기가 있다.

잎은 길이 9~15센티미터,
폭 2~4센티미터 정도다.

포기 지름 30센티미터 정도며
느리게 성장한다.

잎 뒷면에도
붉은색의 사마귀같은
돌기가 있다.

꽃대는
잎겨드랑이에 달린다.

높이 최대
30센티미터 정도 자란다.

알로에 유쿤다

[유쿤다]

Aloe jucunda

—

높이 8~15센티미터 정도 자란다. 잎은 길이 4~5센티미터, 폭 2~4센티미터 정도다. 잎은 통통하고 약간 뒤로 휘어진다. 술모양꽃차례의 길이는 30센티미터 정도다.

술모양꽃차례의 길이는 30센티미터 정도다.

잎은 녹색 바탕에 흰색 얼룩점이 있다.

꽃덮이조각은 6개다.

암술과 꽃밥은 꽃덮이 밖으로 나온다.

포기는 모여서 무리 지어 자란다.

꽃은
연한 붉은색으로 핀다.

꽃덮이의 길이는
약 2~3센티미터다.

수술은 6개,
암술은 1개다.

잎은 통통하고
약간 뒤로 젖혀진다.

잎은 길이 4~5센티미터,
폭 2~4센티미터 정도다.

잎은 흰색 얼룩점이 있는
통통한 다육질이며 바소꼴이다.

잎가에는
길이 2밀리미터 정도의 가시가 있다.

땅에서
많은 줄기가 올라온다.

약 8~15센티미터
높이로 자란다.

무늬알로에

[천대전금千代田錦 · 바리에가타 알로에 · 호랑이 알로에 · 호회권虎繪卷]

Aloe variegata

[Tiger Aloe · Partidge Breast Aloe]

—

높이 15~30센티미터, 포기 지름 7~15센티미터 정도 자란다. 잎은 길이 15~20센티미터 정도고 잎은 V자형으로 접혀 있으며 잎에는 호랑얼룩무늬가 있다.

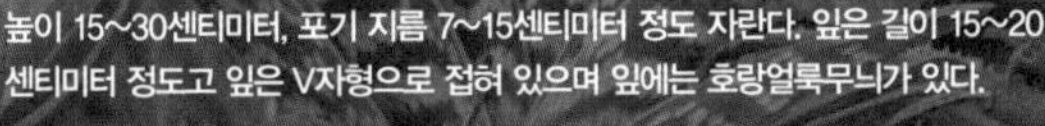

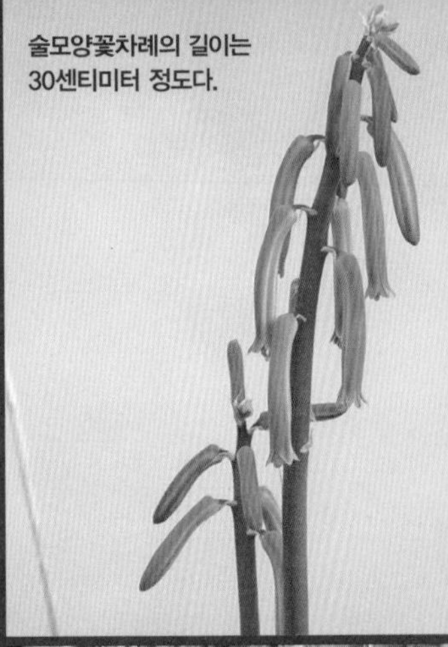
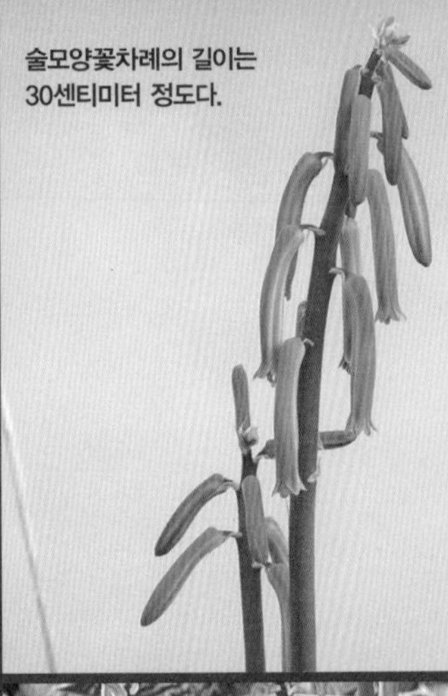

술모양꽃차례의 길이는 30센티미터 정도다.

잎에는 호랑얼룩무늬가 있다.

4월, 열매

꽃봉오리

잎가와 잎 뒷면 중앙선에 톱니 모양의 돌기가 있다

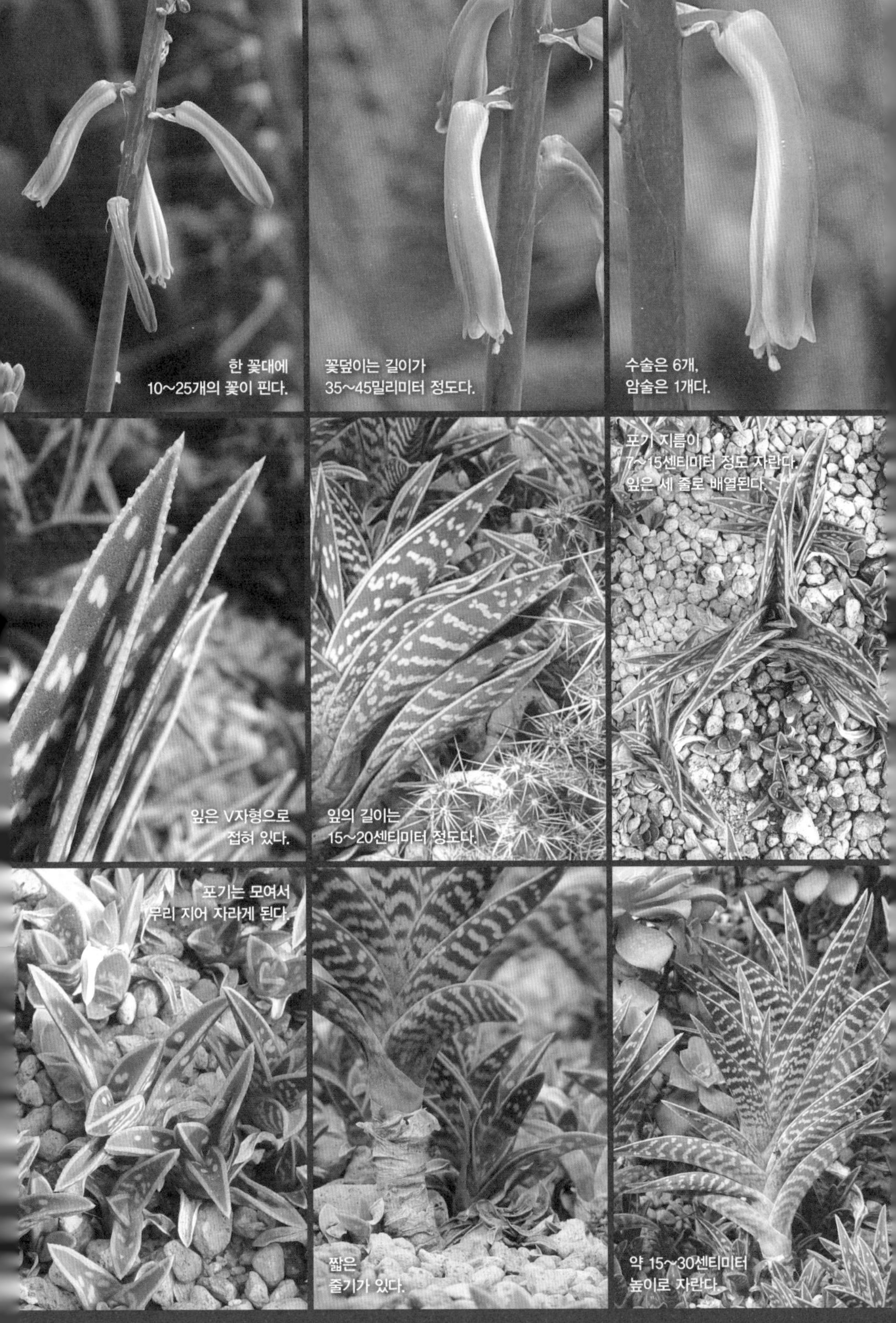
한 꽃대에
10~25개의 꽃이 핀다.
꽃덮이는 길이가
35~45밀리미터 정도다.
수술은 6개,
암술은 1개다.
잎은 V자형으로
접혀 있다.
잎의 길이는
15~20센티미터 정도다.
포기 지름이
7~15센티미터 정도 자란다.
잎은 세 줄로 배열된다.
포기는 모여서
무리 지어 자라게 된다.
짧은
줄기가 있다.
약 15~30센티미터
높이로 자란다.

577
백합과

알로에 스콜피오이데스

[스콜피오이데스]

Aloe scorpioides

—

높이 60~90센티미터, 포기 지름 50~60센티미터 정도 자란다. 잎은 길이 30센티미터, 폭 25~35밀리미터 정도다. 잎가에 날카로운 가시가 있으며, 가시의 길이는 2~3밀리미터 정도다. 술모양꽃차례는 길이가 1미터 정도다.

술모양꽃차례의 길이는 1미터 정도다.

잎 양면에는 가시 같은 흰색 돌기가 있다.

잎 뒷면 돌기

꽃덮이조각은 6개다.

잎 밑이 넓어서 줄기를 감싼다.

잎 표면에도 가끔 돌기가 있다.

돌기

꽃덮이는 길이 21~28밀리미터,
지름 7밀리미터 정도다.
수술은 6개,
암술은 1개다.
암술은
꽃덮이 밖으로
나온다.
암술
잎가에 날카로운
가시가 있다.
잎은 길이 30센티미터,
폭 25~35밀리미터 정도다.
포기 지름이
50~60센티미터
정도 자란다.
포기는 모여서
무리 지어 자란다.
줄기는 짧아서
거의 보이지 않는다.
약 60~90센티미터
높이로 자란다.

578
백합과

알로에

[촛대 알로에 · 용발금 · 알로에 아르보레스켄스 · 나무알로에]

Aloe arborescens

[Torch Aloe · Tree Aloe · Mountain Bush Aloe]

—

높이 1~3미터, 포기 지름 120센티미터 정도 자란다. 잎은 길이 50~60센티미터, 폭 5센티미터 정도다. 술모양꽃차례는 잎겨드랑이에 달리며 길이가 60센티미터 정도다.

술모양꽃차례의 길이는 60센티미터 정도다.

잎자루는 없고 잎의 아래쪽은 줄기를 감싼다.

꽃대는 갈라지지 않는다.

겨울에 선홍색 꽃이 핀다.

씨방과 암술대에 털이 없다.

작은꽃자루
꽃싸개
꽃덮이는 길이가
4~5센티미터 정도다.
수술은 6개,
암술은 1개다.
암술
잎 가장자리에
날카로운 가시가 있다.
가시
잎은 길이 50~60센티미터,
폭 5센티미터 정도다.
포기 지름이
120센티미터 정도 자란다.
꽃싸개
꽃대는
잎겨드랑이에 달린다.
약 1~3미터
높이로 자란다.

579
백합과

대태도금大太刀錦알로에

Aloe camperi

—

높이 45~60센티미터, 포기 지름 60~90센티미터 정도 자란다. 잎은 길이 30~40센티미터, 폭 6센티미터 정도다. 잎 양면에는 가시가 없지만, 잎가에는 뾰족한 가시가 있다.

꽃은 겨울에 상앗빛 분홍색으로 핀다.

잎가에는 뾰족한 가시가 있다.

암술은 꽃덮이 밖으로 나온다.

꽃덮이조각은 6개다.

잎 가장자리에 가시

술모양꽃차례

꽃덮이는 길이가
4센티미터 정도다.

수술은 6개,
암술은 1개다.

잎 양면에는
가시가 없다.

잎은 길이 30~40센티미터,
폭 6센티미터 정도다.

포기 지름이
60~90센티미터 정도 자란다.

꽃대에서
또 다른 꽃대가 잘 갈라진다.

잎 밑이 넓어서
줄기를 감싼다.

약 45~60센티미터
높이로 자란다.

580
백합과

몽전금夢殿錦알로에

[몽전금]

Aloe mudenensis

—

높이 90~120센티미터, 포기 지름 60~90센티미터 정도 자란다. 잎은 길이 17~35센티미터, 폭 5~9센티미터 정도다. 술모양꽃차례는 잎겨드랑이에 달리며, 길이가 1미터 정도다. 꽃덮이는 길이가 19~35밀리미터 정도다.

술모양꽃차례는 길이가 1미터 정도다.

잎가에 가시가 있다.

꽃은 밝은 오렌지 빛이거나 때로는 주황색으로 핀다.

작은꽃자루의 길이는 15~30밀리미터 정도다.

꽃대에서
또 다른 꽃대가 잘 갈라진다.
암술과 수술은
꽃덮이 밖으로 나온다.
꽃덮이는 길이가
19~35밀리미터 정도다.
수술은 6개,
암술은 1개다.
잎에는 불규칙한 연한
얼룩점이 있거나 없다.
잎은 길이 17~35센티미터,
폭 5~9센티미터 정도다.
포기 지름이
60~90센티미터
정도 자란다.
씨방은 길이 7~8밀리미터,
지름 2~3밀리미터다.
꽃밥은
길이
1~4밀리미터
암술
잎 밑이 넓어서
줄기를 감싼다.
약 90~120센티미터
높이로 자란다.

581
백합과

알로에 클라스센니

[클라스센니]

Aloe classenii

—

높이가 15~30센티미터 정도 자란다. 잎은 길이 24~35센티미터, 폭 5~7센티미터 정도다. 잎 양면에 가시가 없지만, 잎가에는 길이 5밀리미터 정도의 흰색 가시가 있다. 술모양꽃차례의 길이는 60센티미터 정도다.

술모양꽃차례의 길이는 60센티미터 정도다.

잎 양면에는 가시가 없다.

암술과 수술은 꽃덮이 밖으로 나온다.

꽃덮이조각은 6개다.

꽃은 아래를 향해 핀다.

꽃은
황적색으로
핀다.

꽃덮이의 길이는
4센티미터 정도다.

수술은 6개,
암술은 1개다.

잎 가장자리에
가시가 있다.

잎은 길이 24~35센티미터,
폭 5~7센티미터 정도다.

포기 지름이
60~70센티미터 정도다.

잎가에
흰색 가시가 있다.

잎 밑이 넓어서
줄기를 감싼다.

약 15~30센티미터
높이로 자란다.

582
백합과

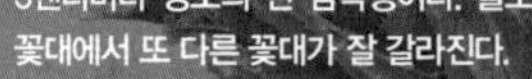

불야성不夜城알로에

[불야성]

Aloe nobilis

[Gold-Tooth Aloe]

—

높이 30센티미터, 포기 지름 30센티미터 정도 자란다. 잎은 길이 15센티미터, 폭 3센티미터 정도의 긴 삼각형이다. 술모양꽃차례의 길이는 65센티미터 정도며, 꽃대에서 또 다른 꽃대가 잘 갈라진다.

술모양꽃차례의 길이는 65센티미터 정도며, 꽃대에서 또 다른 꽃대가 잘 갈라진다.

잎 양면에는 흰색 얼룩점과 몇 개의 가시가 있는 잎도 있다.

꽃대에서 또 다른 꽃대가 잘 갈라진다.

꽃덮이조각은 6개다.

꽃은 아래를 향해 핀다.

꽃은
초여름에 핀다.

꽃덮이의 길이는
4센티미터 정도다.

수술은 6개,
암술은 1개다.

잎 가장자리에
가시가 있다.

잎은 길이 15센티미터,
폭 3센티미터 정도의 긴 삼각형이다.

포기 지름이
30센티미터 정도다.

포기는 모여서
무리 지어 자란다.

잎 밑이 넓어서
줄기를 감싼다.

줄기는 곧게 서며
높이가 30센티미터 정도 자란다.

583
백합과

용산龍山알로에

[용산 · 희용산姬龍山 · 신두용산神頭龍山]

Aloe brevifolia v. brevifolia

[Short Leaf Aloe]

—

높이 45센티미터 정도 자란다. 줄기는 길이가 30~60센티미터 정도다. 줄기는 땅에 누워서 옆으로 퍼진다. 잎은 길이 10센티미터, 폭 5~6센티미터 정도의 넓은 삼각형이다. 술모양꽃차례의 길이는 40센티미터 정도다.

술모양꽃차례의 길이는 40센티미터 정도다.

뒷면 가시

잎 양면에는 흰색 얼룩점과 몇 개의 가시가 있다.

꽃대에서 또 다른 꽃대가 갈라지지 않는다.

꽃덮이조각은 6개다.

술모양꽃차례

꽃은
초여름에 핀다.

꽃덮이는
길이가 4센티미터 정도다.

수술은 6개,
암술은 1개다.

잎가에 가시

잎은 길이 10센티미터,
폭 5~6센티미터 정도다.

잎의 길이가
다른 알로에 종류들보다 짧은
넓은 각형이다.

포기는 모여서
무리 지어 자란다.

드러누운 줄기

줄기의 길이는
30~60센티미터 정도며,
땅에 누워서 옆으로 퍼진다.

584
백합과

여왕금女王錦알로에

[여왕금 · 유리공작瑠璃孔雀]

Aloe parvula

—

높이 15센티미터, 포기 지름 22~40센티미터 정도 자란다. 잎은 회청록색이며 길이 20센티미터, 폭 3센티미터 정도다. 잎 양면에 뾰족한 흰색의 짧은 가시가 있다. 술모양꽃차례의 길이는 20~30센티미터다.

술모양꽃차례는 길이가 20~30센티미터 정도다.

잎 양면에는 뾰족한 흰색의 짧은 가시가 있다.

잎 뒷면 가시

꽃덮이조각은 6개다.

꽃덮이의 길이는 약 4센티미터다.

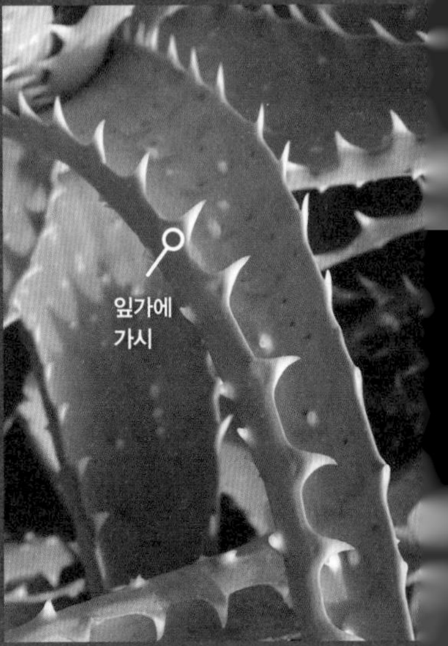

잎가에 가시

꽃은 산홋빛이 도는 황적색으로 핀다.

꽃덮이는 길이가 4센티미터 정도다.

수술은 6개, 암술은 1개다.

잎 표면에 가시

잎은 길이 20센티미터, 폭 3센티미터 정도다.

포기 지름이 22~40센티미터 정도 자란다.

잎가에 가시

잎 밑이 넓어서 줄기를 감싼다.

약 15센티미터 높이로 자란다.

585
백합과

제왕금帝王錦알로에

[제왕금 · 거미알로에]

Aloe humilis

[Spider Aloe]

—

높이 15센티미터, 포기 지름 20센티미터 정도 자란다. 잎은 길이 7~12센티미터, 폭 10~18밀리미터 정도다. 잎 양면에 3밀리미터 정도의 흰색 가시가 불규칙하게 많이 있다. 약간 안으로 굽어있는 잎은 한 포기에 20~30개가 모여 달린다.

술모양꽃차례의 길이는 20~35센티미터 정도다.

잎 양면에 길이 3밀리미터 정도의 흰색 가시가 불규칙하게 많이 있다.

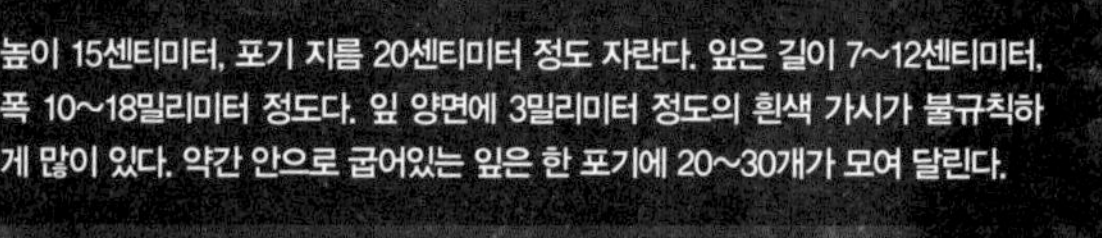

꽃덮이조각은 6개다.

7월, 어린 열매

잎 양면에 불규칙한 가시

꽃은 밝은 주황색으로
늦겨울에서 봄에 핀다.
꽃덮이의 길이는
4~5센티미터 정도다.
수술은 6개,
암술은 1개다.
암술
잎은 길이 7~12센티미터,
폭 10~18밀리미터 정도다.
잎은 안쪽으로
약간 오므리는 경향이 있다.
포기 지름이
20센티미터
정도 자란다.
잎에
날카로운 가시
포기는 모여서
무리 지어 자란다.
약 15센티미터
높이로 자란다.

586
백합과

만파万波

Gasteria marmorata

—

높이 15~20센티미터, 포기 지름 15~22센티미터 정도 자란다. 잎은 길이 6~10센티미터, 폭 2.5센티미터 정도다. 잎은 다육질이며 두 줄로 배열된다. 술모양꽃차례의 길이는 15센티미터 정도다. 꽃은 초록색 줄무늬가 있는 연어살 빛 핑크색으로 핀다.

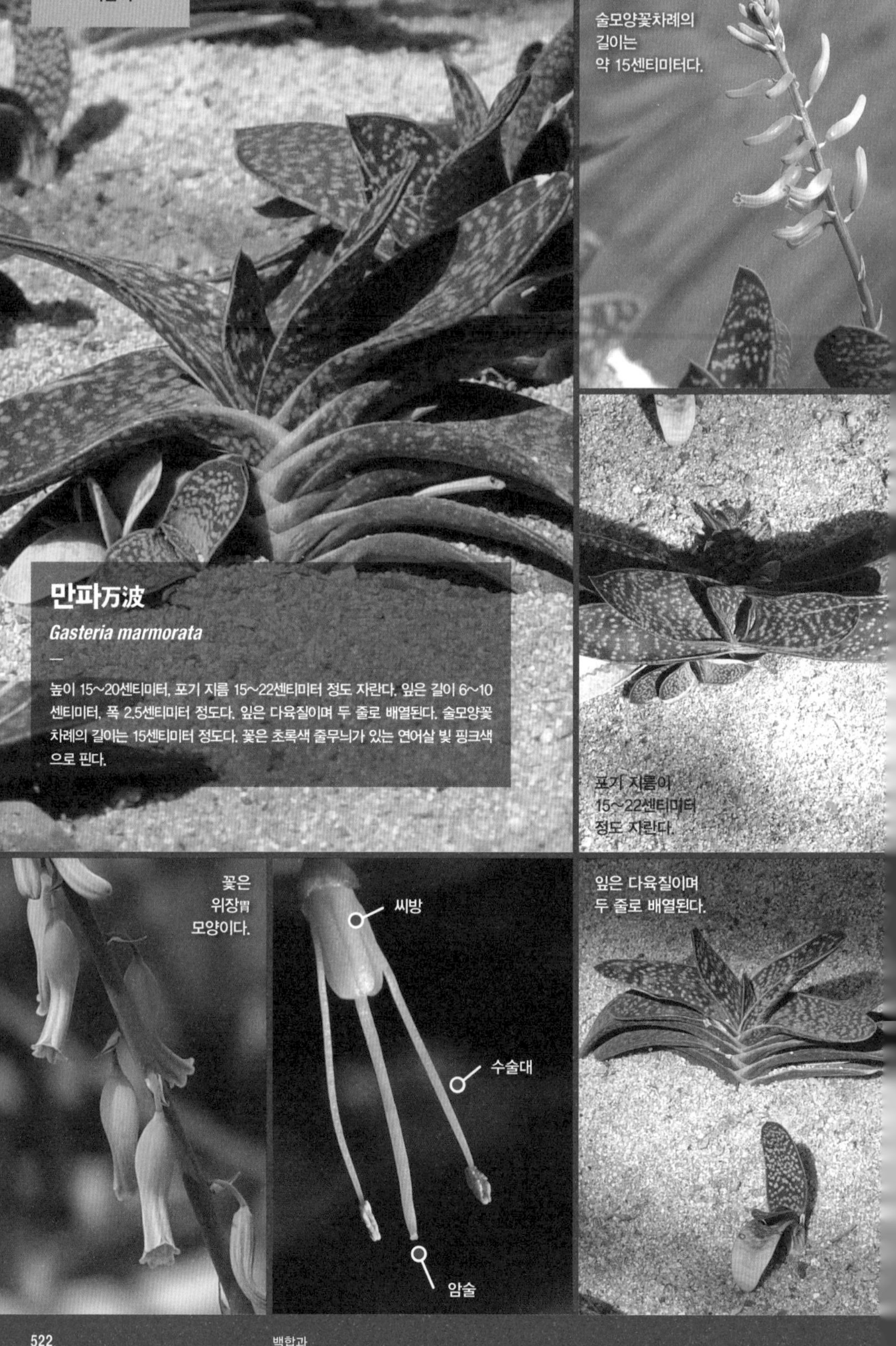

술모양꽃차례의 길이는 약 15센티미터다.

포기 지름이 15~22센티미터 정도 자란다.

꽃은 위장胃 모양이다.

잎은 다육질이며 두 줄로 배열된다.

꽃덮이의 길이는
20~25밀리미터 정도다.

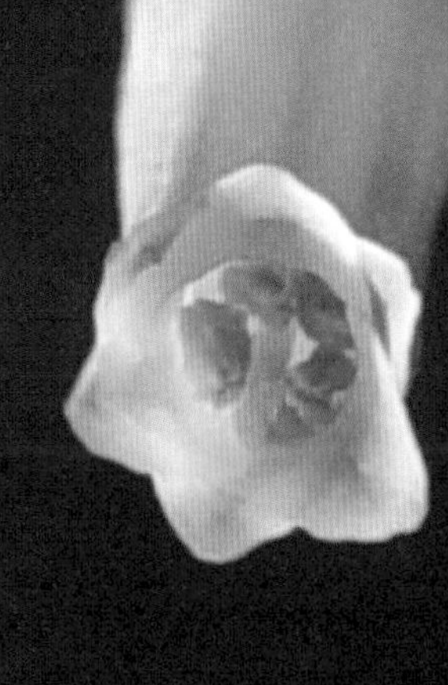
수술은 6개,
암술은 1개다.

잎은 다육질이며
두 줄로 배열된다.

잎은 암녹색 바탕에
연한 은회색의 점무늬가 있다.

잎은 두꺼우며,
잎끝은 갑자기 좁아져서
뾰족하다.

잎은 길이 6~10센티미터,
폭 25밀리미터 정도다.

포기는 모여서
무리 지어 자라게 된다.

잎에는
가시가 없다.

줄기는 없으며
높이가 15~20센티미터
정도 자란다.

587
백합과

백광룡白光龍

Gasteria pulchra

—

높이가 15~20센티미터 정도 자란다. 잎은 길이 20센티미터, 폭 5~10밀리미터 정도로 가늘고 길다. 잎은 딱딱하고 곧은 줄꼴이다. 잎은 흑녹색 바탕에 밝은 회백색의 얼룩점이 있다.

술모양꽃차례의 높이는 150센티미터 정도로 높게 올라간다.

잎은 흑녹색 바탕에 밝은 회백색 얼룩점이 있다.

꽃은 위장 모양이다.

꽃싸개에는 흑녹색 줄무늬가 있다.

잎 가장자리에 톱니 같은 흰색 돌기가 있다.

꽃덮이의 길이는
15밀리미터 정도로
작은 편이다.

꽃은 초록색 줄무늬가 있는
연어살 빛 핑크색으로 핀다.

수술은 6개,
암술은 1개다.

잎끝은
점점 뾰족해진다.

잎은 길이 20센티미터,
폭 5~10밀리미터 정도로
가늘고 길다.

잎은 딱딱하고
곧은 줄꼴이며 육질이다.

포기는 모여서
무리 지어 자라게 된다.

곧게 서는
술모양꽃차례

약 15~20센티미터
높이로 자란다.

상아자보象牙子寶

[가스테리아 조우게 코다카라]

Gasteria Zouge kodakara

—

높이 20~25센티미터, 포기 지름 20~30센티미터 정도 자란다. 잎에는 흰색 점무늬와 진한 녹색 줄무늬가 있다. 잎은 딱딱하고 잎끝은 둥글지만 뾰족끝이다.

꽃은 늦봄에 피며,
술모양꽃차례를 이룬다.

잎에는
진한 녹색 줄무늬가 있다.

꽃대는
비스듬히 위로 선다.

꽃은
위장 모양이다.

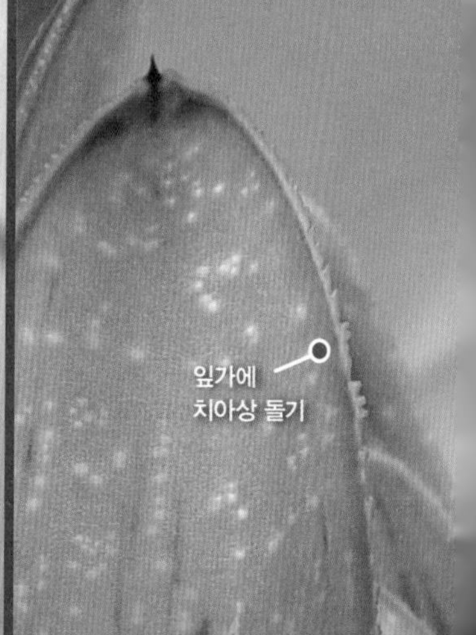

꽃은
아래로 매달린다.

꽃덮이의 길이는
2센티미터 정도다.

수술은 6개,
암술은 1개다.

잎에는 돌기 같은
흰색 점무늬가 있다.

잎은 길이 20~25센티미터,
폭 25밀리미터 정도다.

포기 지름이
20~30센티미터 정도 자란다.

잎은 강한 햇살에서
상앗빛으로 물든다.

포기가 모여서
무리 지어 자라게 된다.

약 20~25센티미터
높이로 자란다.

589
백합과

공작선孔雀扇

[가스테리아 아키나키폴리아 · 아치나치폴리아]

Gasteria acinacifolia

—

높이 60~90센티미터 정도 자란다. 잎은 딱딱하고 잎끝은 둥글지만 뾰족끝이다. 잎 길이 30~60센티미터, 폭 4.5~10센티미터 정도다. 술모양꽃차례는 잎겨드랑이에 달리며 길이가 1미터 정도다.

술모양꽃차례는 잎겨드랑이에 달리며 길이가 1미터 정도다.

잎은 딱딱하며 잎끝은 둥글지만 뾰족끝이다.

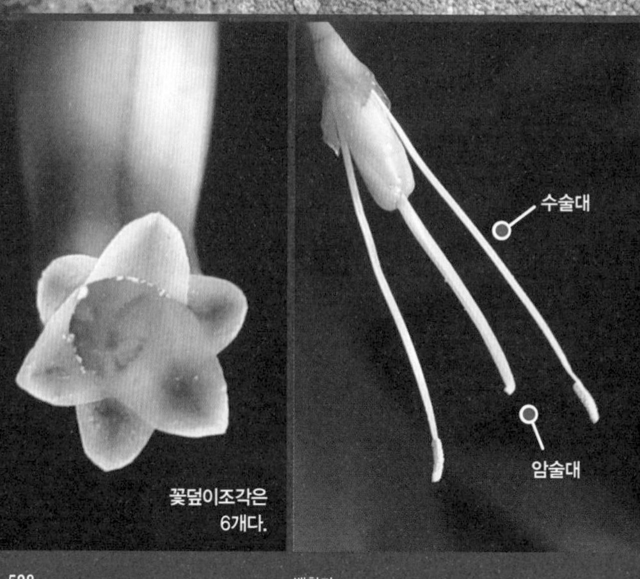

꽃덮이조각은 6개다.

잎의 횡단면은 부등변 삼각형이다.

꽃덮이는 길이가
약 35~43밀리미터다.

수술은 6개,
암술은 1개다.

꽃은
위장 모양이다.

잎은 길이 30~60센티미터,
폭 4.5~10센티미터 정도다.

포기 지름이
60~120센티미터 정도 자란다.

포기는 모여서
무리 지어 자라게 된다.

약 60~90센티미터
높이로 자란다.

590
백합과

가스테리아 에르네스티-루스키

[에르네스티-루스키]

Gasteria ernesti-ruschi

—

높이 30~45센티미터, 포기 지름 40~50센티미터 정도 자란다. 잎은 길이 20~25센티미터, 폭 3~4센티미터 정도며 2줄로 배열된다. 잎의 횡단면은 부등변 삼각형이며, 잎에는 흰색 얼룩점이 있다. 꽃대는 올라가면서 또 다른 꽃대가 잘 갈라진다.

꽃대는 올라가면서 또 다른 꽃대가 잘 갈라진다.

잎은 두 줄로 배열된다.

꽃덮이조각은 6개다.

꽃은 위장 모양이다.

잎의 횡단면은 부등변 삼각형이다.

꽃덮이의 길이는
25밀리미터 정도다.

수술은 6개,
암술은 1개다.

꽃은 늦봄부터
여름에 분홍색으로 핀다.

잎에는
흰색 얼룩점이 있다.

잎은 길이 20~25센티미터
폭 3~4센티미터 정도다.

포기 지름이
40~50센티미터 정도 자란다.

잎끝은
뾰족끝이다.

줄기는
거의 없다.

약 30~45센티미터
높이로 자란다.

591
백합과

우설전牛舌殿

[앵매전鶯梅殿 · 거상巨象]

Gasteria pillansii var. pillansii

—

높이 15센티미터, 포기 지름 22~40센티미터 정도 자란다. 잎은 길이 12~20센티미터 정도며, 돌기 같은 얼룩점이 불규칙하게 있다. 술모양꽃차례의 길이는 60~120센티미터 정도고, 한 꽃대에 12~40개의 꽃이 달린다.

술모양꽃차례의 길이 60~120센티미터 정도다.

잎에는 돌기 같은 얼룩점이 불규칙하게 있다.

5월, 열매 모습

열매

잎의 횡단면은 부등변 삼각형이다.

꽃덮이의 길이는
25~45밀리미터 정도다.

꽃은
위처럼 생겼다.

수술은 6개,
암술은 1개다.

잎이 딱딱하며,
잎끝은 둥글지만 뾰족끝이다.

잎은 길이
12~20센티미터 정도다.

포기 지름
22~40센티미터 정도 자란다.

포기는 모여서
무리 지어 자라게 된다.

줄기는 없고
높이가 15센티미터 정도 자란다.

자보子寶

[가스테리아 그라킬리스 미니마]

Gasteria gracilis var. minima

—

높이 10센티미터, 포기 지름 7~10센티미터 정도 자란다. 잎은 짙은 녹색 바탕에 흰 얼룩점이 있다. 잎은 딱딱하며 잎가에 톱니가 없다. 꽃은 위장 모양이며 아래로 드리워진다.

꽃은 봄에 술모양꽃차례를 이룬다.

잎은 두 줄로 배열된다.

꽃덮이조각은 6개다.

강한 햇볕에 잎은 흑적색으로 변한다.

잎은 혀 모양이다.

꽃덮이의 길이는
2센티미터 정도다.

수술은 6개,
암술은 1개다.

꽃은 아래로
드리워진다.

돌기 같은
흰 얼룩점이 있다.

잎은 길이 3~5센티미터,
폭 10~25밀리미터 정도다.

포기 지름 7~10센티미터
정도 자란다.

잎은 딱딱하며,
잎끝은 둥글지만 뾰족끝이다.

포기는 모여서
무리 지어 자라게 된다.

줄기가 없으며
높이 10센티미터 정도 자란다.

593
백합과

백성룡白星龍

[백청룡白青龍 · 사어장沙魚掌]

Gasteria carinata var. verrucosa

—

높이 10~15센티미터, 포기 지름 30~38센티미터 정도 자란다. 잎에는 흰색의 얼룩점 같은 돌기가 불규칙하게 있다. 잎의 절단면은 부등변 삼각형이다. 술모양꽃차례의 길이는 약 1미터다.

술모양꽃차례의 길이는 약 1미터다.

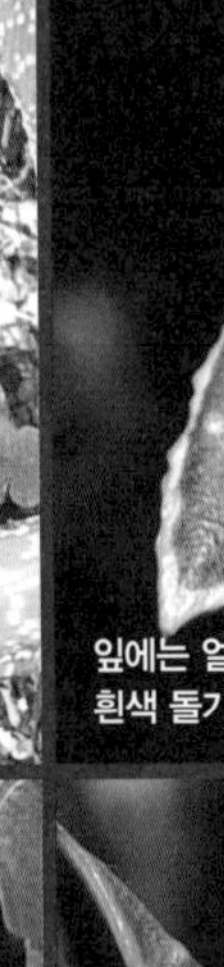
잎에는 얼룩점 같은 흰색 돌기가 불규칙하게 있다.

5월의 열매

씨앗은 검은색이며, 길이가 약 4밀리미터다.

잎에 얼룩점 같은 흰색 돌기

꽃덮이의 길이는
25~30밀리미터 정도다.
꽃은 초록색 줄무늬가 있는
연어살 같은 분홍색으로 핀다.
수술은 6개,
암술은 1개다.
잎은 딱딱하며
잎끝은 뾰족하다.
잎의 길이는
10~15센티미터 정도다.
포기 지름이
30~38센티미터 정도 자란다.
씨방
수술대
암술대
줄기가
거의 없다.
높이가 10~15센티미터
정도 자란다.

소귀희小龜姬

Gasteria bicolor var. liliputana

[Gasteria liliputana]

—

높이 15센티미터, 포기 지름 50센티미터 정도 자란다. 잎은 길이 7~25센티미터 폭 25밀리미터다. 잎은 진한 녹색 바탕에 유백색 얼룩점이 불규칙하게 있다. 술모양꽃차례의 길이는 150센티미터 정도로 길다.

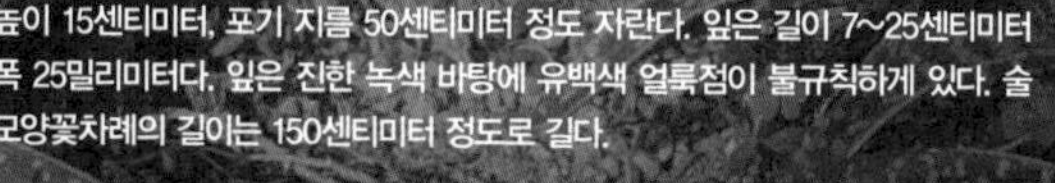

술모양꽃차례의 길이는 150센티미터 정도로 길다.

잎에는 유백색 얼룩점이 불규칙하게 있다.

꽃은 아래로 매달린다.

어린잎은 두 줄로 배열되지만, 점차 나사 모양으로 배열이 변하게 된다.

돌기가 아닌 얼룩점

백성룡*G. carinata var. verrucosa*과 달리 돌기가 아닌 얼룩점이 있다.

꽃덮이의 길이는
약 2센티미터다.

Gasteria는
그리스어의 Gaste [위]라는 뜻이다.

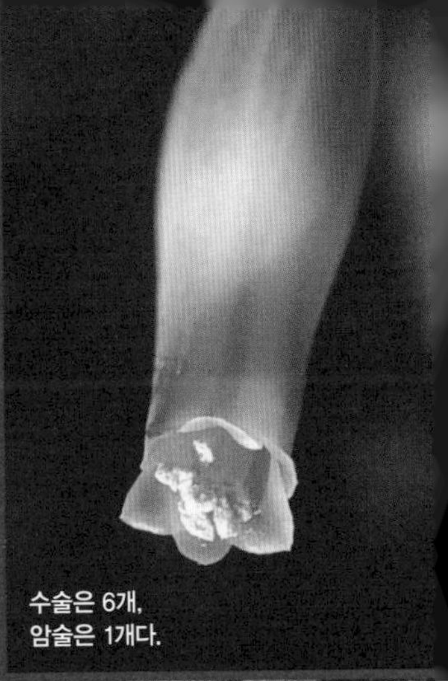

수술은 6개,
암술은 1개다.

잎은 3개의
모서리가 있고,
끝은 날카롭게
뾰족하다.

잎은 길이 7~25센티미터,
폭 25밀리미터 정도다.

포기 지름이
50센티미터 정도 자란다.

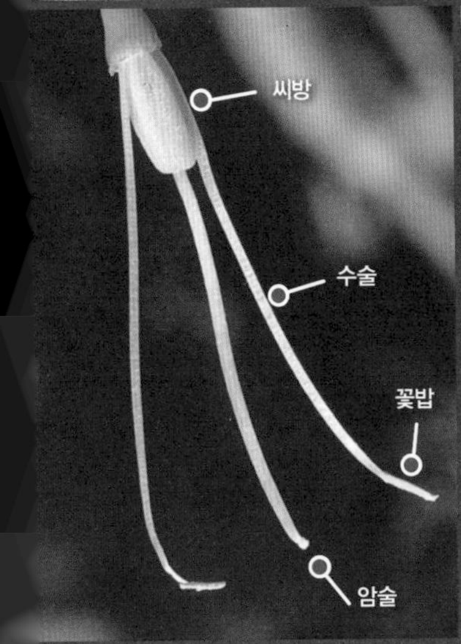

씨방

수술

꽃밥

암술

포기는 모여서
무리 지어 자라게 된다.

약 15센티미터
높이로 자란다.

595
백합과

가스테리아 글로메라타

[글로메라타]

Gasteria glomerata

[Ox Tongue]

—

줄기가 없으며 높이가 1.5~4센티미터 정도 자란다. 잎은 두터운 소 혓바닥 모양이며, 뻣뻣하고 표면이 거칠다. 잎은 길이 15~25(~50)밀리미터, 폭 15~20(~25)밀리미터 정도다. 술모양꽃차례의 길이는 12~20센티미터 정도다.

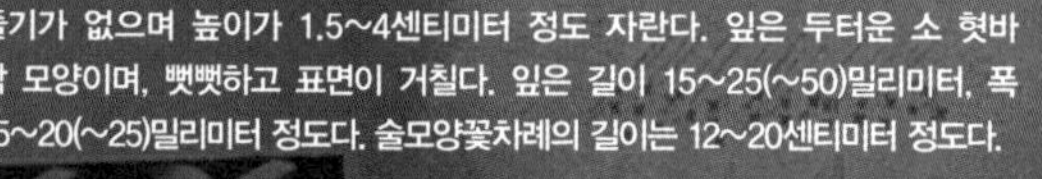

술모양꽃차례의 길이는 약 12~20센티미터다.

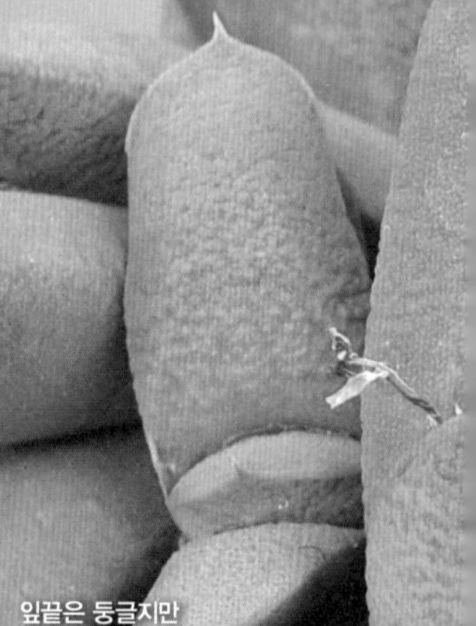

잎끝은 둥글지만 뾰족끝이다.

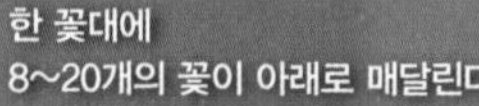

한 꽃대에 8~20개의 꽃이 아래로 매달린다.

꽃은 위장 모양이며 아래로 드리워진다.

잎은 회록색 또는 연한 청록색이다.

꽃덮이의 길이는
15밀리미터 정도로 작은 편이다.
꽃덮이조각은
6개다.
수술은 6개,
암술은 1개다.
잎은 뻣뻣하고
표면이 거칠다.
잎은 길이 15~25(~50)밀리미터,
폭 15~20(~25)밀리미터 정도다.
잎은 두터운
소 혓바닥 모양이다.
꽃대는
잎겨드랑이에 달린다.
포기는 모여서
무리 지어 자라게 된다.
줄기가 없으며
높이가 1.5~4센티미터
정도 자란다.

596
백합과

와우臥牛

[가스테리아 니티다 아름스트롱기]

Gasteria nitida var. armstrongii

—

높이 15센티미터 이하, 포기 지름 10~12센티미터 정도 자란다. 잎은 길이 5~6센티미터, 폭 35밀리미터 정도다. 잎은 암녹색이며 거의 검은색으로 보인다. 술모양꽃차례의 길이는 50센티미터 정도다.

술모양꽃차례의 길이는
약 50센티미터다.

잎은
두터운 다육질이다.

꽃은 위장 모양이며
아래로 매달린다.

꽃덮이조각은
6개다.

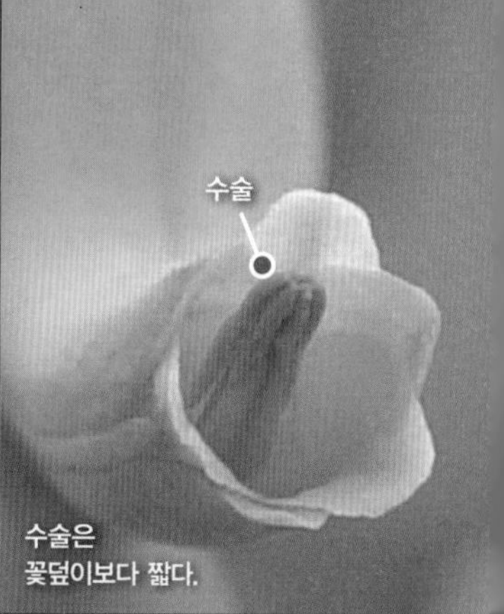

수술은
꽃덮이보다 짧다.

꽃은 여름에
붉은색으로 핀다.

꽃덮이의 길이는
2센티미터 정도다.

수술은 6개,
암술은 1개다.

잎끝은 둥글지만
뾰족끝이다.

잎은 길이 5~6센티미터,
폭 35밀리미터 정도다.

포기 지름이
10~12센티미터 정도 자란다.

꽃대는
잎겨드랑이에 달린다.

포기는 모여서
무리 지어
자라게 된다.

높이가
15센티미터 이하로 자란다.

가스테알로에 베딩하우시

[베딘하우시]

Gasteraloe bedinghausii

—

높이 20~30센티미터, 포기 지름 30센티미터 정도 자란다. 잎은 길이 15~20센티미터, 폭 25밀리미터 정도다. 잎은 뒤로 젖혀지는 경향이 있다. 술모양꽃차례의 길이는 80~100센티미터 정도다. 꽃은 위장 모양이 아니며, 알로에를 닮았다. *Aloe aristata* 와 *Gasteria disticha* 의 교배종으로 본다.

술모양꽃차례의 길이는 80~100센티미터 정도다.

잎 가장자리에는 돌기 같은 흰색 톱니가 있다.

술모양꽃차례

잎 뒷면 얼룩점

꽃덮이에
녹색 줄무늬가 있다.

꽃덮이의 길이는
약 25밀리미터다.

수술은 6개,
암술은 1개다.

잎 양면에는
유백색 얼룩점이
불규칙하게 있다.

잎은 길이 15~20센티미터,
폭 25밀리미터 정도다.

포기 지름이 30센티미터
정도 자란다.

잎가에 돌기 같은
흰색 톱니가 있다.

짧은 줄기에서
곁가지가 갈라지기도 한다.

약 20~30센티미터
높이로 자란다.

598
백합과

가스테알로에 '엘 수프리모'

[엘 수프레모]

X *Gasteraloe* 'El Supremo'

—

높이 15~20센티미터, 포기 지름 30~38센티미터 정도 자란다. 잎은 길이 15~18센티미터, 폭 4~6센티미터 정도다. 소귀희*Gasteria liliputana*와 비슷하지만, 꽃은 위장 모양이 아니고 알로에를 닮았다.

술모양꽃차례의 길이는 40~50센티미터 정도다.

잎에 흰색 얼룩점이 불규칙하게 있다.

수술은 6개, 암술은 1개다.

꽃은 위장 모양이 아니고 알로에를 닮았다.

잎에 얼룩점은 돌기처럼 도드라지는 것이 아니다.

꽃덮이에
녹색 줄무늬가 있다.
꽃덮이의 길이는
25~30밀리미터 정도다.
수술은
꽃덮이보다 짧고
암술은
꽃덮이 밖으로 나온다.
수술
암술
잎에는 세 개의 모서리가 있으며,
잎끝은 가시처럼 뾰족하다.
잎은 길이 15~18센티미터,
폭 4~6센티미터 정도다.
포기 지름이
30~38센티미터 정도 자란다.
포기는 모여서
무리 지어 자라게 된다.
잎 표면은 움푹 들어가고
뒷면에 모서리가 뚜렷하다.
약 15~20센티미터
높이로 자란다.

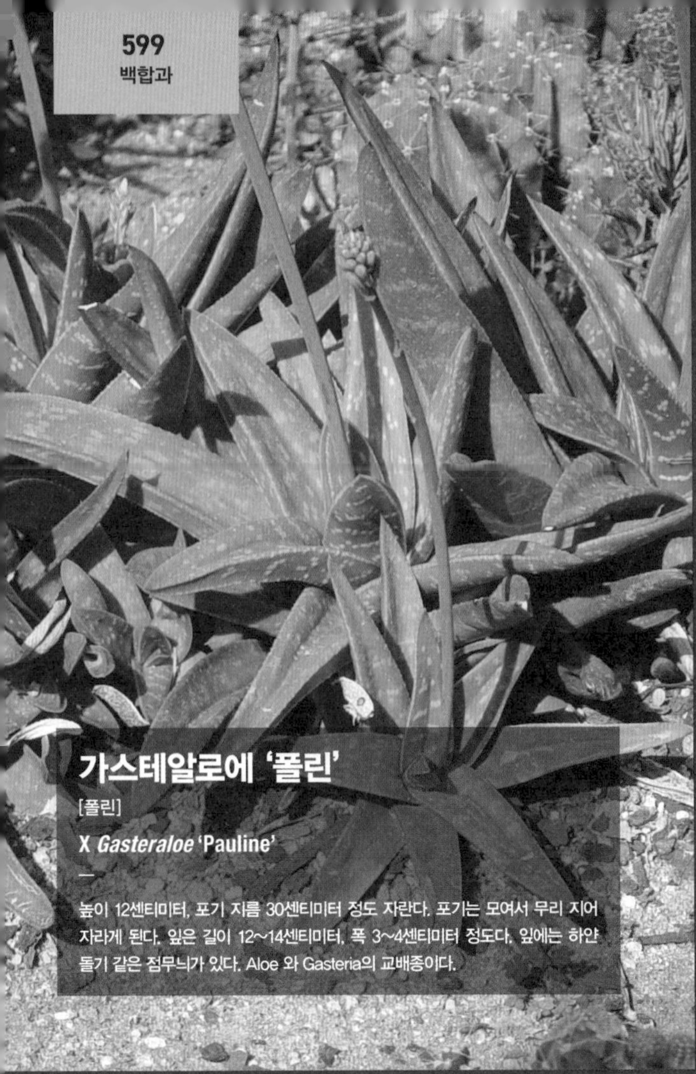

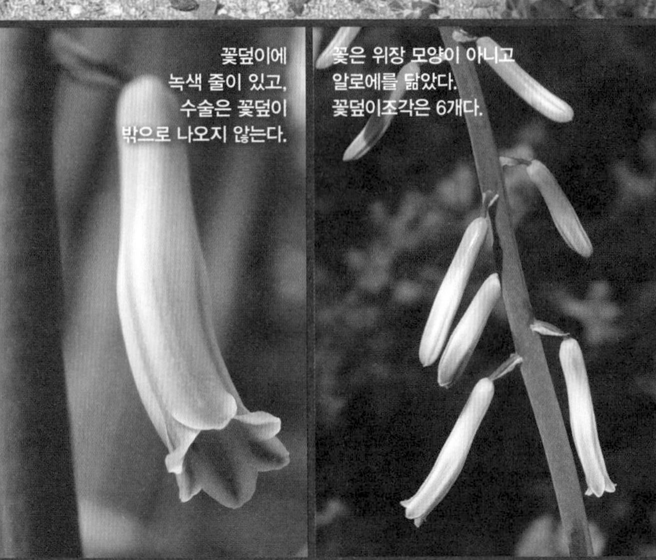

가스테알로에 '폴린'

[폴린]

X *Gasteraloe* 'Pauline'

—

높이 12센티미터, 포기 지름 30센티미터 정도 자란다. 포기는 모여서 무리 지어 자라게 된다. 잎은 길이 12~14센티미터, 폭 3~4센티미터 정도다. 잎에는 하얀 돌기 같은 점무늬가 있다. Aloe 와 Gasteria의 교배종이다.

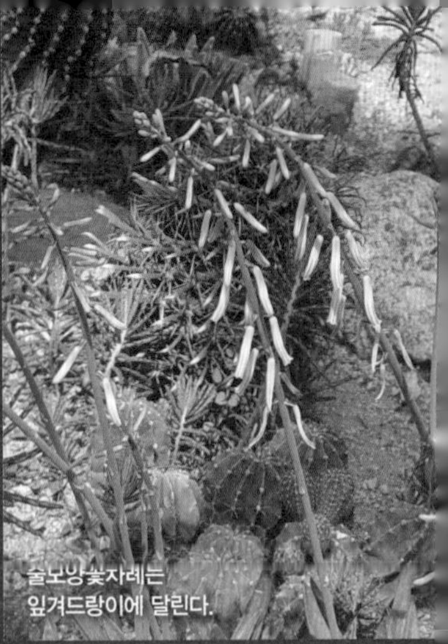

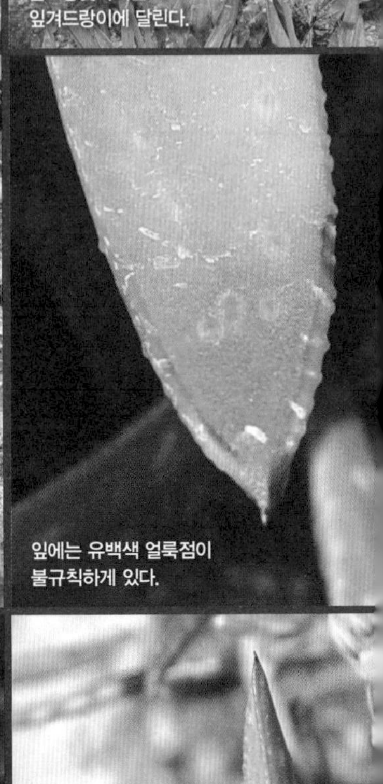

술모양꽃차례는 잎겨드랑이에 달린다.

잎에는 유백색 얼룩점이 불규칙하게 있다.

꽃덮이에 녹색 줄이 있고, 수술은 꽃덮이 밖으로 나오지 않는다.

꽃은 위장 모양이 아니고 알로에를 닮았다. 꽃덮이조각은 6개다.

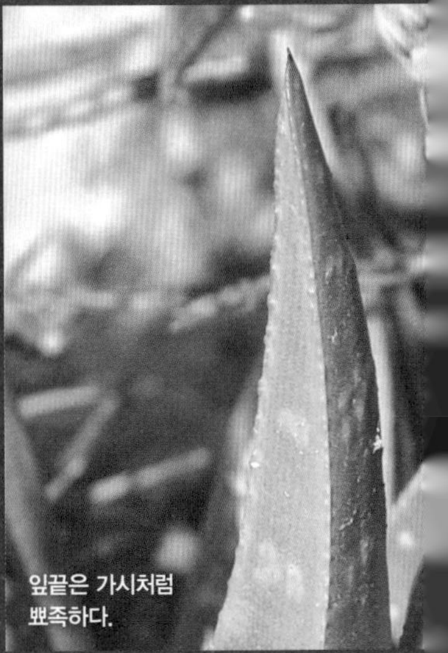

잎끝은 가시처럼 뾰족하다.

꽃자루는
길이 60센티미터 정도다.
꽃덮이의 길이는
35~40밀리미터,
지름 6밀리미터 정도다.
수술은 6개,
암술은 1개다.
모서리에
돌기
잎에는
세 개의 모서리가 있다.
잎은 길이 12~14센티미터,
폭 3~4센티미터 정도다.
포기 지름이 30센티미터
정도 자란다.
붉은색으로
변한 잎
포기는 모여서
무리 지어 자라게 된다.
약 12센티미터 높이로 자라며
줄기가 없다.

600

백합과

가스테하워르티아 '로열 하이니스'

[로얄 하이니스]

X *Gasterhaworthia* 'Royal Highness'

—

높이 15센티미터. 포기 지름 7~15센티미터 정도 자란다. 잎은 길이 7센티미터, 폭 3센티미터 정도다. 잎은 위로 치솟는 듯한 경향이 있으며 잎 양면에는 흰색 돌기가 있다. Gasteria + Haworthia 의 교배종이다.

꽃이 아래로 매달리지 않아서 Gasteria 와 구별한다.

잎 양면에는 흰색 돌기가 있다.

수술은 6개, 암술은 1개다.

꽃은 위장 모양이 아니고 알로에를 닮았다. 꽃덮이조각은 6개다.

꽃덮이의 길이는
15밀리미터 정도고
여름에 핀다.
꽃덮이에
녹갈색 줄무늬가 있다.
암술과 수술은
꽃덮이 밖으로
나오지 않는다.
잎은 비스듬히
위로 치솟는 듯한 경향이 있다.
잎은 길이 7센티미터,
폭 3센티미터 정도다.
포기 지름이
7~15센티미터 정도 자란다.
잎 표면은 오목하고
뒷면은 볼록하다.
잎끝은
뾰족끝이다.
높이가 15센티미터
이하로 자란다.

601
백합과

정고靜鼓

Haworthia 'Seiko'

—

높이 5~8센티미터 정도 자란다. 잎은 길이 40밀리미터, 폭 25~30밀리미터, 두께 10밀리미터 정도다. 잎끝은 칼로 비스듬히 자른 듯하고 잎에는 작은 돌기가 많이 있다. 옥선*H. truncata* X 수壽*H. retusa*의 교배종으로 본다.

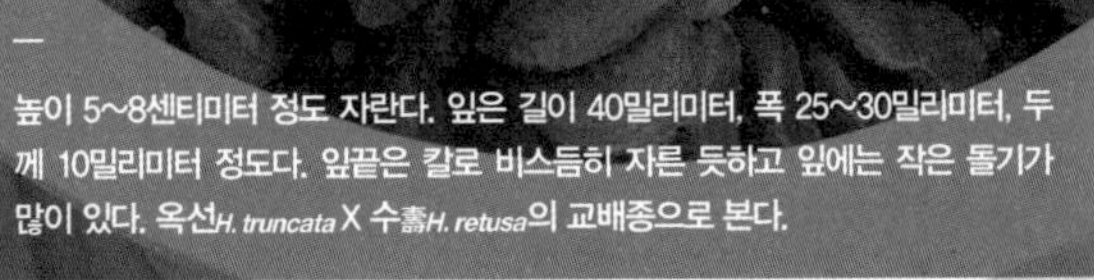

꽃대는 잎겨드랑이에 날리며 초봄에 꽃이 핀다.

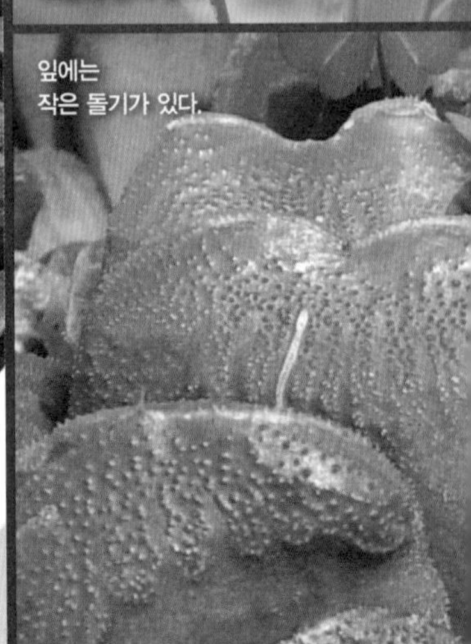

잎에는 작은 돌기가 있다.

꽃덮이조각은 약간 젖혀진다.

꽃덮이에 녹갈색 줄무늬가 있다.

잎은 진한 녹색이며 잎끝은 밝은 녹색이다.

꽃은
흰색으로 핀다.

꽃덮이의 길이는
15밀리미터 정도다.

꽃덮이조각은
6개다.

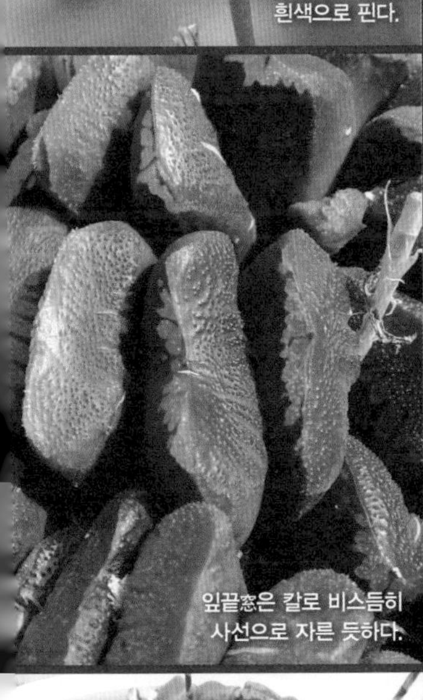
잎끝窓은 칼로 비스듬히
사선으로 자른 듯하다.

잎 두께가
10밀리미터 정도다.

잎은 길이 40밀리미터,
폭 25~30밀리미터 정도다.

포기는 모여서
무리 지어 자라게 된다.

꽃대가
길게 올라온다.

약 5~8센티미터
높이로 자란다.

602
백합과

그린옥선

[녹옥선綠玉扇]

***Haworthia truncata* 'Lime Green'**

—

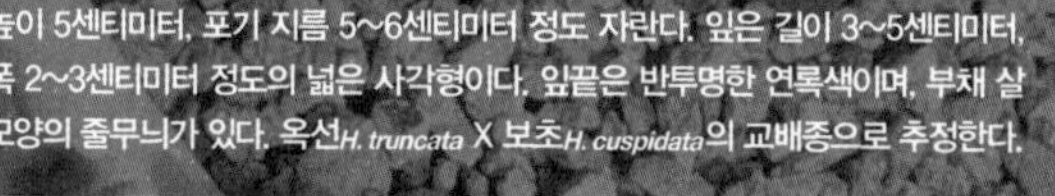

높이 5센티미터, 포기 지름 5~6센티미터 정도 자란다. 잎은 길이 3~5센티미터, 폭 2~3센티미터 정도의 넓은 사각형이다. 잎끝은 반투명한 연록색이며, 부채 살 모양의 줄무늬가 있다. 옥선*H. truncata* X 보초*H. cuspidata*의 교배종으로 추정한다.

꽃차례의 길이는 30센티미터 정도다.

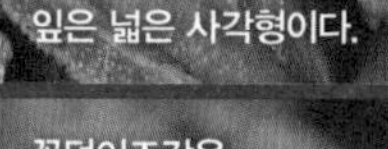

잎은 넓은 사각형이다.

술모양꽃차례

꽃덮이에 녹갈색 줄무늬가 있다.

꽃덮이조각은 약간 젖혀진다.

꽃은 봄부터
초여름까지
흰색으로 핀다.

꽃덮이의 길이
15밀리미터 정도다.

꽃덮이조각은
6개다.

잎끝은 부채살 모양의
줄무늬가 있다.

잎은 길이 3~5센티미터,
폭 2~3센티미터 정도다.

포기 지름이
5~6센티미터
정도 자란다.

강한 햇볕에
잎은 흑적색으로 변한다.

잎끝은
반투명한
연록색이다.

높이가 5센티미터
정도 자란다.

603
백합과

옥선玉扇

[하워르티아 트룬카타 · 하워르티아 트룽카타]

Haworthia truncata

—

높이가 10센티미터 이하로 자란다. 줄기가 없으며, 잎은 딱딱하고 두터우며 성장이 느리다. 잎은 두 줄로 배열되어 부채꼴이 된다. 잎끝은 칼로 자른 듯하며, 가운데가 잘록하다. 잎끝에는 불규칙한 흰색 줄무늬가 있다.

꽃차례의 길이는
20~25센티미터 정도다.

잎은
딱딱하다.

꽃덮이에
녹갈색 줄무늬가 있다.

꽃덮이조각은
약간 젖혀진다.

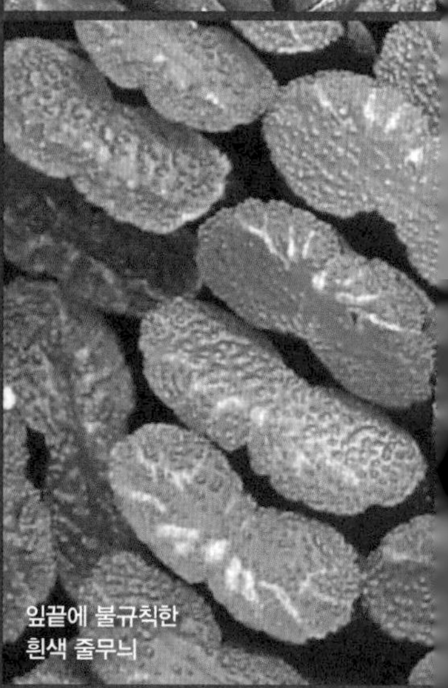

잎끝에 불규칙한
흰색 줄무늬

꽃은 늦봄에서
여름에 흰색으로 핀다.

꽃덮이의 길이는
15밀리미터 정도다.

꽃덮이조각은
6개다.

잎끝은 우둘투둘하고,
불규칙한 흰색 줄무늬가 있다.

잎끝은 길이 15밀리미터 정도며
가운데가 잘록하다.

잎은 두 줄로 배열되어
부채꼴이 된다.

포기는 모여서
무리 지어
자라게 된다.

잎끝은 칼로 자른 듯
반듯하며 가운데가 잘록하다.

높이가 10센티미터
이하로 자란다.

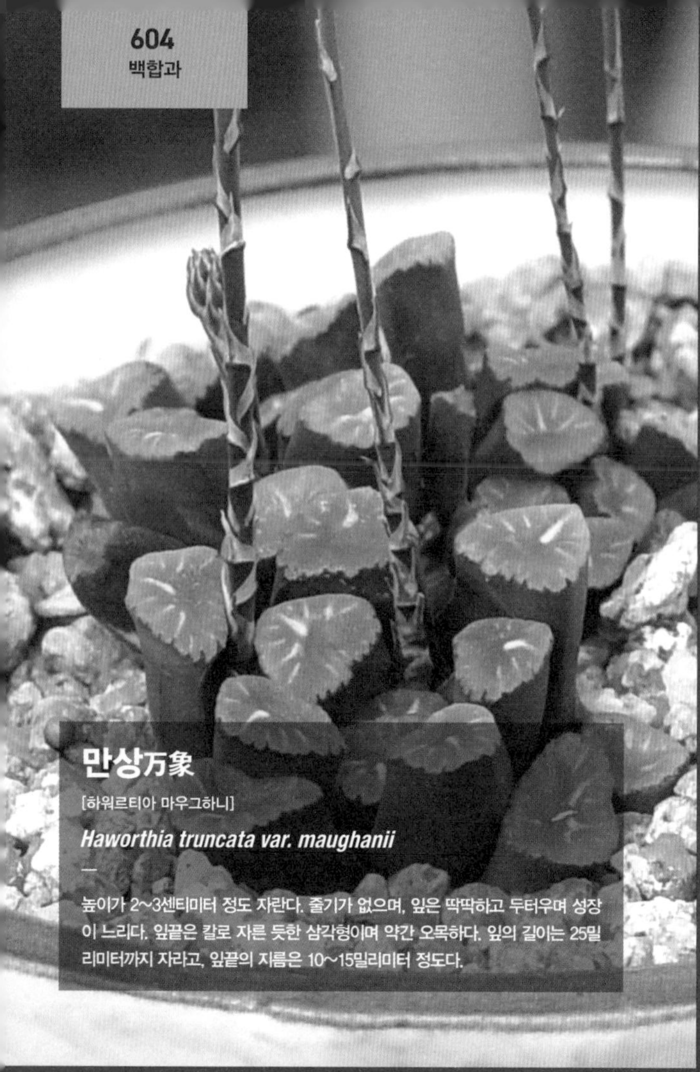

만상万象

[하워르티아 마우그하니]

Haworthia truncata var. maughanii

—

높이가 2~3센티미터 정도 자란다. 줄기가 없으며, 잎은 딱딱하고 두터우며 성장이 느리다. 잎끝은 칼로 자른 듯한 삼각형이며 약간 오목하다. 잎의 길이는 25밀리미터까지 자라고, 잎끝의 지름은 10~15밀리미터 정도다.

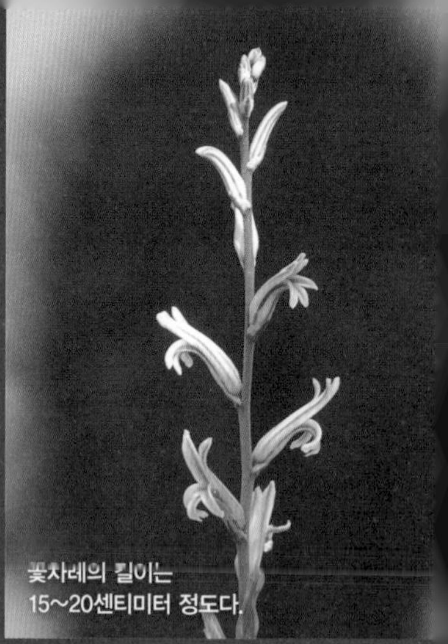

꽃차례의 길이는 15~20센티미터 정도다.

잎끝에는 불규칙한 흰색 줄무늬가 있다.

꽃덮이에 녹갈색 줄무늬가 있다.

꽃덮이조각은 약간 젖혀진다.

잎끝은 약간 오목하게 들어간다.

꽃은 초가을에
흰색으로 핀다.
꽃덮이의 길이는
약 18밀리미터다.
꽃덮이조각은
6개다.
잎끝은 지름
10~15밀리미터 정도다.
잎의 길이는
25밀리미터까지 자란다.
잎은
삼각기둥 모양이다.
포기는 모여서
무리 지어
자라게 된다.
잎끝은 칼로 자른 듯한
삼각형이며 약간 오목하다.
약 2~3센티미터
높이로 자란다.

605
백합과

보초寶草

[보염寶艶 · 팔중모단八重牡丹]

Haworthia cuspidata

[Star Window Plant]

—

높이 10센티미터 정도 자란다. 잎 길이 3~4센티미터, 폭 2~2.5센티미터 정도다. 잎끝에 짙은 흑녹색의 무늬가 있다. *H. retusa* 와 *H. cymbiformis* 의 잡종으로 본다.

꽃내는 잎겨드랑이에 달린다.

잎은 두껍고 반투명한 연한 회록색이다.

꽃덮이에 녹갈색 줄무늬가 있다.

꽃덮이조각은 약간 젖혀진다.

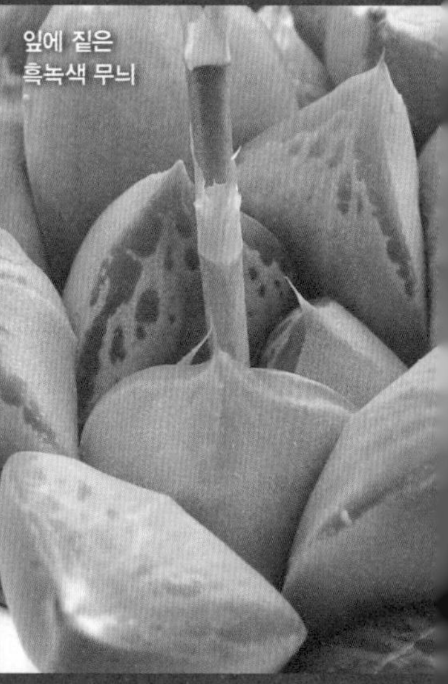

잎에 짙은 흑녹색 무늬

꽃은 초봄에
흰색으로 핀다.

꽃덮이의 길이는
약 10밀리미터다.

꽃덮이조각은
6개다.

잎 위쪽에 짙은
흑녹색의 무늬가 있다.

잎 길이 3~4센티미터,
폭 2~2.5센티미터 정도다.

잎의 횡단면은 삼각형이며
잎끝은 뾰족하다.

잎끝은
날카롭게 뾰족하다.

포기는 모여서
무리 지어
자라게 된다.

줄기는 없으며
높이가 10센티미터
정도 자란다.

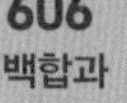
606
백합과

수정장금水晶掌錦

[보초금寶草錦]

Haworthia cymbiformis **'Variegata'**

—

높이 8센티미터 정도 자란다. 잎은 거의 투명한 연녹색이며, 잎에는 세로방향으로 흰색 줄무늬가 있다. 잎은 보통 길이 3~4센티미터, 폭 2센티미터 정도다.

꽃대는 잎겨드랑이에서 길이 20센티미터 정도 올라온다.

잎에는 세로방향으로 흰색 줄무늬가 있다.

꽃덮이에 녹갈색 줄무늬가 있다.

꽃덮이조각은 뒤로 젖혀진다.

흰색 줄무늬가 없는 잎

꽃은 봄에
흰색으로 핀다.

꽃덮이는 길이
1센티미터 정도다.

꽃덮이조각은
6개다.

잎은 투명한 연녹색이며
잎끝은 뾰족하다.

잎은 보통
길이 3~4센티미터,
폭 2센티미터 정도다.

잎은 끝이 뾰족한 달걀꼴이며,
불규칙한 흰색 줄무늬가 있다.

강한 햇볕 아래에서
붉은빛을 띠는 잎

줄기는 거의
바닥에 눕는다.

높이
8센티미터 정도 자란다.

607
백합과

초옥로草玉露

[하워티아 옵투사 · 우석雩石]

Haworthia cymbiformis var. obtusa

—

높이 5센티미터 정도 자란다. 잎은 투명한 연녹색이며, 진한 녹색 잎맥이 뚜렷하다. 잎은 길이 1~2센티미터, 폭 12밀리미터 정도다. 꽃덮이의 길이는 1센티미터 정도며 녹갈색 줄무늬가 있다.

꽃내는
잎겨드랑이에 달린다.

잎에는
진한 녹색 잎맥이 뚜렷하다.

꽃덮이에
녹갈색 줄무늬가 있다.

꽃덮이조각은
약간 젖혀진다.

잎은 가운데로
오므리는 듯한 모습이다.

꽃은 봄에
흰색으로 핀다.

꽃덮이는 길이
1센티미터 정도다.

꽃덮이조각은
6개다.

잎은 투명한 연녹색이며
잎끝은 뾰족하다.

잎은 길이 1~2센티미터,
폭 12밀리미터 정도다.

잎은 끝이 뾰족한
거꿀달걀꼴倒卵形이다.

잎은 강한 햇볕 아래에서
검붉은색으로 변한다.

포기는 모여서
무리 지어 자라게 된다.

약 5센티미터
높이로 자란다.

희옥로姬玉露

[우석雩石]

Haworthia cooperi var. truncata

—

높이 10센티미터 정도 자란다. 잎은 길이 35밀리미터, 폭 15밀리미터 정도다. 잎은 투명한 초록색이지만 물이 부족하거나 태양 광선이 강하면 잎은 불그스름하게 변한다.

꽃대는
잎겨드랑이에 달린다.

잎끝에는
줄무늬가 있다.

꽃덮이에
녹갈색 줄무늬가 있다.

꽃덮이조각은
약간 젖혀진다.

물이 부족하거나 태양 광선이 강하면
잎은 불그스름하게 변한다.

꽃덮이의 길이는
1센티미터 정도다.

꽃은 늦봄에
흰색으로 핀다.

꽃덮이조각은
6개다.

잎끝은
두툼하고 투명하다.

잎은 길이 35밀리미터,
폭 15밀리미터 정도다.

잎은 거꿀바소꼴이며,
잎끝이 삼각형으로 뾰족하다.

잎끝은 뭉뚝하지만
뾰족끝이다.

한 포기에 잎은
20~25개 정도 달린다.

높이가 10센티미터
이하로 자란다.

609
백합과

하워르티아 '초콜릿'

[초콜릿]

***Haworthia* 'Chocolate'**

—

높이 10센티미터, 포기 지름 7센티미터 정도 자란다. 잎은 길이 3~4센티미터, 폭 2센티미터 정도다. 잎의 색깔이 초콜릿색 또는 커피색인 특징이 있다. 잎은 곧게 서며, 잎끝은 옆으로 벌어진다.

꽃대는
잎겨드랑이에 달린다.

잎은 곧게 서며,
잎끝은 옆으로 벌어진다.

꽃덮이조각은
약간 젖혀진다.

꽃덮이에
녹갈색 줄무늬가 있다.

잎에는 진한 흑적색의
줄무늬가 희미하게 있다.

꽃은 봄에
흰색으로 핀다.
꽃덮이의 길이는
15밀리미터 정도다.
꽃덮이조각은
6개다.
잎이 초콜릿색 또는
커피색인 특징이 있다.
잎은 길이 3~4센티미터,
폭 2센티미터 정도다.
포기 지름이
약 7센티미터다.
잎가에
털 같은 돌기가 있다.
잎끝은
뾰족하다.
높이가 10센티미터
이하로 자란다.

흑수락黑壽樂

[검수劍壽]

Haworthia mirabilis* var. *mirabilis

—

줄기는 없고 높이가 10센티미터 이하로 자란다. 잎은 길이 3센티미터, 폭 1센티미터 정도다. 잎끝은 진한 녹색이며 3~5개의 연한 녹색 줄무늬가 있다.

꽃대는 잎겨드랑이에 달린다.

잎끝에 3~5개의 연한 녹색 줄무늬가 있다.

꽃덮이에 녹갈색 줄무늬가 있다.

잎끝[窓]은 삼각형이다.

잎가에 털 같은 돌기가 있다.

꽃은 초봄에
흰색으로 핀다.

꽃덮이의 길이는
15밀리미터 정도다.

꽃덮이조각은
6개다.

잎끝은 약간 볼록하며
옆으로 벌어진다.

잎은 길이 3센티미터,
폭 1센티미터 정도다.

잎은 위로 곧게 서지만,
잎끝은 비스듬히 위로 벌어진다.

잎끝에
연한 녹색 줄무늬가 있다.

포기는 모여서
무리 지어 자라게 된다.

줄기는 없고 높이가
10센티미터 이하로 자란다.

611
백합과

국회권菊繪卷

Haworthia marumiana var. batesiana

—

높이 10센티미터 정도 자란다. 잎은 길이 4센티미터, 폭 15밀리미터 정도다. 잎은 연한 초록색이며, 진한 초록색의 잎맥이 드러난다. 꽃덮이에는 자주색 줄무늬가 있다.

꽃내는
잎겨드랑이에 달린다.

잎 가장자리에는
톱니나 돌기가 없다.

꽃덮이에
자주색 줄무늬가 있다.

꽃덮이조각은
약간 젖혀진다.

진한 초록색의
잎맥

꽃은 봄에 흰색으로 핀다.

꽃덮이의 길이는 2센티미터 정도다.

꽃덮이조각은 6개다.

잎은 연한 초록색이며 진한 초록색의 잎맥이 드러난다.

잎은 길이 4센티미터, 폭 15밀리미터 정도다.

잎끝은 점점 길게 뾰족한 점첨두며, 옆으로 펼쳐진다.

잎끝은 뾰족하다.

포기는 모여서 무리 지어 자라게 된다.

높이가 10센티미터 이하로 자란다.

612
백합과

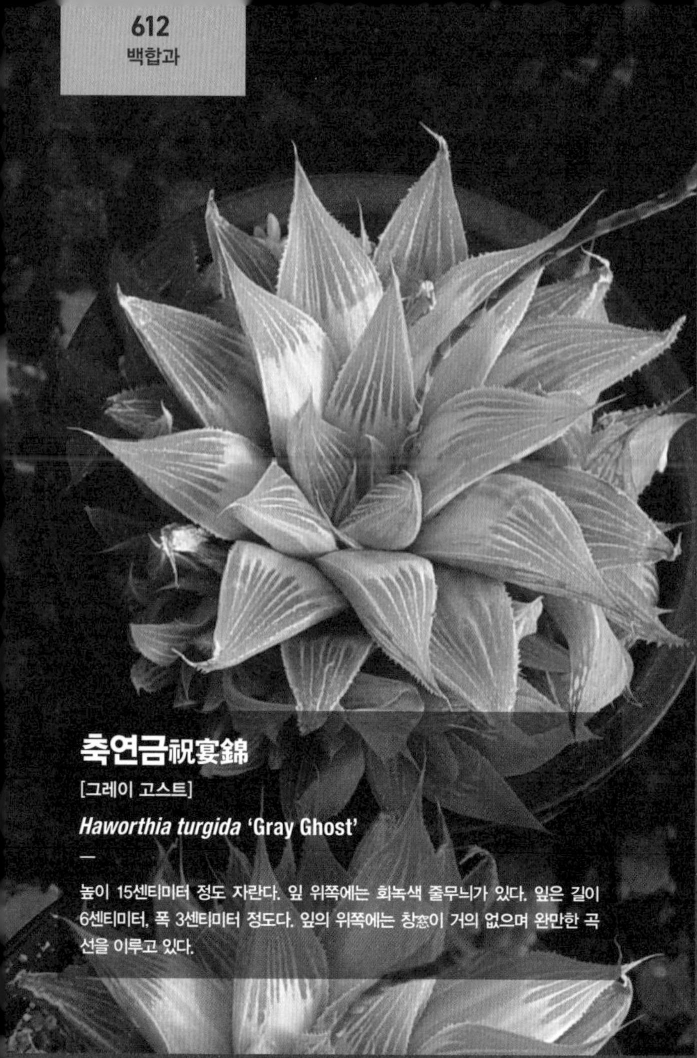

축연금祝宴錦

[그레이 고스트]

***Haworthia turgida* 'Gray Ghost'**

—

높이 15센티미터 정도 자란다. 잎 위쪽에는 회녹색 줄무늬가 있다. 잎은 길이 6센티미터, 폭 3센티미터 정도다. 잎의 위쪽에는 창窓이 거의 없으며 완만한 곡선을 이루고 있다.

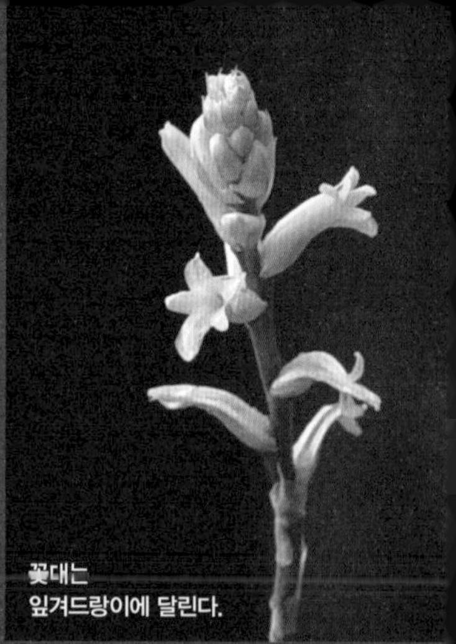

꽃대는 잎겨드랑이에 달린다.

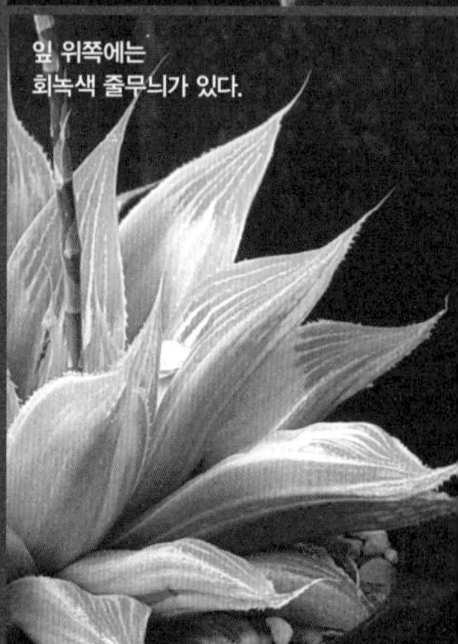

잎 위쪽에는 회녹색 줄무늬가 있다.

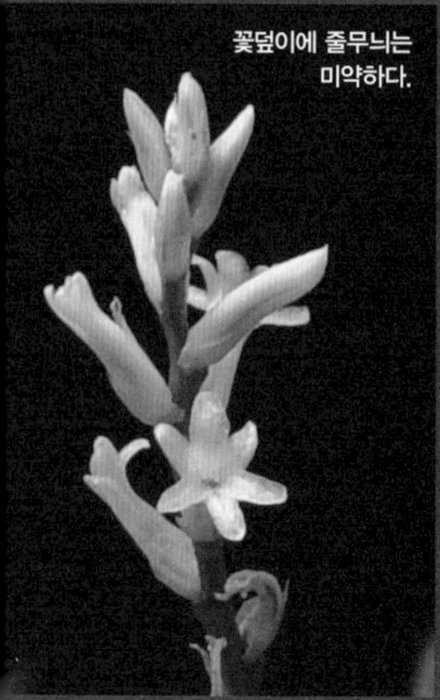

꽃덮이에 줄무늬는 미약하다.

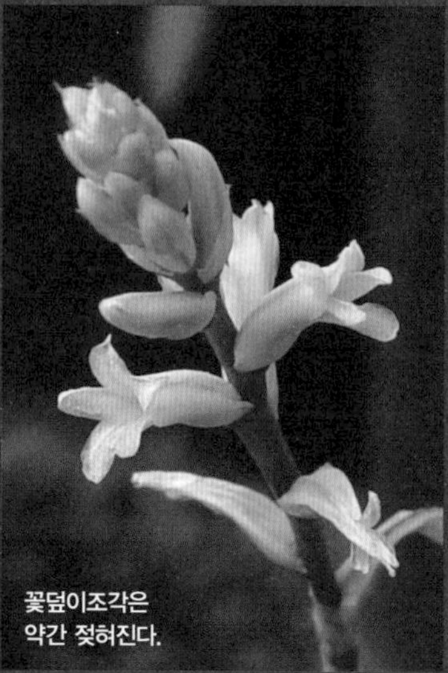

꽃덮이조각은 약간 젖혀진다.

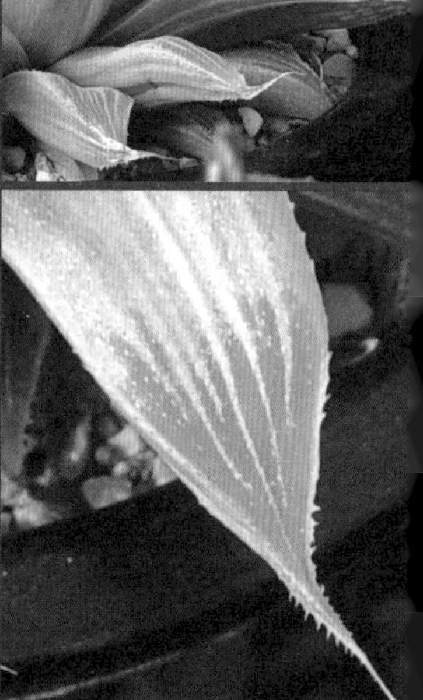

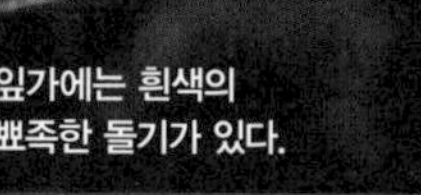

잎가에는 흰색의 뾰족한 돌기가 있다.

꽃은 봄에
흰색으로 핀다.

꽃덮이의 길이는
10밀리미터 정도다.

꽃덮이조각은
6개다.

잎의 위쪽에는 창이 거의 없으며
완만한 곡선을 이루고 있다.

잎은 길이 6센티미터,
폭 3센티미터 정도다.

잎 위쪽 창窓이 뚜렷하지 않으며,
잎끝은 점점 길게 뾰족한
점첨두다.

잎끝은 뾰족하다.

포기는 모여서
무리 지어
자라게 된다.

높이가 15센티미터
이하로 자란다.

613
백합과

용린龍鱗

[하워르티아 테셀라타 · 용호]

Haworthia venosa subsp. tessellata

—

높이 8~10센티미터, 포기 지름 4~6 센티미터 정도 자란다. 잎은 길이 4센티미터, 폭 2센티미터 정도다. 잎에는 연한 녹색 그물맥網狀脈이 뚜렷하다. 잎 뒷면에 회백색 돌기가 있고 잎가에는 톱니 모양의 돌기가 있다.

꽃내는 잎겨드랑이에 달린다.

잎 뒷면에 회백색 돌기가 있다.

한 포기에 8~10개 정도의 잎이 달린다.

꽃덮이에 녹갈색 줄무늬가 있다.

꽃덮이조각은 약간 젖혀진다.

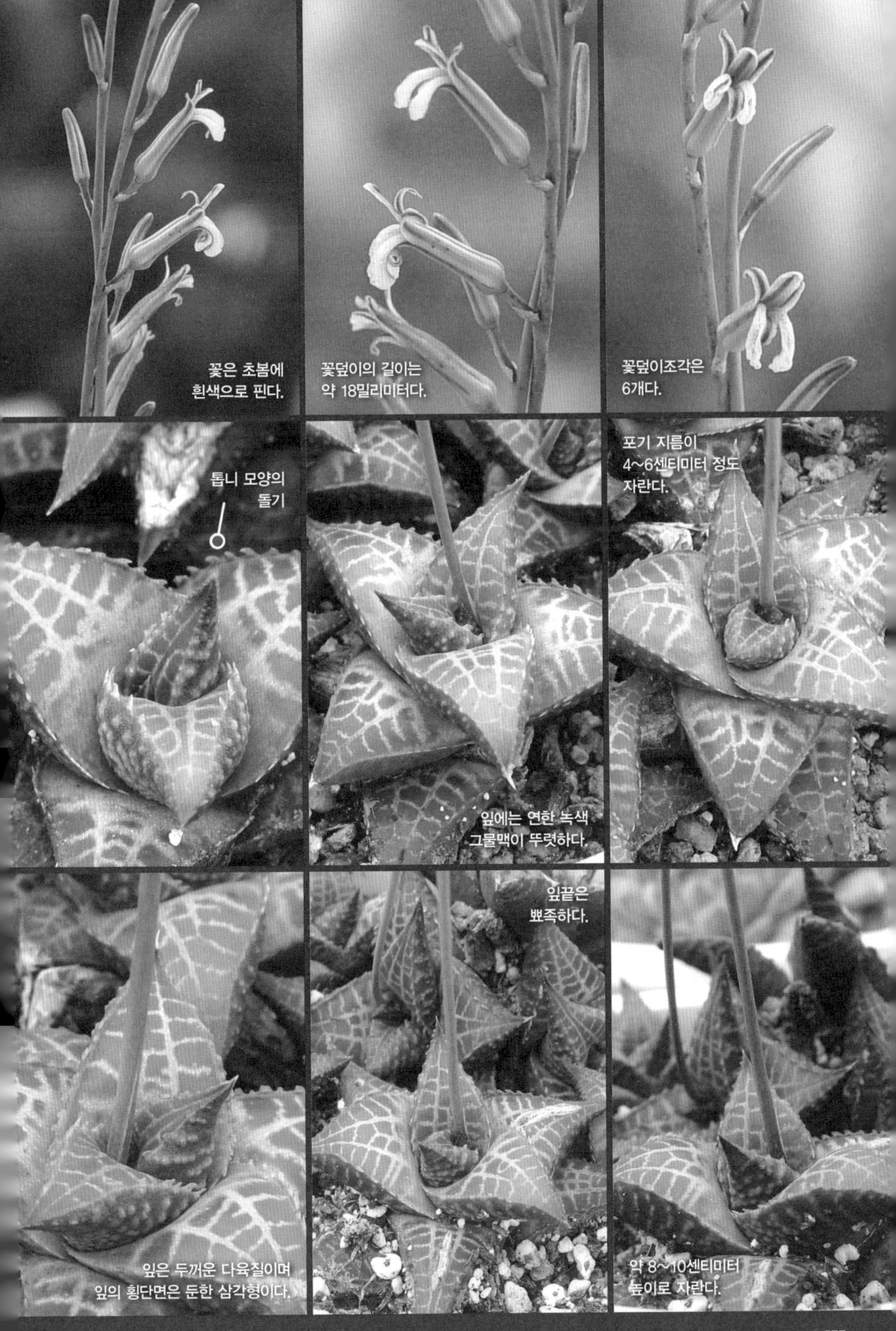
꽃은 초봄에
흰색으로 핀다.
꽃덮이의 길이는
약 18밀리미터다.
꽃덮이조각은
6개다.
톱니 모양의
돌기
잎에는 연한 녹색
그물맥이 뚜렷하다.
포기 지름이
4~6센티미터 정도
자란다.
잎은 두꺼운 다육질이며
잎의 횡단면은 둔한 삼각형이다.
잎끝은
뾰족하다.
약 8~10센티미터
높이로 자란다.

614
백합과

백양궁白羊宮

***Haworthia* 'Manda's Hybrid'**

[*Haworthia* 'Manda']

—

높이 10센티미터 정도 자란다. 잎은 길이 4센티미터 정도며, 잎 뒷면에 모서리가 있다. 꽃대에서 클론이 발생하기도 한다.

꽃대는 잎겨드랑이에 달린다.

잎 표면에는 얼룩점이 거의 없다.

잎끝은 길게 뾰족하다.

잎 뒷면에 모서리가 뚜렷하다.

잎가와 잎 뒷면 모서리에 털 같은 돌기가 있다.

꽃은 초봄에
흰색으로 핀다.

꽃덮이의 길이는
약 15밀리미터다.

꽃덮이조각은
6개다.

잎 표면에
유백색 얼룩점이
희미하게 있다.

잎의 길이는
4센티미터 정도다.

잎은 두터운 다육질이며
잎끝은 길게 뾰족한 바소꼴이다.

꽃대에서 클론이
발생하기도 한다.

포기는 모여서
무리 지어 자라게 된다.

약 10센티미터
높이로 자란다.

615
백합과

비전금肥殿錦

Haworthia limifolia x koelmaniorum

—

높이 10센티미터, 포기 지름 10~14센티미터 정도 자란다. 잎 양면에는 빨래판 모양의 돌기가 가로로 있다. 유리전*H. limifolia*에 비해 잎에 노란색 줄무늬가 세로로 있다.

꽃대는 잎겨드랑이에 달린다.

잎 양면에는 빨래판 모양의 돌기가 가로로 있다.

꽃덮이에 녹색 줄무늬가 있다.

꽃덮이조각은 약간 젖혀진다.

잎은 나사 모양으로 배열된다.

꽃은 늦봄에
흰색으로 핀다.
꽃덮이 아래쪽은
약간 볼록하다.
꽃덮이조각은
6개다.
잎에는 노란색 줄무늬가
세로로 있다.
잎의 길이는
5~6센티미터 정도의
긴 삼각형이다.
포기 지름이
10~14센티미터 정도 자란다.
잎 뒷면에
빨래판 모양의
돌기가 있다.
잎끝은
날카롭게 뾰족하다.
높이가 10센티미터
이하로 자란다.

616
백합과

유리전瑠璃殿

Haworthia limifolia v. limifolia

[Fairy Washboard]

—

높이 10~12센티미터 정도 자란다. 잎은 길이 5~6센티미터, 잎의 아래쪽 폭은 3~3.5센티미터 정도로 폭이 넓은 긴 삼각형이다. 잎 양면에는 유백색의 돌기가 있으며 빨래판 모양으로 우둘투둘하다.

꽃대는 곧게 선다.

잎에는 유백색 돌기가 가로로 있다.

꽃덮이에 녹갈색 줄무늬가 있다.

꽃덮이조각은 약간 젖혀진다.

잎끝은 길게 뾰족하다.

꽃은 초봄에
흰색으로 핀다.
꽃덮이 아래쪽은
약간 볼록하다.
꽃덮이조각은
6개다.
빨래판 모양의
잎 뒷면
잎은 길이 5~6센티미터,
폭 3~3.5센티미터 정도다.
잎은 나사 모양으로
빙빙 돌려 달린다.
잎은
긴 삼각형이다.
잎의 숫자는
12~30개 정도가 달린다.
약 10~12센티미터
높이로 자란다.

617
백합과

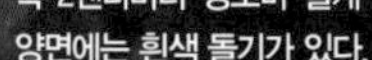

송설금松雪錦

[하워르티아 아테누아타 바리에가타]

Haworthia attenuata var. variegata

—

높이 15센티미터, 포기 지름 7~15센티미터 정도 자란다. 잎은 길이 7센티미터, 폭 2센티미터 정도며 길게 뾰족하다. 잎에는 황록색 줄무늬가 세로로 있다. 잎 양면에는 흰색 돌기가 있다.

꽃대에서 또 나는 꽃대가 갈라진다.

잎 양면에는 흰색 돌기가 있다.

꽃덮이에 녹갈색 줄무늬가 있다.

꽃덮이조각은 약간 젖혀진다.

잎끝은 길게 뾰족하다.

꽃의 길이는
15밀리미터 정도다.

꽃은 늦봄에
흰색으로 핀다.

꽃덮이조각은
6개다.

잎 표면에는
황록색 줄무늬가 있다.

잎은 길이 7센티미터,
폭 2센티미터 정도다.

포기 지름이
7~15센티미터 정도 자란다.

잎 뒷면에는
돌기로 구성된
가로 줄무늬가 있다.

포기는 모여서
무리 지어
자라게 된다.

높이가
15센티미터 이하로 자란다.

악구鰐口

[울레이]

Haworthia venosa subsp. woolleyi

—

높이 10센티미터, 포기 지름 10~15센티미터 정도 자란다. 잎은 길이 5~7센티미터, 폭 15밀리미터 정도다. 잎 뒷면에 가로로 유백색 돌기가 있으며, 잎 표면에는 거의 없다. 유리전*H. limifolia*에 비해 잎 폭이 좁고 잎 표면에 유백색 돌기가 거의 없다.

꽃대에서 또 다른 꽃대가 거의 갈라지지 않는다.

잎 뒷면에 유백색 돌기가 가로로 있다.

꽃덮이에 녹갈색 줄무늬가 있다.

꽃덮이조각은 약간 젖혀진다.

잎은 안쪽으로 말리는 경향이 있다.

꽃덮이의 길이는
13밀리미터 정도다.

꽃은 여름에
흰색으로 핀다.

꽃덮이조각은
6개다.

잎 표면에는
돌기가
거의 없다.

잎은 길이 5~7센티미터,
폭 15밀리미터 정도다.

포기 지름이
10~15센티미터 정도 자란다.

꽃대는
잎겨드랑이에 달린다.

잎끝은
길게 뾰족하다.

높이가 10센티미터 이하로
자란다.

619
백합과

백접白蝶

Haworthia fasciata* f. *variegata

[Variegated Zebra Haworthia]

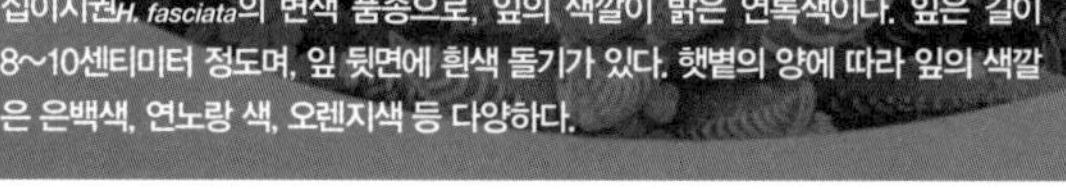

—

십이지권*H. fasciata*의 변색 품종으로, 잎의 색깔이 밝은 연록색이다. 잎은 길이 8~10센티미터 정도며, 잎 뒷면에 흰색 돌기가 있다. 햇볕의 양에 따라 잎의 색깔은 은백색, 연노랑 색, 오렌지색 등 다양하다.

꽃차례의 길이는
30센티미터 정도며
잎겨드랑이에 달린다.

잎 뒷면에
빨래판 같은 흰색 돌기가 있다.

꽃덮이에
자주색 줄무늬가 있다.

잎 표면에는
돌기가 거의 없다.

잎 뒷면 돌기

꽃대는
옆으로 비스듬히 선다.

꽃덮이의 길이는
13밀리미터 정도다.

꽃덮이조각은
6개다.

잎 표면에는
돌기가 거의 없다.

잎의 길이는
8~10센티미터 정도다.

포기 지름이
6~12센티미터
정도 자란다.

잎은 길게
뾰족하다.

포기는 모여서
무리 지어 자라게 된다.

줄기는 거의 없고
약 6~13(~25)센티미터
높이로 자란다.

620
백합과

십이지권十二之卷

[고회권高繪卷 · 봉황무鳳凰舞]

Haworthia fasciata

—

높이 18센티미터 정도 자란다. 잎 뒷면은 돌기로 구성된, 가로 흰 줄무늬가 있다. 꽃차례는 길이 30센티미터 정도며 잎겨드랑이에 달린다. 꽃의 길이는 약 13밀리미터다.

한 꽃대에
5~10송이의
꽃이 달린다.

꽃의 길이는 13밀리미터 정도고,
꽃덮이에는 녹갈색의 줄무늬가 있다.

꽃덮이조각은
6개다.

잎 표면에
흰색 돌기

잎은 길이 4~5센티미터,
폭 13~15밀리미터 정도다.

포기 지름이
15센티미터 정도 자란다.

잎끝은
길게 뾰족하다.

줄기 위쪽의 잎은 오므리지 않고
벌어지는 경향이 있다.

약 18센티미터
높이로 자란다.

621
백합과

화소전華宵殿

Haworthia coarctata* v. *adelaidensis

—

높이 15~30센티미터 정도 자란다. 줄기를 중심으로 잎이 많이 달려서, 전체적으로 둥근기둥꼴을 하고 있다. 잎은 줄기 가운데로 오므린다. 기타 사항은 십이지권*H. fasciata*과 비슷하다.

꽃내는 잎겨드랑이에 달린다.

잎 뒷면에 흰색 돌기가 있다.

꽃덮이에 녹갈색 줄무늬가 있다.

꽃덮이조각은 약간 젖혀진다.

햇볕의 양에 따라 잎이 붉은색으로 변한다.

꽃은 봄에
흰색으로 핀다.
꽃덮이의 길이는
15밀리미터 정도다.
꽃덮이조각은
6개다.
잎은 딱딱하며,
잎끝은 뾰족하다.
잎의 길이는
4~5센티미터 정도다.
잎은 줄기를 중심으로
촘촘하게 달린다.
흰색 돌기
잎끝은 가운데로
오므라진다.
높이가
15~30센티미터 정도 자라며,
전체적으로 둥근기둥꼴이다.

622
백합과

구륜탑九輪塔

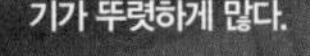

Haworthia coarctata v. coarctata fa. chalwinii

—

줄기 길이 30~40센티미터 정도 자란다. 잎은 길이 35밀리미터, 폭 15밀리미터 정도다. 녹취*H. coarctata f. greenii*와 비슷하지만 잎 길이가 짧고, 잎 뒷면에 흰색 돌기가 뚜렷하게 많다.

꽃대는
잎겨드랑이에 달린다.

잎 뒷면에
악어 등 같은
흰색 돌기

꽃덮이에
녹갈색 줄무늬가 있다.

꽃덮이조각은
약간 젖혀진다.

잎 뒷면에
흰색 돌기가 많다.

꽃은 봄에
흰색으로 핀다.

꽃덮이 아래쪽은
약간 볼록하다.

꽃덮이조각은
6개다.

잎 표면에는
돌기가 없다.

잎은 길이 35밀리미터,
폭 15밀리미터 정도다.

녹취에 비해 잎은 길이가 짧고,
잎 뒷면에 흰색 돌기가 뚜렷하게 많다.

줄기는 곧게 서지만
점차 옆으로 누워서
자라게 된다.

햇볕의 양에 따라
잎이 적갈색으로 변한다.

줄기 길이가
30~40센티미터 정도다.

녹취綠鷲

Haworthia coarctata f. greenii

—

높이 15~20센티미터 정도 자란다. 구륜탑*Haworthia coarctata v. coarctata fa. chalwinii*과 비슷하지만, 잎의 길이가 길고 돌기의 숫자가 적으며 미약하다.

꽃대는
잎겨드랑이에 달린다.

잎 뒷면에
흰색 돌기가 있지만 많지는 않다.

꽃덮이에
녹갈색 줄무늬가 있다.

잎끝은
길게 뾰족하다.

잎 뒷면에
돌기가 있다.

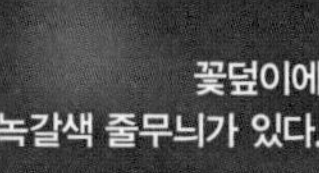

꽃덮이의 길이는
2센티미터 정도다.

꽃은 봄에
흰색으로 핀다.

꽃덮이조각은
6개다.

잎 표면에는
돌기가 없다.

잎은 길이 4~6센티미터,
폭 13밀리미터 정도다.

구륜탑에 비해 잎의 길이가 길고
돌기의 숫자가 적으며 미약하다.

햇볕의 양에 따라
잎이 흑갈색으로 변한다.

줄기는 비스듬히
누워서 자란다.

줄기 길이가
15~20센티미터 정도 자란다.

거룡巨龍

[거룡각巨龍閣]

Haworthia longiana

—

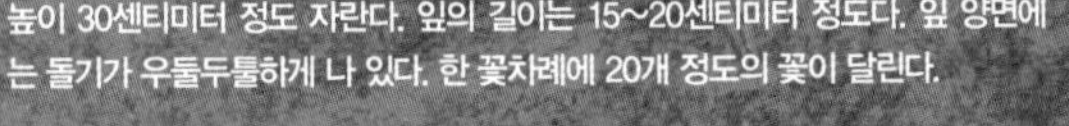

높이 30센티미터 정도 자란다. 잎의 길이는 15~20센티미터 정도다. 잎 양면에는 돌기가 우둘두툴하게 나 있다. 한 꽃차례에 20개 정도의 꽃이 달린다.

꽃대에서
또 다른 꽃대가 갈라진다.

잎 양면에는
우둘두툴한 돌기가 있다.

꽃덮이에는
녹색 줄무늬가 있다.

수술은 6개,
암술은 1개다.

잎 표면은
움푹 들어가고
뒷면은 볼록하다.

한 꽃차례에
20개 정도의 꽃이 달린다.

꽃덮이의 길이는
15밀리미터 정도다.

꽃덮이조각은
6개다.

잎 뒷면에 돌기

잎의 길이는
15~20센티미터 정도다.

잎은 꼬리처럼
길게 뾰족한 바소꼴이다.

잎은 딱딱하고
잎끝은 뾰족하게 길다.

포기가 모여서
무리 지어
덤불을 이룬다.

약 30센티미터
높이로 자란다.

625
백합과

대마검大魔劍

[월수月壽]

Haworthia glabrata

—

높이 7~10센티미터 정도 자란다. 잎은 길이 5~6센티미터, 폭 5~7밀리미터 정도다. 거룡*Haworthia longiana*에 비해 잎이 꼬리처럼 길지 않으며, 전체적으로 키가 작고 잎도 작다.

꽃대는 잎겨드랑이에 달리며, 술모양꽃차례의 작은꽃자루가 짧다.

잎 뒷면에 모서리가 뚜렷하다.

꽃덮이에 녹갈색 줄무늬가 있다.

수술은 6개, 암술은 1개다.

잎 양면에는 흰색 돌기가 있다.

꽃은 겨울에
흰색으로 핀다.

꽃덮이 아래쪽은
약간 볼록하다.

꽃덮이조각은
6개다.

햇볕의 양에 따라
잎은 흑적색으로 변한다.

잎은 길이 5~6센티미터,
폭 5~7밀리미터 정도다.

거룡*Haworthia longiana*에 비해
잎의 길이가 짧은 편이다.

잎끝은
길게 뾰족하다.

포기는 모여서
무리 지어 자라게 된다.

약 7~10센티미터
높이로 자란다.

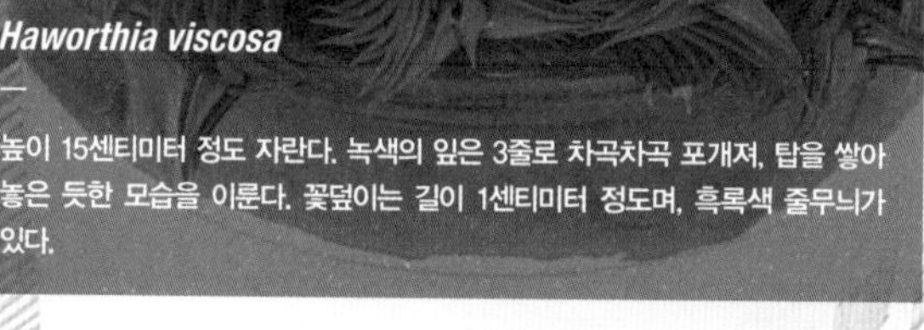

용성龍城

[삼각구중탑]

Haworthia viscosa

—

높이 15센티미터 정도 자란다. 녹색의 잎은 3줄로 차곡차곡 포개져, 탑을 쌓아 놓은 듯한 모습을 이룬다. 꽃덮이는 길이 1센티미터 정도며, 흑록색 줄무늬가 있다.

꽃차례의 길이는
25~30센티미터 정도다.

잎은
촘촘하게 달린다.

꽃덮이에는
흑녹색 줄무늬가 있다.

잎 표면은 오목하고
뒷면은 뾰족하다.

잎은 딱딱하며
잎끝은 뾰족하다.

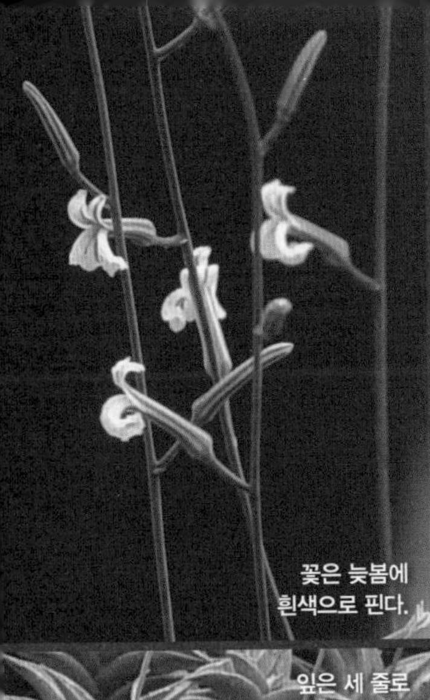
꽃은 늦봄에
흰색으로 핀다.

꽃덮이의 길이는
약 10밀리미터다.

꽃덮이조각은
6개다.

잎은 세 줄로
차곡차곡 포개진다.

잎끝은
점점 뾰족해진다.

잎은 세 줄로 배열되어
탑처럼 차곡차곡 포개져 달린다.

잎은 세 줄로 탑을
쌓아 놓은 듯한 모습이다.

포기는 모여서
무리 지어 자라게 된다.

약 15센티미터
높이로 자란다.

627
백합과

자태해월

[긴꼬리 문주란 · 다산양파 · 위해총僞海葱]

Ornithogalum longibracteatum

[Pregnant Onion]

—

비늘줄기鱗莖는 지름이 6~10센티미터 정도며, 비늘줄기에서 살눈이 많이 발생한다. 비늘줄기가 땅 위에 드러나는 특징이 있다. 꽃덮이는 흰색이며 녹색 줄무늬가 있고 꽃덮이 지름은 약 15밀리미터다.

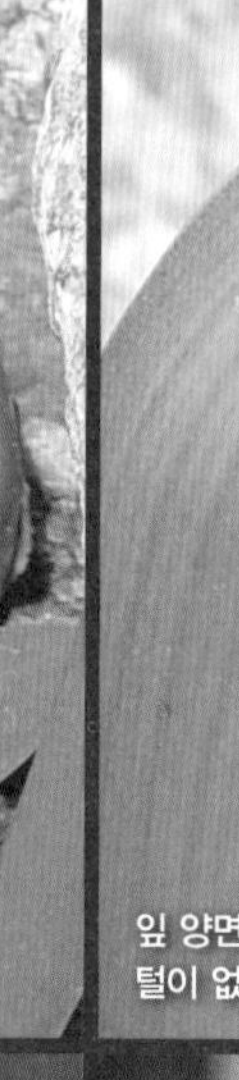

붓모양꽃차례는 길이가 1미터 정도다.

잎 양면에는 털이 없다.

튀는열매는 세 갈래로 갈라지고 씨앗은 검은색이다.

꽃봉오리

꽃의 지름은
약 15밀리미터다.

꽃덮이는 흰색이며
녹색 줄무늬가 있다.

수술은 6개,
암술은 1개다.

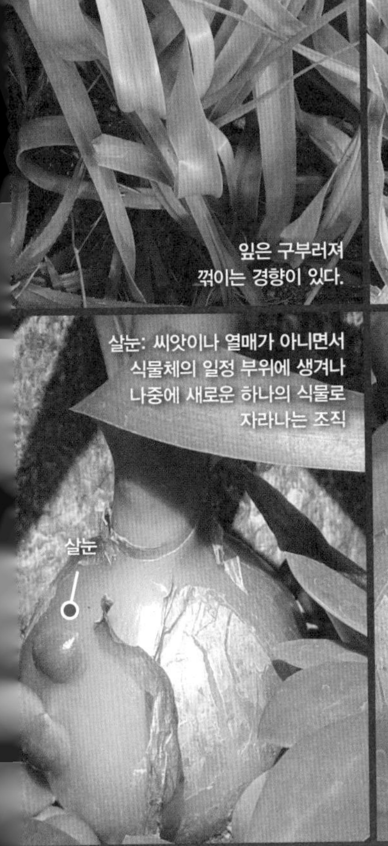

잎은 구부러져
꺾이는 경향이 있다.

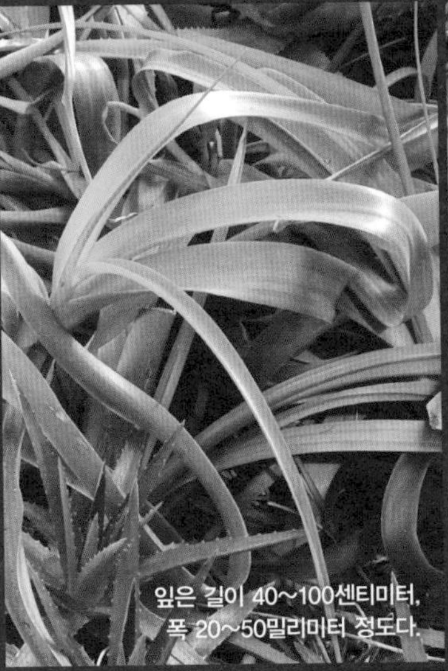

잎은 길이 40~100센티미터,
폭 20~50밀리미터 정도다.

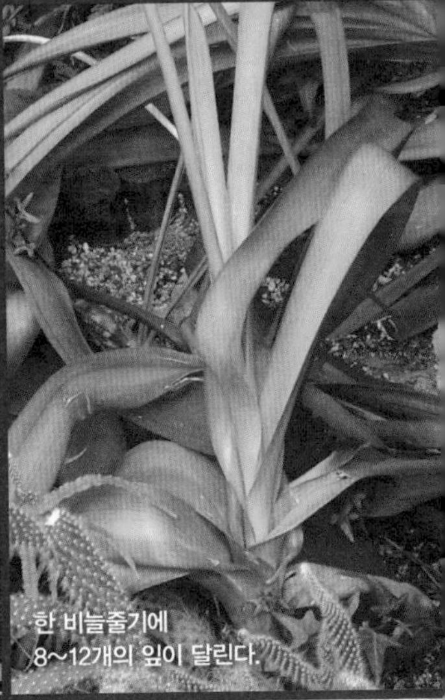

한 비늘줄기에
8~12개의 잎이 달린다.

살눈: 씨앗이나 열매가 아니면서
식물체의 일정 부위에 생겨나
나중에 새로운 하나의 식물로
자라나는 조직

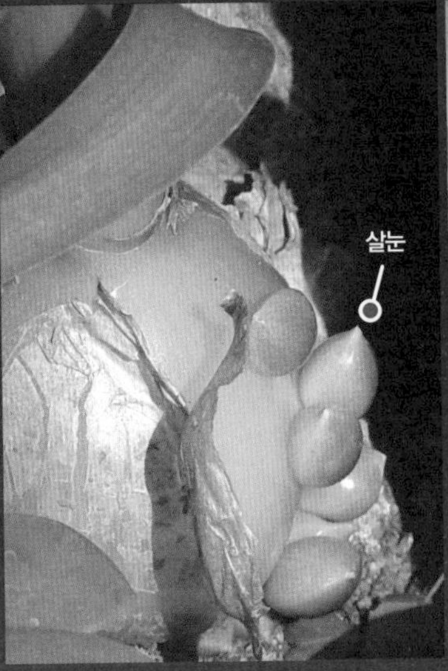

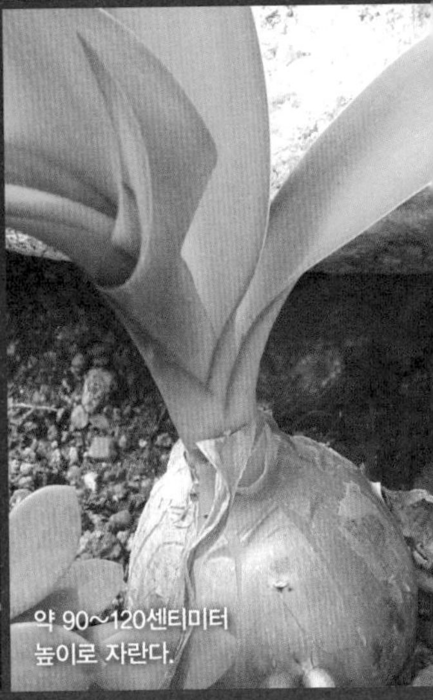

약 90~120센티미터
높이로 자란다.

628
백합과

창각전蒼角殿

[덩굴양파 · 바다양파 · 변한옥變幻玉]

Bowiea volubilis

[Climbing Onion · Sea Onion]

—

줄기 길이가 2~5미터 정도 덩굴로 자라며, 줄기는 다른 물체를 감고 올라간다. 줄꼴의 가느다란 잎이 올라오지만, 곧 떨어진다. 꽃은 연녹색이며 꽃덮이조각과 수술은 6개씩이다. 비늘줄기는 지름이 10~20센티미터 정도의 양파 모양이며, 반쯤 땅 위에 드러난다.

꽃은 겨울에 연녹색으로 핀다.

줄기 길이가 2~5미터 정도 자란다.

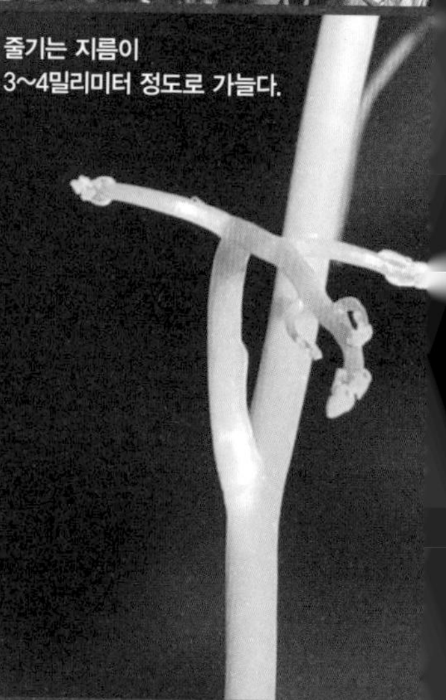

줄기는 지름이 3~4밀리미터 정도로 가늘다.

씨방은 3실이다.

꽃봉오리

꽃자루가 긴 편이다.

꽃덮이조각과 수술은 각 6개씩이다.

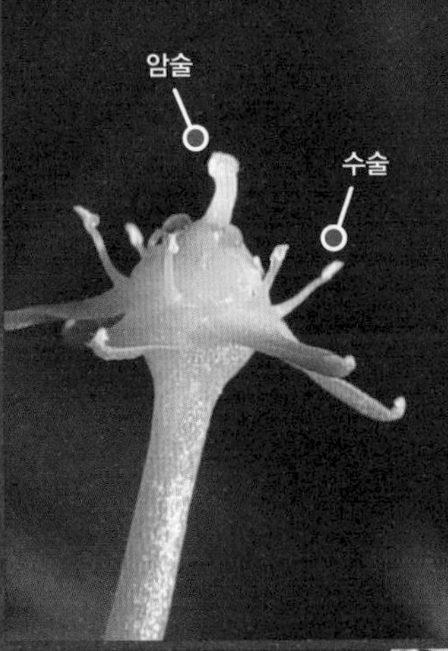

새로 돋는 줄기

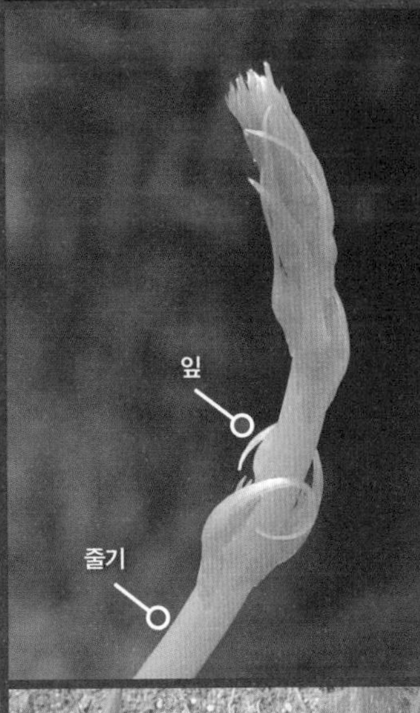

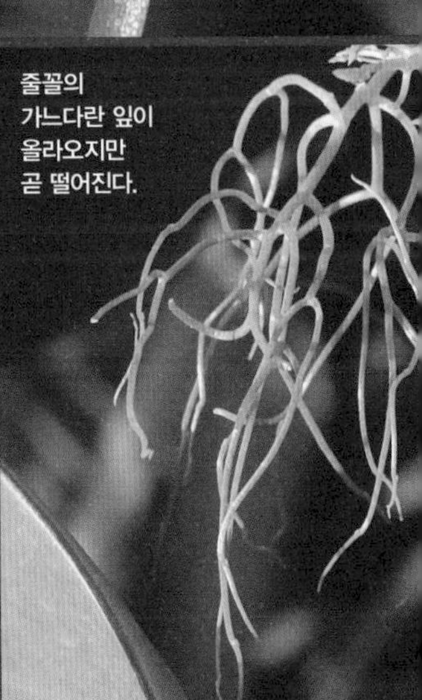
줄꼴의 가느다란 잎이 올라오지만 곧 떨어진다.

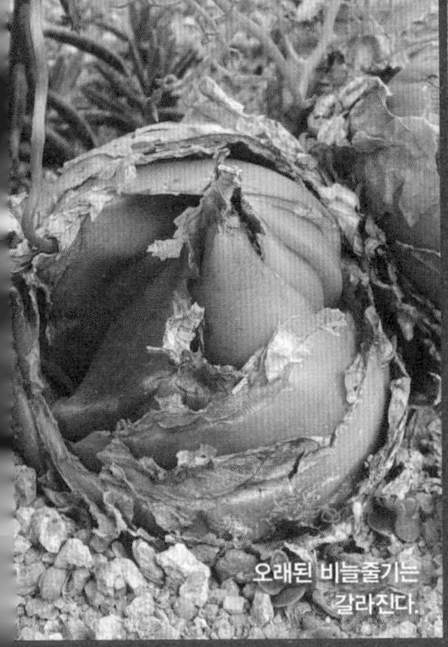
오래된 비늘줄기는 갈라진다.

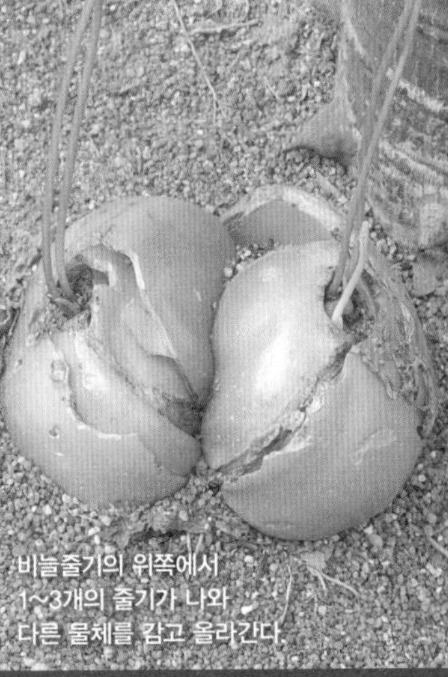
비늘줄기의 위쪽에서 1~3개의 줄기가 나와 다른 물체를 감고 올라간다.

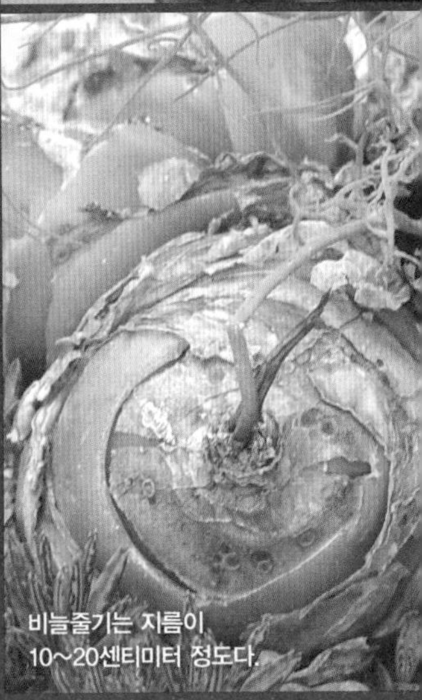
비늘줄기는 지름이 10~20센티미터 정도다.

629
백합과

불비네 푸루테스켄스

[꽃 알로에 · 줄기있는 백합 · 불비네 프루테스센스]

Bulbine frutescens

[Stalked Bulbine · Orange Bulbine]

—

높이 45~60센티미터 정도 자란다. 잎은 길이 12센티미터, 폭 8밀리미터 정도다. 잎에 가시가 없다. 수술대에 긴 노란색 털이 빽빽하다.

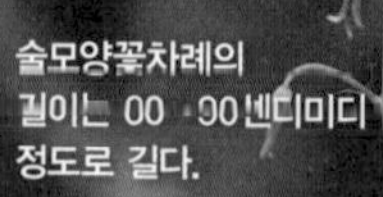

술모양꽃차례의 길이는 00 · 90센티미터 정도로 길다.

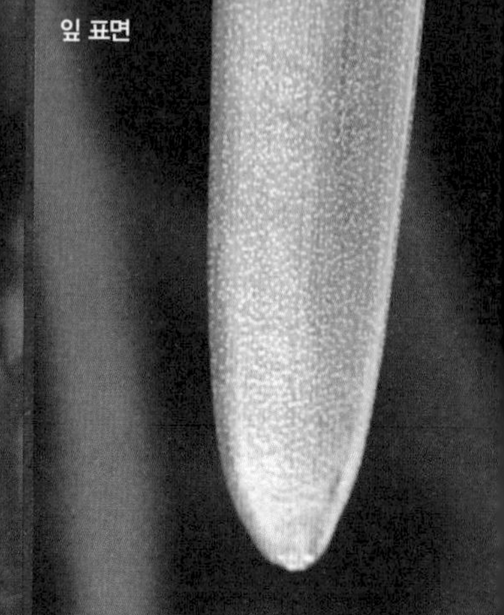

잎 표면

꽃이 진 후의 모습

꽃덮이에 진한 녹색 줄무늬가 있다.

꽃덮이조각과 수술은 각 6개씩이다.

꽃은
늦봄에서 초여름까지
노란색으로 핀다.

꽃의 지름은
10밀리미터 정도다.

수술대에
털이 있다.

잎 표면은 약간 오목하고
뒷면은 볼록하며, 잎은 얇고 길다.

잎은 길이 12센티미터,
폭 8밀리미터 정도다.

잎은 긴 줄꼴線形이며,
잎끝은 둔하게 뾰족하다.

두 줄로 배열되는 잎

줄기는 갈색이며
공기뿌리가 발생한다.

약 45~60센티미터
높이로 자란다.

630
백합과

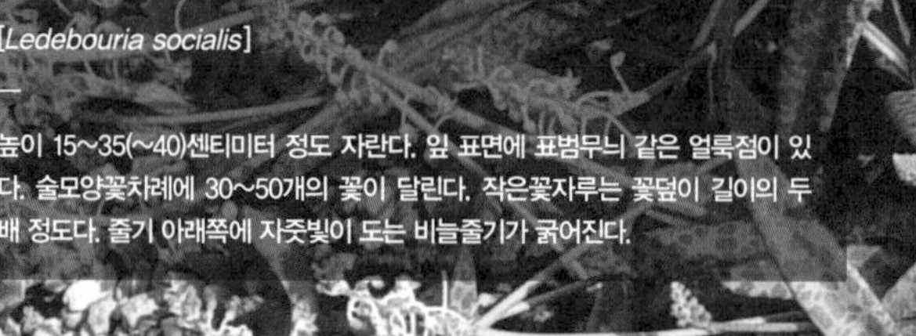

표문豹紋

[실라비올라케아 · 레데보우리아 소키알리스 · 비올라쉬]

Scilla violacea

[*Ledebouria socialis*]

—

높이 15~35(~40)센티미터 정도 자란다. 잎 표면에 표범무늬 같은 얼룩점이 있다. 술모양꽃차례에 30~50개의 꽃이 달린다. 작은꽃자루는 꽃덮이 길이의 두 배 정도다. 줄기 아래쪽에 자줏빛이 도는 비늘줄기가 굵어진다.

술모양꽃차례에
30~50개의 꽃이 달린다.

잎 뒷면은 광택이 있는
붉은 자주색이다.

술모양꽃차례

꽃덮이에
진한 녹색 줄무늬가 있다.

꽃덮이는
뒤로 젖혀진다.

꽃덮이는 연한 녹색이며 길이 6밀리미터 정도다.

수술대의 위쪽은 자주색이다.

잎 표면에 표범무늬 같은 얼룩점.

잎 표면은 회록색이며, 진한 녹색의 불규칙한 얼룩점이 있다.

잎은 길이 8~10센티미터, 폭 2~3센티미터 정도다.

꽃덮이조각은 6개다.

높이 15~35(~40)센티미터 정도 자란다.

줄기 아래쪽에 자줏빛이 도는 비늘줄기가 굵어진다.

631
백합과

금분용혈수金粉龍血樹

[대나무 드라세나 · 드라세나 고드세피아나 · 고드세피아나 드라세나]

Dracaena godseffiana

[Gold-dust Dracaena]

—

높이가 60~100센티미터 정도 자란다. 줄기는 대나무처럼 가늘며, 여러 줄기가 모여 자란다. 잎에는 황백색 얼룩점이 불규칙하게 있다. 우산꽃차례는 지름 8센티미터 정도다.

꽃대는 가지 끝에 달리며, 길이 9~10센티미터 정도다. 우산꽃차례는 지름 8센티미터 정도다.

잎 뒷면

물열매는 지름 14밀리미터 정도며 붉게 익는다.

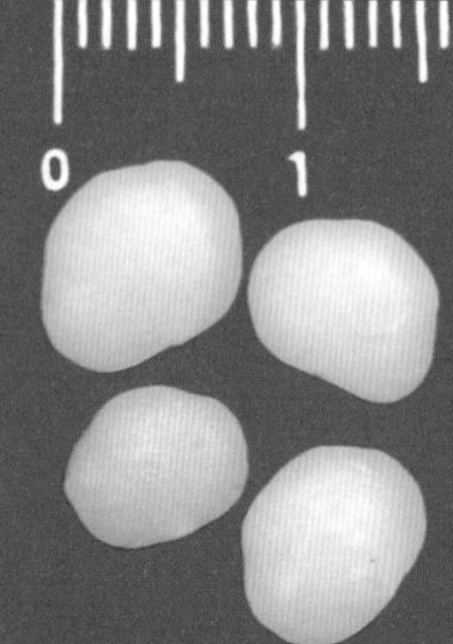

씨앗은 지름 10밀리미터 정도다.

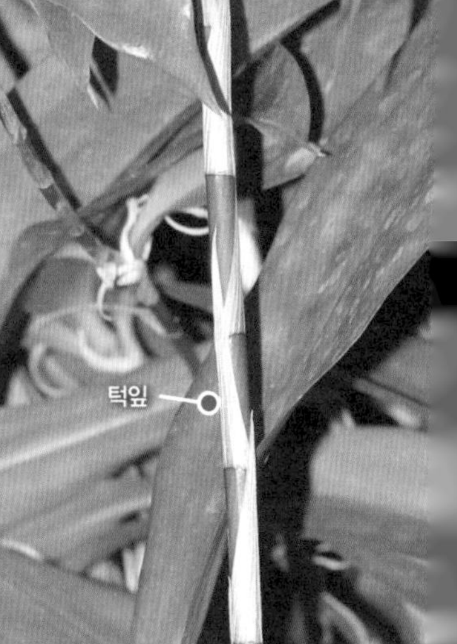

꽃부리의 길이는
18~20밀리미터 정도고
향기가 있다.

작은꽃자루小花梗는
길이 13밀리미터 정도다.

수술은 6개,
암술은 1개다.

잎에는
광택이 있다.

잎에는 황백색 얼룩점이
불규칙하게 있다.

잎은 길이 10~13센티미터,
폭 3~7센티미터 정도다.

줄기는 가늘며
마디가 있다.

약 60~100센티미터
높이로 자라는
늘푸른버금떨기나무다.

632
백합과

꽃대는 길이
7~8센티미터 정도다.

백반성점목白斑星点木

[드라세나 고드세피아나 '플로리다 뷰티' · 드라세나 '플로리다 뷰티']

***Dracaena godseffiana* 'Florida Beauty'**

[Florida Beauty Dracaena]

—

금분용혈수*D. godseffiana*와 비슷하지만 높이가 30센티미터 정도 작게 자라며, 잎에 얼룩점이 더 많이 밀집해 있고, 꽃대는 길이 7~8센티미터 정도다.

잎 뒷면

잎은 마주 달린다.

높이가
30센티미터 정도 자란다.

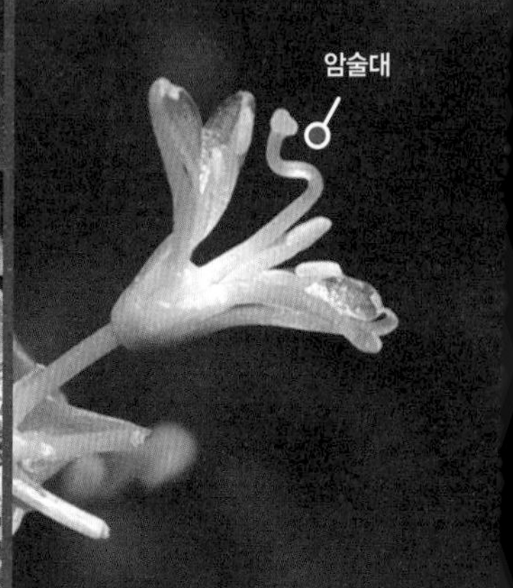

꽃은 밤에 피고
다음날 진다.
수술은 6개,
암술은 1개다.
수술대
꽃밥
꽃부리조각
잎자루
턱잎托葉
Dracaena godseffiana 보다
얼룩점이 크고 많다.
잎은 녹색 바탕에
황백색 얼룩점이 있다.
줄기는 가늘고
마디가 있다.
어린 가지는
녹색이고
털이 없다.
약 30센티미터
높이로 자라는
늘푸른버금떨기나무다.

633
백합과

행운목 '마상게아나'

[드라세나 '마상게아나' · 중반향용혈수中斑香龍血樹]

Dracaena fragrans **'Massangeana'**

—

높이가 100~150센티미터 정도 자란다. 줄기에서 가지가 갈라지지 않으며 곧게 선다. 잎은 길이 45~75센티미터, 폭 5~8센티미터 정도다. 잎 중앙에 넓은 노란색 세로줄 무늬가 있다.

꽃사례의 길이는 약 30센티미터다.

중심맥

잎 뒷면 중심맥은 도드라진다.

꽃봉오리

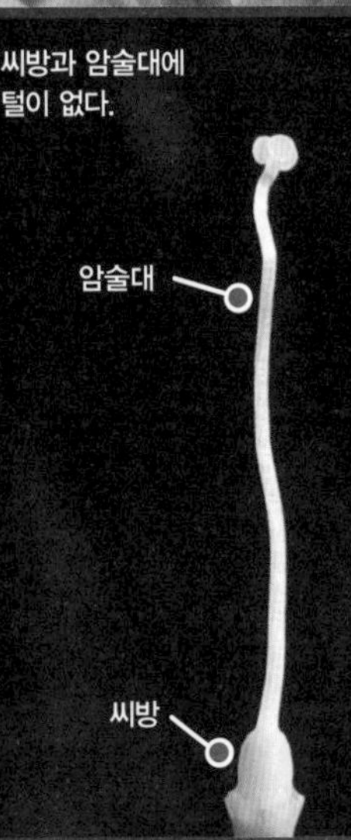

씨방과 암술대에 털이 없다.

꽃의 지름은
약 25밀리미터다.

꽃은 통꽃이며
꽃부리는 6갈래로
갈라진다.

수술은 6개이며
꽃부리통부에 붙어 있다.

오래된 잎은
무늬가 희미해진다.

잎은 녹색 바탕이며
잎 중앙에 넓은 노란색
세로줄 무늬가 있다.

잎의 길이는
45~75센티미터 정도다.

통꽃

잎 밑은 줄기를
감싼다.

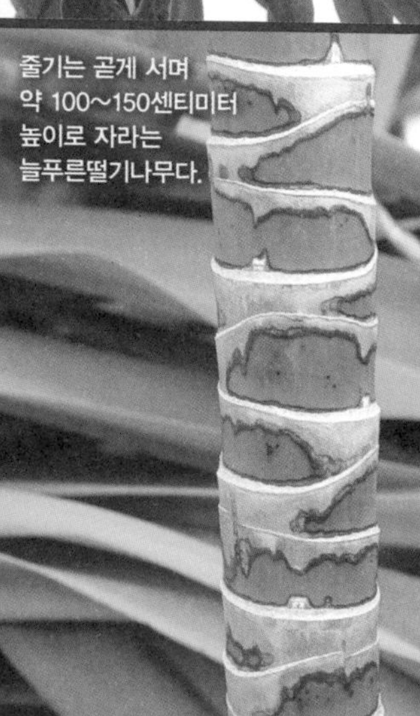
줄기는 곧게 서며
약 100~150센티미터
높이로 자라는
늘푸른떨기나무다.

634
백합과

행운목 '와르네키이'

[드라세나 와넥키]

***Dracaena fragrans* 'Warneckii'**

[*Dracaena Warneckii*]

—

약 3~4미터 높이로 자라며 줄기는 곧게 선다. 잎은 길이 30~50센티미터, 폭 3~5센티미터 정도다. 잎에 유백색의 세로줄무늬가 있는 특징이 있다.

꽃대는 줄기 끝이나 잎겨드랑이에 달린다.

잎 뒷면 중심맥은 도드라지지 않는다.

물열매의 지름은 1~2센티미터 정도며 황적색으로 익는다.

수술은 6개, 암술은 1개다.

잎 밑은 줄기를 감싼다.

우산꽃차례가 모여
원뿔꽃차례를 이룬다.

꽃부리는 길이
13밀리미터 정도다.

통꽃이다.

잎은 길이 30~50센티미터,
폭 3~5센티미터 정도다.

잎에는 유백색의
세로 줄무늬가 있는 특징이 있다.

잎은 좁고
긴 바소꼴이다.

어린 줄기는
녹색이다.

나무껍질은
갈색이다.

약 3~4미터 높이로 자라는
늘푸른떨기나무다.

635
백합과

드라세나 리플렉사 '송 오브 인디아'

[리플렉사 드라세나 '송 오브 인디아' · 황변백합죽黃邊白合竹 · 송 오브 인디아]

Dracaena reflexa **'Song Of India'**

—

높이가 90~180센티미터 정도 자란다. 원산지에서는 높이 5미터까지도 자란다. 잎의 길이는 10~15센티미터 정도다. 잎가에는 노랑무늬가 선명하다.

원뿔꽃차례는 줄기 끝에 달린다.

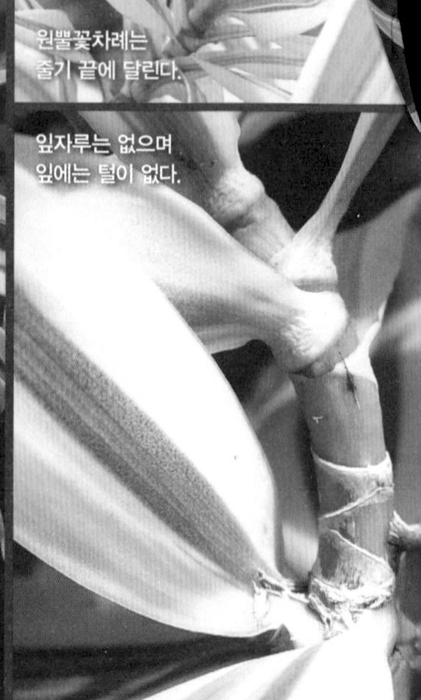
잎자루는 없으며 잎에는 털이 없다.

물열매는 공 모양이다.

6월, 어린 열매

잎의 가운데는 초록색이다.

꽃부리의 길이는
10밀리미터 정도다.

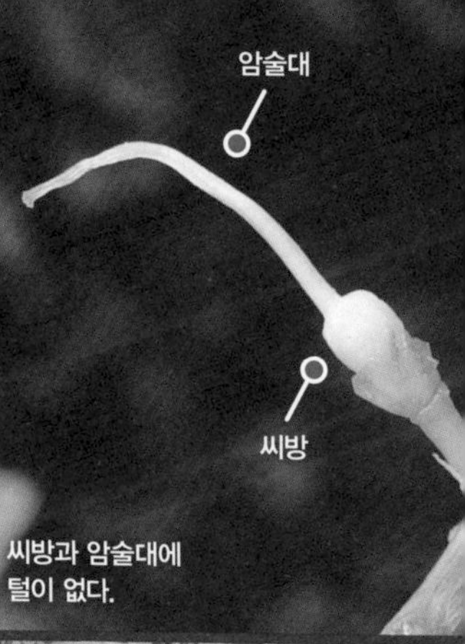

씨방과 암술대에
털이 없다.

잎의 길이는
10~15센티미터 정도다.

잎가에 선명한
노란색 무늬가 있다.

잎은
어긋나게 달린다.

잎은 좁고 긴
바소꼴이다.

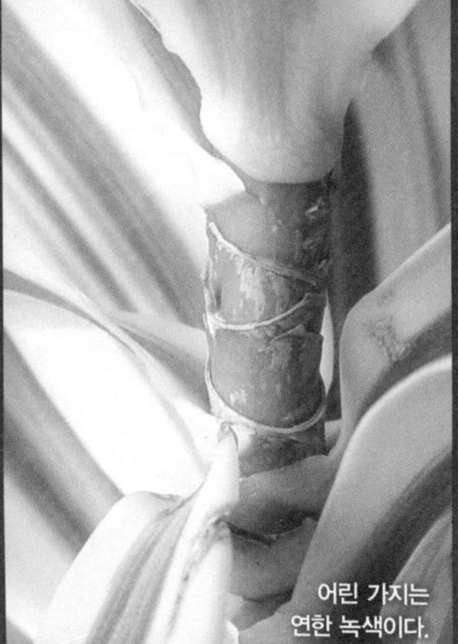
어린 가지는
연한 녹색이다.

약 90~180센티미터
높이로 자라는
늘푸른떨기나무다.

636
백합과

행운목幸運木

[드라세나 프라그란스 · 향용혈수香龍血樹]

Dracaena fragrans

—

높이 6~7미터, 줄기 지름 9~15센티미터까지 자란다. 줄기는 한 개씩 자라지만, 가끔 곁가지가 갈라지기도 한다. 잎은 길이 60센티미터, 폭 10센티미터 정도며 잎 가장자리에는 물결 모양의 주름이 진다. 꽃차례는 길이 30센티미터 정도다. 황백색 꽃부리의 길이는 13밀리미터 정도며 진한 향기가 있다.

꽃차례의 길이는 30센티미터 정도다.

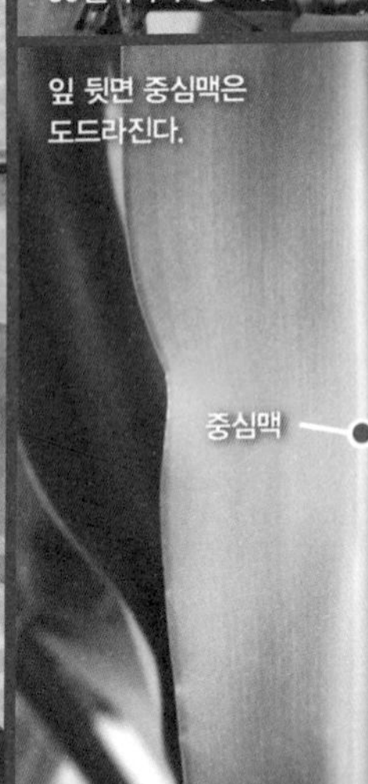

잎 뒷면 중심맥은 도드라진다.

물열매의 지름은 약 1~2센티미터다.

초록색의 물열매는 노란색을 거쳐 붉은색으로 익는다.

꽃이 진 후의 모습

우산꽃차례가 모여
원뿔꽃차례를 이룬다.

꽃은 향기가 진하며
수술은 6개다.

황백색 꽃부리의 길이는
13밀리미터 정도다.

잎 가장자리에는
물결 모양의 주름이 진다.

잎은 초록색이며,
부드러운 가죽질이고
광택이 있다.

잎은 길이 60센티미터,
폭 10센티미터 정도다.

통꽃

줄기는 곧게 서며,
높이가 6~7미터까지
자라는 늘푸른떨기나무다.

줄기는 한 개씩 자라지만
가끔 곁가지가 갈라지기도 한다.

637
백합과

코르딜리네 프르티코사

[홍죽紅竹 · 주초朱蕉]

Cordyline fruticosa

—

높이가 2~3미터 정도 자란다. 잎은 길이 30~50센티미터, 폭 10~15센티미터 정도다. 잎자루의 길이는 10~30센티미터 정도로 긴 편이다. 잎의 색깔은 일조량에 따라 다양하게 변한다.

원뿔꽃차례는 길이 30~60센티미터 정도다.

잎 뒷면 중심맥은 도드라진다.

잎의 색깔은 일조량에 따라 다양하게 변한다.

잎자루가 긴 편이다.

꽃봉오리

꽃은 겨울에
연한 분홍색으로 핀다.

수술은 6개,
암술은 1개다.

꽃덮이조각은
6개다.

잎자루의 길이는
10~30센티미터 정도다.

잎은 길이 30~50센티미터,
폭 10~15센티미터 정도다.

새로 돋는 잎은
선명한 자홍색 또는
진분홍색이다.

가지에서 곁가지가
갈라지기도 한다.

잎 밑은
줄기를 감싼다.

약 2~3미터 높이로
자라는 늘푸른떨기나무다.

638
백합과

호주주초濠洲朱蕉

[코르딜리네 아우스트랄리스 · 아우스트랄리스 · 오주주초]

Cordyline australis

ㅡ

높이가 4~10미터 정도 자란다. 잎은 길이 60~100센티미터, 폭 3~6센티미터 정도다. 잎은 줄기 위쪽에 모여 달리며, 오래된 잎은 아래로 젖혀진다. 꽃은 여름에 흰색으로 피며 원뿔꽃차례를 이룬다.

높이가 3~4미터 이상 자라야 꽃이 핀다.

잎 뒷면 중심맥은 도드라지지 않는다.

물열매의 지름은 약 6밀리미터다.

열매의 지름은 6밀리미터

열매는 흰색으로 익는다.

원뿔꽃차례
꽃은 여름에
흰색으로 핀다.
꽃의 지름은
6~8밀리미터 정도고
수술은 6개다.
잎자루는 없으며,
잎 밑은 줄기를 감싼다.
잎의 폭
C. australis: 3~6센티미터
C. indivisa: 6~8센티미터
잎은 줄기 위쪽에 모여 달리며,
오래된 잎은 아래로 젖혀진다.
암술은 3개
씨방에는
털이 없다.
줄기에서 곁가지가
잘 갈라진다.
약 4~10미터 높이로
자라는 작은키나무다.

639
백합과

가는잎천년목長葉千年木

[코르딜리네 스트릭타 · 스트릭타 · 긴잎 코르딜리네]

Cordyline stricta

[Narrow-leaved palm lily]

—

높이가 1.5~3.5미터까지 자라며, 원줄기에서 곁가지가 갈라지기도 한다. 잎은 가늘고 긴 줄꼴의 가죽질이다. 꽃은 연한 자주색이고 길이가 6~9밀리미터 정도다.

원뿔꽃차례는 줄기 끝이나 잎겨드랑이에 달린다.

잎 뒷면 중심맥은 도드라지지 않는다.

씨방과 암술대에는 털이 없다.

꽃잎은 뒤로 젖혀진다.

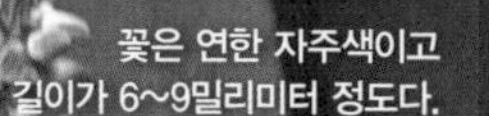

꽃은 연한 자주색이고 길이가 6~9밀리미터 정도다.

수술은 6개, 암술은 1개다.

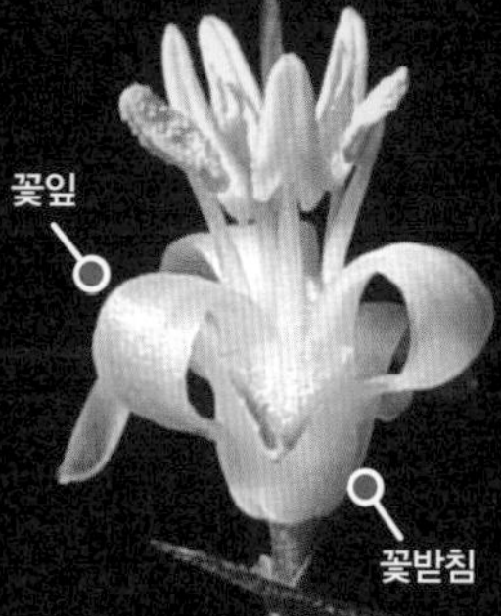

꽃잎과 꽃받침은 각 6개씩이다.

잎자루는 없으며, 잎 밑은 줄기를 감싼다.

잎은 길이 30~60센티미터, 폭 2~3센티미터 정도다.

잎은 가늘고 긴 줄꼴이며 가죽질이다.

꽃밥은 노란색이다.

어린 가지에는 털이 없다.

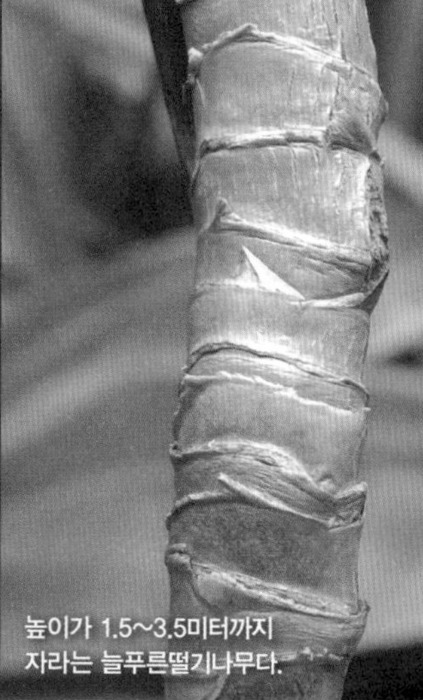

높이가 1.5~3.5미터까지 자라는 늘푸른떨기나무다.

640
백합과

코르딜리네 테르미날리스 '플로피'

***Cordyline terminalis* 'Floppy'**

—

약 120센티미터 높이로 자란다. 잎은 길이가 60센티미터 정도며 폭이 넓다. 잎가에는 황백색의 가는 줄무늬가 있다. 꽃부리갈래조각과 수술은 각 6개씩이다.

원뿔꽃차례는 줄기 끝에 달린다.

잎 뒷면 중심맥은 도드라진다.

꽃부리갈래조각은 뒤로 젖혀진다.

수술대는 꽃부리통부에 붙어 있다.

꽃은 연한 황백색으로 피며
감미로운 향기가 있다.
수술은 6개이며
암술머리는
둘로 갈라진다.
통꽃이며,
꽃부리갈래조각은
6개다.
암술
꽃부리통부
꽃받침
잎자루가
길다.
잎의 길이는
60센티미터 정도며
폭이 넓다.
잎가에 황백색의
가는 줄무늬가 있다.
줄무늬
긴 잎자루
높이가 120센티미터
정도 자라는
늘푸른떨기나무다.
나무껍질은
회갈색이다.

641
백합과

덕구리란德久利蘭

[베아우카르네아 레쿠르바타 · 주병란酒瓶蘭 · 덕리란]

Beaucarnea recurvata

—

약 1~2.5(~9)미터 높이로 자란다. 잎은 얇고 단단하며 아래로 늘어진다. 줄기 아래쪽은 뚱뚱해진다. 원뿔꽃차례의 길이는 60센티미터 정도의 대형이다.

원뿔꽃차례의 길이는 약 60센티미터로 대형이다.

잎 뒷면 중심맥은 약간 도드라진다.

뚱뚱해지는 줄기

잎 밑은 줄기를 감싼다.

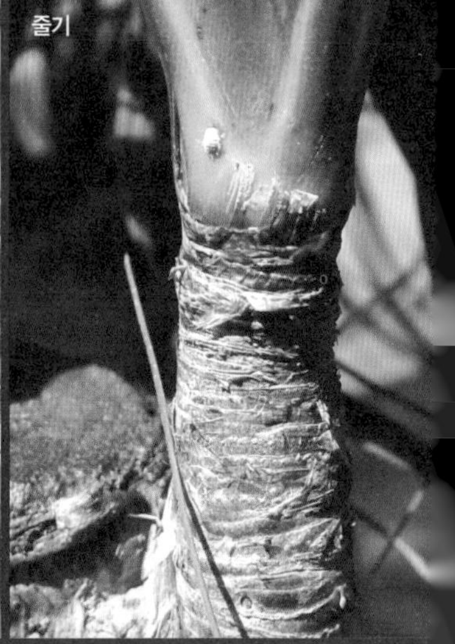

줄기

꽃은 크림 빛
흰색으로 핀다.

꽃의 길이는
1.5밀리미터 정도로 작다.

꽃은 늦봄부터
여름까지 핀다.

잎 표면
나란히맥平行脈

잎은 얇고 단단하며
아래로 늘어진다.

잎은 길이 2미터,
폭 2센티미터 정도로
좁고 길다.

줄기 아래쪽이
코끼리 발처럼 생겨
elephant-foot tree라고도 한다.

줄기 아래쪽은
뚱뚱해진다.

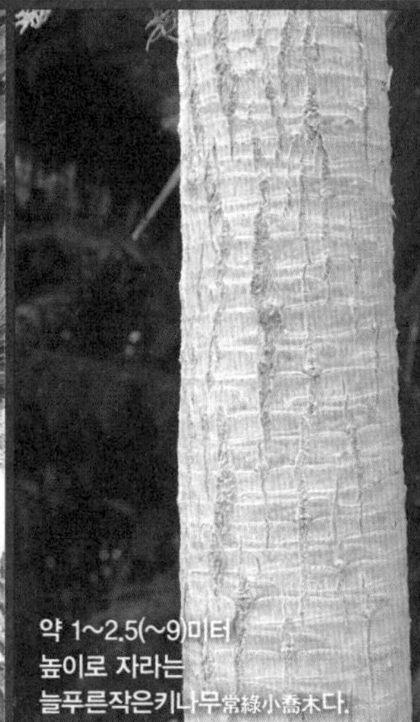
약 1~2.5(~9)미터
높이로 자라는
늘푸른작은키나무常綠小喬木다.

642
백합과

산세베리아 마놀린

Sansevieria 'Manolin'

—

잎은 좁고 가늘며 곧게 선다. 잎의 길이는 30~45(~60)센티미터 정도다. 잎에는 넓은 세로 줄무늬가 불규칙하게 있다.

꽃은 여름에 연한 백록색으로 핀다.

잎에 불규칙한 줄무늬

꽃차례가 길다.

꽃은 연한 백록색으로 핀다.

잎 뒷면에 줄무늬

꽃에서
달콤한 향기가 난다.
수술은 6개,
암술은 1개다.
꽃덮이
수술
암술
잎에는 넓은 세로 줄무늬가
불규칙하게 있다.
잎은 길이 30~45(~60)센티미터,
폭 4센티미터 정도다.
잎끝은
날카롭게
뾰족하다.
식물 전체가
유독성으로
알려져 있다.
잎은 땅에서 여럿이
모여서 올라온다.
약 30~45(~60)센티미터
높이로 자란다.

643
백합과

로랑산세베리아

[산세베리아 라우렌티 · 황변천세란黃邊千歲蘭 · 복륜 산세베리아]

Sansevieria trifasciata var. laurentii

[Gold Edged Snake Plant]

—

잎 길이 45~60센티미터, 폭 5~10센티미터 정도고 잎은 위로 곧게 선다. 잎에는 흑녹색 가로무늬가 있다. 잎 가장자리에 폭 1센티미터 정도의 노란색 세로줄무늬가 있다.

꽃차례의 길이는 45센티미터 정도다.

잎 가장자리에 폭 1센티미터 정도의 노란색 세로 줄무늬가 있다.

짧은 작은꽃자루가 있다.

작은꽃자루

꽃봉오리

어린 잎 밑의 모습

꽃은
연한 녹색으로
여름에 핀다.
수술은 6개,
암술은 1개다.
수술대
꽃덮이
잎에는 흑녹색
가로 무늬가 있다.
잎은 두껍고 넓으며
끝은 뾰족하다.
잎은 길이 45~60센티미터,
폭 5~10센티미터 정도다.
잎 속에는
대마와 같은
질기고 튼튼한
섬유질이 들어있다.
잎의 횡단면
줄기
약 130센티미터
높이로 자란다.

상아산세베리아

[산세베리아 스투키 · 스투키 · 통천세란筒千歲蘭]

Sansevieria stuckyi

—

잎은 높이가 100~150센티미터 정도 자라며, 위로 곧게 선다. 잎은 뻣뻣한 둥근 기둥꼴이며 지름이 10~25밀리미터 정도다. 잎끝은 딱딱하고 날카로우며 갈색을 띠고 있다. 꽃차례의 길이는 58~90센티미터 정도다.

꽃차례의 길이는 약 58~90센티미터다.

잎에는 진한 녹색 줄무늬가 있다.

꽃에서 달콤한 향기가 난다.

꽃부리에 녹갈색 줄무늬가 있다.

꽃부리의 길이는
25~30밀리미터 정도다.

꽃은 흰색으로 피며,
달콤한 향기가 있다.

암술은 1개,
수술은 6개다.

잎끝은
딱딱하고 날카롭다.

잎은 둥근기둥꼴이며,
지름이 10~25밀리미터 정도다.

잎은 모여서
무리 지어 자란다.

잎의 횡단면

꽃대는
잎겨드랑이에 달린다.

잎은 높이가
100~150센티미터 정도 자라며
위로 곧게 선다.

645
용설란과

신서란新西蘭 '바리에가툼'

[무늬뉴질랜드삼 · 잎새란]

***Phormium tenax* 'Variegatum'**

[variegated New Zealand flax]

—

잎은 처음에 위로 치솟지만 점차 아래로 젖혀진다. 긴 칼 모양의 잎이 뭉쳐 나며 땅에서 부채꼴로 펴진다. 꽃은 길이 3~5센티미터 정도다. (新西蘭 = New Zealand) 꽃받침조각과 꽃잎은 3개씩이며 꽃잎 끝은 약간 젖혀진다. 튀는열매는 3각이 지며 길이 5~10센티미터 정도다.

원뿔꽃차례는 곧게 서며 높이1~2(~6)미터 정도다.

잎 뒷면 중심맥은 도드라진다.

중심맥

튀는열매는 3각이 지며 길이 5~10센티미터 정도다.

씨앗은 길이 9~10밀리미터 정도다.

잎은 처음에 빳빳하게 위로 치솟지만 점차 아래로 젖혀진다.

꽃은 길이
3~5센티미터 정도다.

꽃받침조각과 꽃잎은 3개씩이며
꽃잎 끝은 약간 젖혀진다.

암술은 1개, 수술은 6개며
씨방은 황갈색이다.

잎 표면은 회청색이거나
진한 녹색이며
황백색의 줄무늬가 있다.

잎은 길이 1~3미터
폭 5~12센티미터 정도다.

긴 칼 모양의 잎이 뭉쳐 나며
땅에서 부채꼴로 펼쳐진다.

수술대는 6개며
길이 35밀리미터 정도다.

꽃대는 높이 1~2(~6)미터,
지름 2~3센티미터 정도다.

높이 1~2(~6)미터 정도 자라는
늘푸른 여러해살이풀이다.

646
용설란과

유카

[후엽군대란厚葉君代蘭 · 영광란榮光蘭]

Yucca gloriosa

[Spanish Dagge]

—

높이가 1~4미터 정도 자란다. 줄기는 보통 한 개씩 자라지만 어쩌다 곁가지가 갈라지기도 한다. 잎은 길이 30~50센티미터, 폭 2~3.5센티미터 정도다. 꽃대의 길이는 60~150센티미터 정도다.

원뿔꽃차례의 길이는 60~150센티미터 정도다.

실 모양의 섬유질
유카: 없다.
실유카: 있다.

꽃덮이조각은 6개며, 길이 5~8센티미터 정도다.

수술대에 털이 있다.

잎끝은 가시처럼 뾰족하다.

잎은 길이 30~50센티미터, 폭 2~3.5센티미터 정도다.

잎은 줄기 위쪽에 모여서 달린다.

잎 밑은 줄기를 감싼다.

약 1~4미터 높이로 자라는 늘푸른떨기나무다.

줄기
유카: 있다.
실유카: 없다.

647
용설란과

실유카

[사란絲蘭]

Yucca filamentosa

[Adam's Needle]

—

약 1~2미터 높이로 자라며, 줄기가 없다. 잎 가장자리에 섬유질이 실 모양으로 늘어지는 특징이 있다. 원뿔꽃차례의 길이는 1~2미터 정도다.

원뿔꽃차례는 길이가 1~2미터 정도로 길다.

실 모양의 섬유질
유카: 없다.
실유카: 있다.

꽃은 아래로 매달려 반쯤 벌어져 핀다.

원뿔꽃차례

꽃

꽃덮이조각은
6개다.
꽃덮이조각
수술대
꽃밥
암술
수술은 6개,
암술머리는 3갈래로 갈라진다.
꽃밥
수술대
잎은 길이 40~50센티미터,
폭 2센티미터 정도다.
실 모양의
섬유질
잎 가장자리에
실 모양의 섬유질이 있는
특징이 있다.
잎은 땅에서 모여
올라와 사방으로 퍼진다.
꽃대와 작은꽃자루에
흰색 털이 많다.
작은꽃자루
꽃대
높이가 1~2미터 정도
자라는 늘푸른떨기나무다.
줄기
유카: 있다.
실유카: 없다.

648
용설란과

실유카 '바리에가타'

[무늬실유카]

Yucca filamentosa 'Variegata'

[Palm Needle]

—

잎은 청녹색이며 잎가에 흰 줄무늬가 있다. 잎 가장자리에 섬유질이 실 모양으로 늘어진다. 원뿔꽃차례는 높이 150~180센티미터 정도며 여름에 백녹색 꽃이 핀다.

원뿔꽃차례는 높이 150~180센티미터 정도 높이 올라온다.

잎은 청녹색이며 잎가에 흰 줄무늬가 있다.

꽃봉오리와 꽃싸개

암술대는 3갈래로 갈라진다.

수술대에 털

꽃밥은 노란색

꽃덮이조각

꽃덮이조각은 6개다.

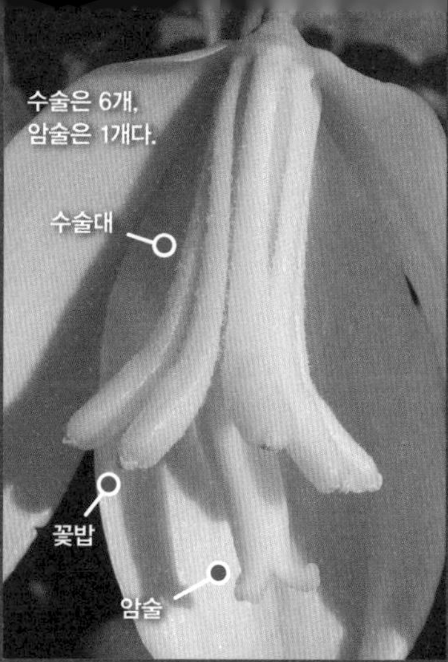

수술은 6개, 암술은 1개다.

수술대

꽃밥

암술

꽃덮이조각은 길이 6센티미터, 폭 2센티미터 정도다.

잎은 길이 40~76센티미터 폭 10센티미터 정도다.

실 모양의 섬유질

잎가에 흰 줄무늬가 있다.

잎은 땅에서 모여 올라와 사방으로 퍼진다.

4월 중순 잎의 색깔

줄기가 없다.

높이 45~60센티미터 정도 자라는 늘푸른떨기나무다.

649
용설란과

바늘유카 '골든 소드'

Yucca flaccida 'Golden Sword'

—

높이 30~90센티미터 정도 자란다. 긴 칼모양의 잎 가운데에 노란색 줄무늬가 있다. 원뿔꽃차례는 길이 120~180센티미터 정도다.

원뿔꽃차례는 길이 120~180센티미터 정도다.

잎 가운데에 노란색 줄무늬가 있는 특징이 있다.

꽃봉오리에 검붉은색 꽃싸개

원뿔꽃차례

잎끝은 날카롭게 뾰족하여 찔린다.

꽃덮이조각은 6개다.

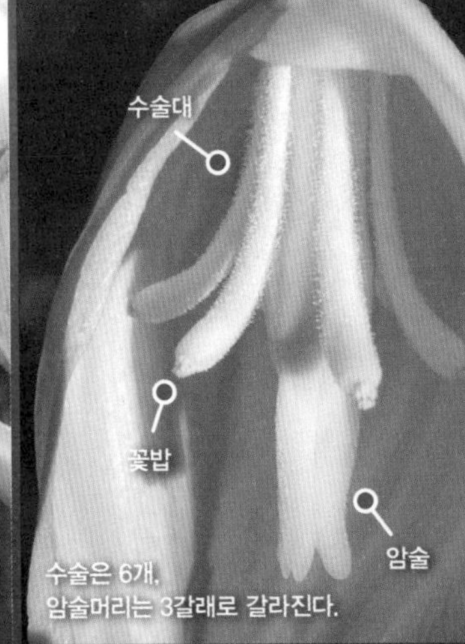

수술은 6개, 암술머리는 3갈래로 갈라진다.

꽃은 길이 7센티미터 정도다.

잎 가장자리에 실모양의 섬유질이 있다.

잎은 길이 40~80센티미터, 폭 1~4센티미터 정도다.

잎은 뿌리에서 모여 올라와 사방으로 퍼진다.

꽃대와 작은꽃자루에 털이 많다.

줄기가 없다.

높이 30~90센티미터 정도 자라는 늘푸른떨기나무다.

650
용설란과

농백사용설란瀧白絲龍舌蘭

[농백사 · 스키디제라]

Agave schidigera

[*Agave filifera ssp. schidigera*]

—

잎은 길이 30~50센티미터, 폭 2~3센티미터 정도다. 잎 가장자리에는 가느다란 흰색 꼬부라진 섬유질이 있다. 꽃차례는 높이 2~3.5미터 정도 높이 올라간다. 꽃은 늦여름에서 가을에 노란빛이 도는 초록색이거나 진한 자주색으로 핀다.

이삭꽃차례는 높이 2~3.5미터 정도로 높게 올라간다.

잎 양면에 털이 없고, 잎가에 톱니가 없다.

열매는 길이 12~20밀리미터 정도며, 반달모양의 씨앗은 길이 5밀리미터 정도다.

잎 가장자리에 가느다란 흰색 꼬부라진 섬유질이 있다.

꽃은 늦여름에서 초가을에 핀다.

꽃은 노란빛이 도는 초록색이거나 진한 자주색으로 핀다.

꽃부리는 길이 2센티미터 정도다.

암술은 1개, 수술은 6개, 꽃부리는 6갈래로 갈라져 뒤로 말린다.

잎은 두툼하고 단단하며 긴 칼 모양이다. 잎끝은 예리하여 찔린다.

잎은 길이 30~50센티미터, 폭 2~3센티미터 정도다.

포기 지름 60~90센티미터 정도 자란다.

꽃차례는 높이 2~3.5미터 정도로 높게 올라간다.

한 포기에 잎은 보통 100개 내외가 달린다.

줄기는 없으며 높이 60센티미터 정도 자란다.

651
용설란과

호추카용설란

[길상천吉祥天 · 후아쿠켄시스 용설란]

Agave parryi var. huachucensis

[Parry's agave · Huachuca agave]

—

높이 30~60센티미터, 포기 지름 76~100센티미터 정도 자란다. 잎은 길이 65센티미터, 폭 35센티미터 정도다. 30~40년 이상 자라야 평생 한 번 꽃이 피게 되며, 꽃이 지고 나면 어미는 죽고 그 아래에서 클론들이 번식하게 된다.

꽃차례의 길이는 3~4미터 정도로 높게 올라간다.

잎은 길이 65센티미터, 폭 35센티미터 정도다.

튀는열매

열매껍질이 터지면서 씨앗이 튀어나온다.

씨앗의 길이는 약 8밀리미터다.

우산꽃차례
꽃은 늦봄에
밝은 황록색으로 핀다.
수술대
꽃밥
꽃덮이
암술은
수술보다
짧다.
포기 지름이
76~100센티미터 정도 자란다.
가시
잎가에 2~3센티미터 간격으로
길이가 3~5밀리미터 정도인
가시가 있다.
잎끝에
길이가
5~6밀리미터
정도인
검은 가시가
있다.
꽃대에
꽃싸개
꽃싸개는
꽃대를 감싼다.
약 30~60센티미터
높이로 자란다.

여우꼬리 용설란

[초록初綠 · 아테누아타 용설란 · 아가베 아테누아타]

Agave attenuata

[Foxtail Agave · Dragon Tree Agave]

—

높이가 1~1.5미터 정도 자란다. 잎은 길이 50~70센티미터, 폭 20~24센티미터 정도로 큰 편이다. 여우꼬리 모양의 꽃차례는 길이가 2.5~4미터 정도며 아치형으로 굽어 핀다. 10년 이상 자라야 꽃이 핀다.

여우꼬리 모양의 꽃차례는 길이가 2.5~4미터 정도로 아주 길다.

잎가에 톱니가 없어 매끄럽다.

튀는열매는 길둥근꼴이다.

씨앗은 검게 익는다.

씨앗

꽃은 녹황색으로
겨울에 핀다.

꽃덮이조각과 수술은
각 6개씩이다.

잎은 길이 50~70센티미터,
폭 20~24센티미터 정도로 큰 편이다.

잎은 중간 부분이 넓으며
끝은 뾰족하다.

포기 지름이
150센티미터 정도다.

꽃 피는 모습

10년 이상 자라야
꽃이 핀다.

약 1~1.5미터
높이로 자란다.

653
용설란과

팔황전八荒殿 용설란

[팔황전 · 왕비단설]

Agave macroacantha

[Black-spined Agave]

—

높이 30~60센티미터, 포기 지름 60~80센티미터 정도 자란다. 잎은 길이 35~40센티미터, 폭 6센티미터 정도로 좁고 길다. 15년 이상 자라야 꽃이 피며 꽃대의 길이는 약 1.5~2미터이고 초여름에 꽃이 핀다.

원뿔꽃차례는 곧게 서며 높이가 1.5~2미터 정도로 높게 올라간다.

잎끝에 길이 2~3센티미터 정도의 날카로운 검은색 가시가 있다.

꽃은 초여름에 핀다.

꽃은 초록색으로 핀다.

꽃봉오리

15년 이상 자라야 꽃이 핀다.

꽃의 길이는 약 5~7센티미터다.

수술은 5개이며 암술보다 길다.

잎 가장자리에 날카로운 꼬부라진 검은색 가시가 있다.

잎은 길이 35~40센티미터, 폭 6센티미터 정도로 좁고 길다.

포기 지름이 60~80센티미터 정도 자란다.

잎 가장자리에 가시

줄기는 없거나 아주 짧다.

약 30~60센티미터 높이로 자란다.

654
용설란과

뇌신雷神 용설란

[뇌신·베르스카펠티 용설란·환엽뇌신丸葉雷神·청뇌신靑雷神·묘뇌신錨雷神]

Agave potatorum verschaffeltii

—

높이 60센티미터 정도 자란다. 잎은 회청록색이며 길이 25~40센티미터, 폭 10센티미터 정도다. 꽃대의 길이는 3~5미터 정도로 높게 올라가며, 여름에 연한 황록색 꽃이 핀다.

원뿔꽃차례의 길이는 3~5미터 정도로 높게 올라간다.

잎끝에는 길이가 25밀리미터 정도인 날카롭고 긴 가시가 있다.

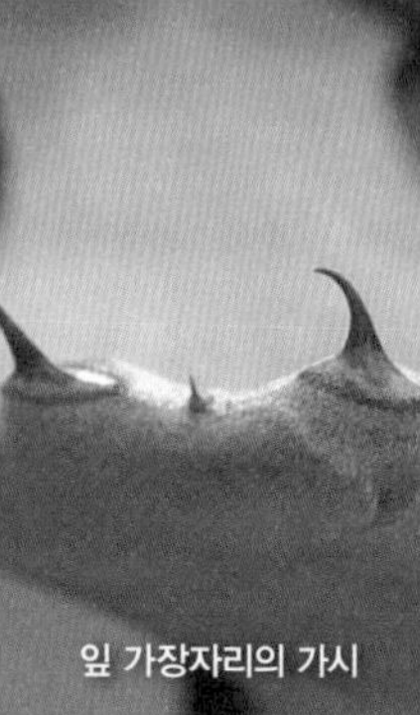
잎 가장자리의 가시

꽃봉오리

잎은 회청록색이다.

여름에
연한 황록색
꽃이 핀다.
수술을 포함한 꽃은
길이가 55밀리미터 정도다.
꽃덮이
수술
암술
암술은 1개,
수술은 5개다.
잎 가장자리에
길이 4~5밀리미터 정도의
꼬부라진 흑갈색 가시가 있다.
잎은 길이 25~40센티미터,
폭 10센티미터 정도다.
포기 지름이
80센티미터
정도 자란다.
꽃대는
줄기 끝에 달린다.
포기는 모여서
무리 지어 자라게 된다.
약 60센티미터
높이로 자란다.

655
용설란과

빅토리아 용설란

[빅토리아 여왕 용설란 · 세설笹雪]

Agave victoriae-reginae

[Queen Victoria Agave]

—

거의 40년 정도 자라야 꽃을 피우게 되며 꽃이 진 후에는 죽게 된다. 잎은 길이 15~20센티미터, 폭 3센티미터 정도다. 잎에는 밝은 흰색의 줄무늬가 있다.

이삭꽃차례는 높이 2~4미터 정도로 높게 올라간다.

잎에는 밝은 흰색의 줄무늬가 있다.

어린 열매

잎끝의 가시

꽃은 보통 3개씩 모여 달린다.

꽃덮이는 연한 회록색이며 수술과 꽃밥은 적자색으로 여름에 꽃이 핀다.

수술을 포함한 꽃은 길이 6~7센티미터 정도다.

암술은 1개, 수술과 꽃덮이조각은 6개씩이다.

잎끝은 두툼하고 단단한 삼각형모양이며, 뾰족한 가시가 있다.

잎은 길이 15~20센티미터, 폭 3센티미터 정도다.

포기 지름 45센티미터 정도 자란다.

잎 표면에 흰색 줄무늬

줄기는 한포기씩 자란다.

높이 45센티미터 정도 자란다.

튼튼하게 곧게 서는 꽃차례는
높이 2~5미터,
너비 45센티미터 정도다.

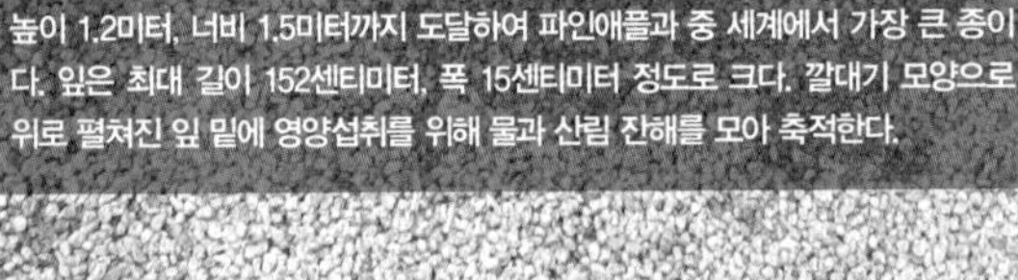

알칸타레아 임페리얼리스

[브리에세아 임페리얼리스]

Alcantarea imperialis

[*Vriesea imperialis*]

—

높이 1.2미터, 너비 1.5미터까지 도달하여 파인애플과 중 세계에서 가장 큰 종이다. 잎은 최대 길이 152센티미터, 폭 15센티미터 정도로 크다. 깔대기 모양으로 위로 펼쳐진 잎 밑에 영양섭취를 위해 물과 산림 잔해를 모아 축적한다.

잎끝은 뒤로 구부러지며
잎에는 가시가 없다.

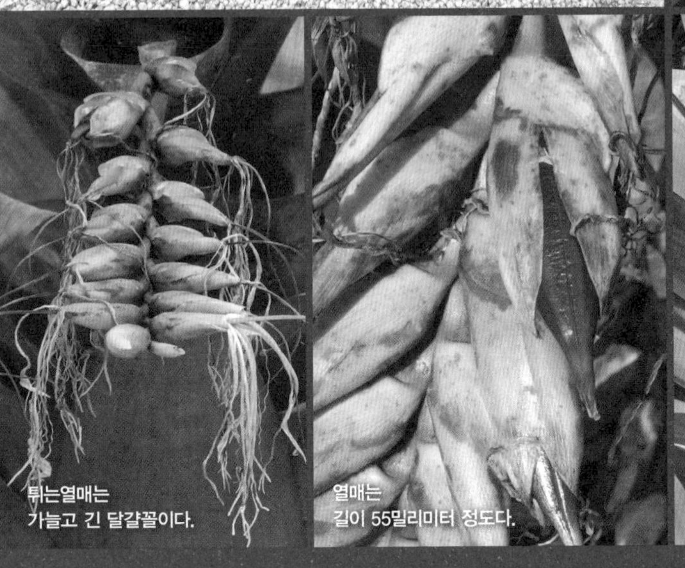

튀는열매는
가늘고 긴 달걀꼴이다.

열매는
길이 55밀리미터 정도다.

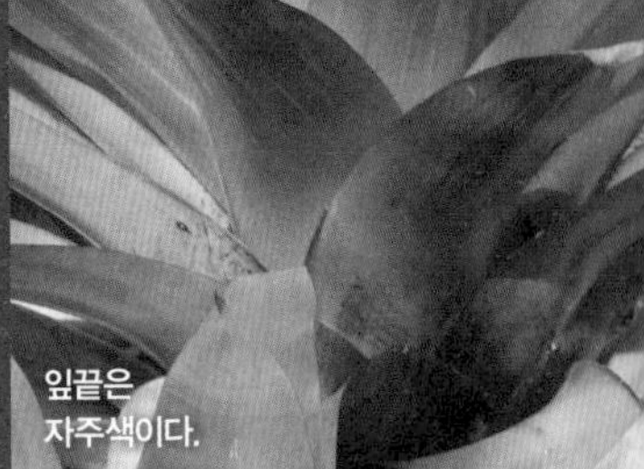

잎끝은
자주색이다.

꽃은 지름
15~20센티미터 정도며
상아빛 흰색으로 핀다.

꽃싸개는
꽃받침 길이의 반 정도로 짧으며,
끝이 뾰족하다.

꽃잎은 3개,
암술은 1개,
수술은 6개다.

잎은 두꺼운 가죽질이며,
은빛 청록색이다.

잎은 최대 길이 152센티미터,
폭 15센티미터 정도로 크다.

잎은 줄모양의
바소꼴이다.

잎 밑에
영양섭취를 위해
물과 산림 잔해를 모아
축적한다.

잎은 깔대기 모양으로
위로 펼쳐지며
줄기는 딱딱한 목질이다.

높이 1.2미터,
너비 1.5미터 정도 자란다.

657
파인애플과

호검산縞劍山

[포도浦島 · 이호裏縞]

Dyckia brevifolia

—

높이 45센티미터, 포기 지름 40~50센티미터 정도 자란다. 잎은 두껍고 딱딱하며 잎가에 가시가 있다. 잎 표면은 오목하고, 뒷면에는 선명한 흰색 줄무늬가 있다. 술모양꽃차례總狀花序의 길이는 60~90센티미터 정도다.

술모양꽃차례의 길이는 60~90센티미터 정도다.

잎 뒷면에는 선명한 흰색 줄무늬가 있다.

6월, 열매

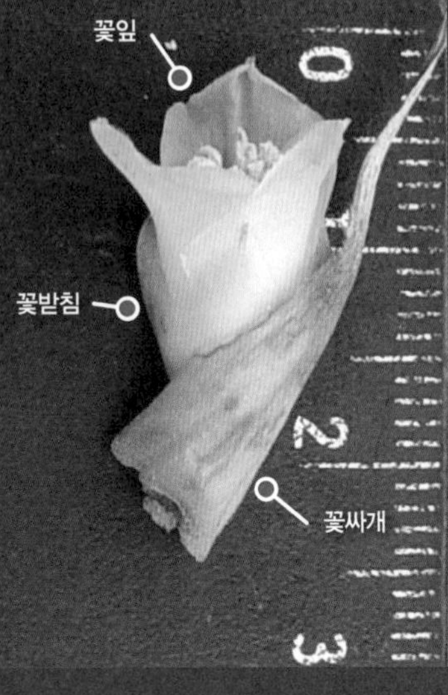

잎가에 꼬부라진 가시가 있다.

꽃은 늦은 봄에
노란색으로 핀다.

꽃의 길이는
17밀리미터 정도며,
꽃잎은 3개다.

암술과 수술은
길이가 비슷하며
수술은 6개다.

잎은 두껍고 딱딱하며
잎가에 가시가 있다.

잎은 길이 20~25센티미터,
폭 3센티미터 정도다.

포기 지름이
40~50센티미터
정도 자란다.

잎 뒷면
흰색 줄무늬

줄기가
거의 없다.

약 45센티미터
높이로 자란다.

658 파인애플과

수염틸란드시아

[틸란드시아 우스네오이데스]

Tillandsia usneoides

[Spanish moss]

—

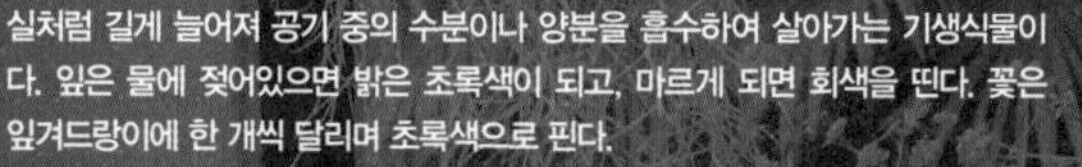

실처럼 길게 늘어져 공기 중의 수분이나 양분을 흡수하여 살아가는 기생식물이다. 잎은 물에 젖어있으면 밝은 초록색이 되고, 마르게 되면 회색을 띤다. 꽃은 잎겨드랑이에 한 개씩 달리며 초록색으로 핀다.

꽃의 길이는 8~10밀리미터 정도며 밤에 향기가 난다.

잎에는 샘점과 털이 있다.

열매의 길이는 15~25밀리미터 정도다.

뒤로 말리는 꽃잎

수술은 꽃잎보다 짧다.

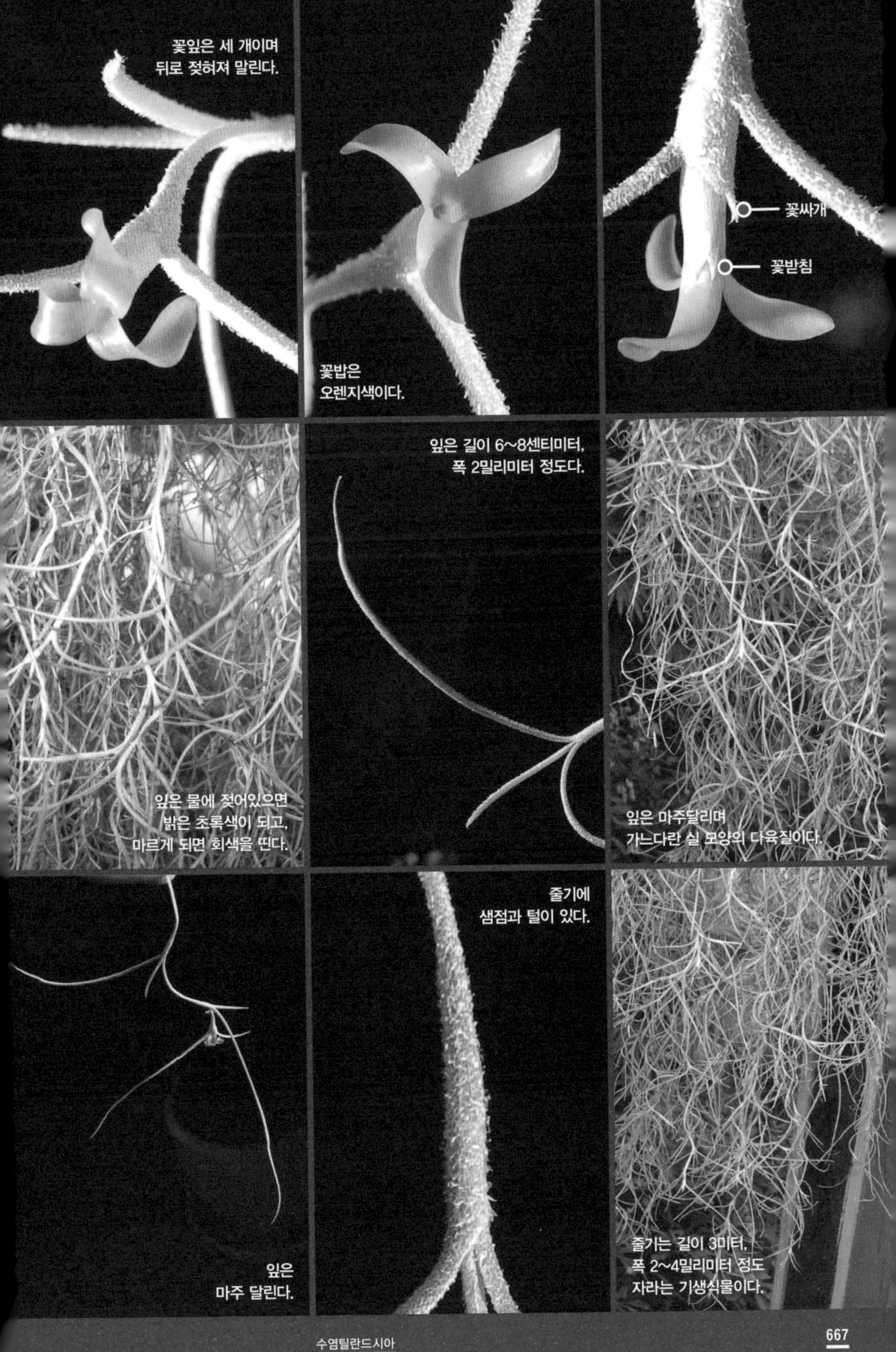

꽃잎은 세 개이며
뒤로 젖혀져 말린다.

꽃밥은
오렌지색이다.

잎은 물에 젖어있으면
밝은 초록색이 되고,
마르게 되면 회색을 띤다.

잎은 길이 6~8센티미터,
폭 2밀리미터 정도다.

잎은 마주달리며
가느다란 실 모양의 다육질이다.

잎은
마주 달린다.

줄기에
샘점과 털이 있다.

줄기는 길이 3미터,
폭 2~4밀리미터 정도
자라는 기생식물이다.

구갑룡龜甲龍

[엘레판티페스 · 귀갑룡 · 삼적초象跡草 · 만귀초蔓龜草 · 호텐토트 빵]

Dioscorea elephantipes

[Hottentot's Bread · Elephant's Foot]

—

덩이줄기는 나무처럼 단단해지며, 땅 위에 드러난다. 덩이줄기는 지름이 1미터까지도 자란다. 덩이줄기는 6~7각의 조각이 모여 반공 모양으로 된다. 술모양꽃차례는 잎겨드랑이에 달리며, 한 꽃자루에 15~20개의 작은 노란색 꽃이 핀다.

술모양꽃차례는 잎겨드랑이에 달린다.

잎에 광택이 있으며 나란히맥이 뚜렷하다.

술모양꽃차례

암술과 수술

덩이줄기의 위쪽에서 길이 3미터 정도의 덩굴줄기가 올라와 다른 물체를 감고 올라간다.

한 꽃대에 15~20개의 노란색 꽃이 핀다.

꽃의 지름은 약 4밀리미터다.

꽃잎과 수술은 6개씩이다.

잎끝에는 중심맥의 연장인 바늘 모양의 돌기가 있다.

잎은 어긋나게 달린다.

덩굴줄기는 길이가 3미터 정도 자라며, 다른 물체를 감고 올라간다.

거북등 같은 덩이줄기

덩이줄기의 조각은 6~7각이 지며, 거북이 등처럼 깊은 골이 진다.

땅 위로 드러난 반공 모양의 덩이줄기는 지름이 1미터까지도 자란다.

660
닭의장풀과

은모관銀毛冠

[소말리아 달개비 · 고양이귀]

Cyanotis somaliensis

[Pussy Ears · Furry Kittens]

—

높이 15~30센티미터, 줄기길이 30~38(~60)센티미터 정도 자란다. 줄기는 누워서 땅을 덮고 자란다. 잎은 고양이 귀를 닮았다고 Pussy Ears 라고 불리기도 한다. 꽃은 봄에 보라색으로 피며, 꽃잎은 3장이고, 수술대에 기다란 보라색 털이 많다.

꽃은 봄에 보라색으로 핀다.

잎은 부드러운 흰색 털로 덮여있다.

꽃대는 잎겨드랑이에 달린다.

수술은 6개고 꽃밥은 노란색이다.

잎에 광택이 있다.

꽃잎
꽃잎은
세 장이다.
수술대에
기다란 보라색 털이 빽빽하게 많다.
꽃밥
수술대
잎은 바소꼴이며
광택이 있는 초록색이다.
잎은 길이 3센티미터,
폭 1센티미터 정도다.
잎은 어긋나게 달리며
털이 많다.
줄기는 누워서
땅을 덮고 자란다.
줄기
줄기 길이가
30~38(~60)센티미터 정도
자란다.

661
닭의장풀과

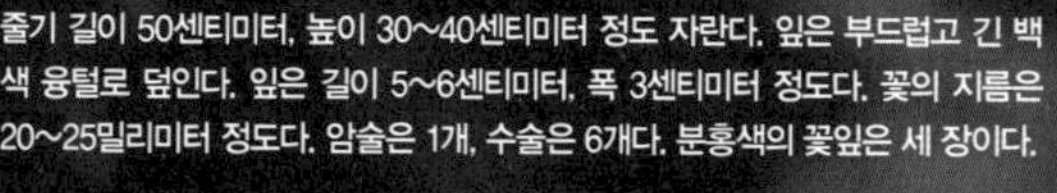

거미줄달개비

[털달개비 · 실라몬타나자주닭개비 · 백설희白雪姬]

Tradescantia sillamontana

[White Velvet · White Gossamer Plant]

—

줄기 길이 50센티미터, 높이 30~40센티미터 정도 자란다. 잎은 부드럽고 긴 백색 융털로 덮인다. 잎은 길이 5~6센티미터, 폭 3센티미터 정도다. 꽃의 지름은 20~25밀리미터 정도다. 암술은 1개, 수술은 6개다. 분홍색의 꽃잎은 세 장이다.

꽃은 여름에
분홍색으로 핀다.

잎은 부드러운
흰색 융털로 덮여있다.

꽃은
줄기 끝에 핀다.

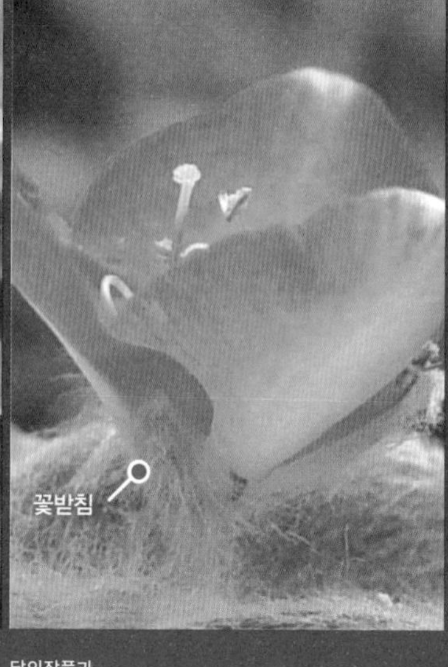

잎겨드랑이에
나오는 새 줄기

꽃잎은
세 장이다.
암술은 1개,
수술은 6개다.
암술
수술은
암술보다 길다.
암술
잎은 달걀꼴 또는
길둥근꼴이다.
잎은 길이 5~6센티미터,
폭 3센티미터 정도다.
잎은
어긋나게 달리며
털이 많다.
줄기는 누워서
땅을 덮고 자란다.
줄기는
융털絨毛로
덮인다.
줄기 길이가
50센티미터 정도 자란다.

662
생강과

월도月桃

Alpinia zerumbet

[Shell ginger]

—

약 120~180센티미터 높이로 자란다. 잎은 길이 30~60센티미터, 폭 5~10센티미터 정도다. 긴 잎집葉鞘이 모여 가짜줄기僞稈를 형성한다. 술모양꽃차례의 길이는 30센티미터 정도며 아치형으로 늘어진다.

술모양꽃차례의 길이는 30센티미터 정도며 아치형으로 늘어진다.

잎 양면에는 털이 없다.

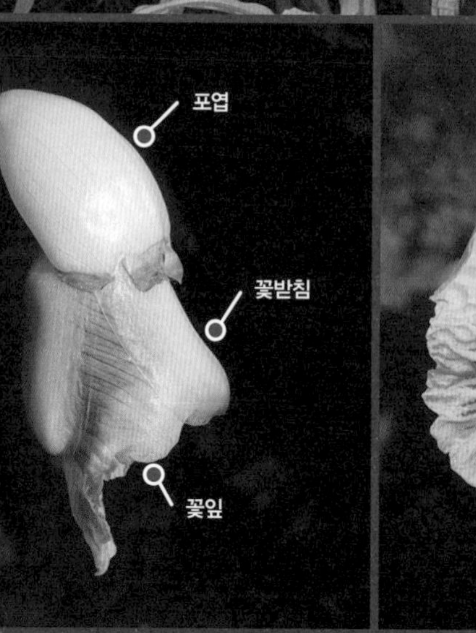

술모양꽃차례는 아래로 늘어진다.

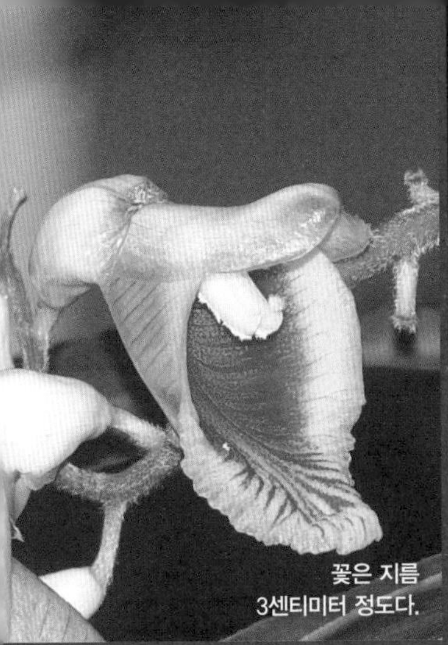

꽃은 지름
3센티미터 정도다.

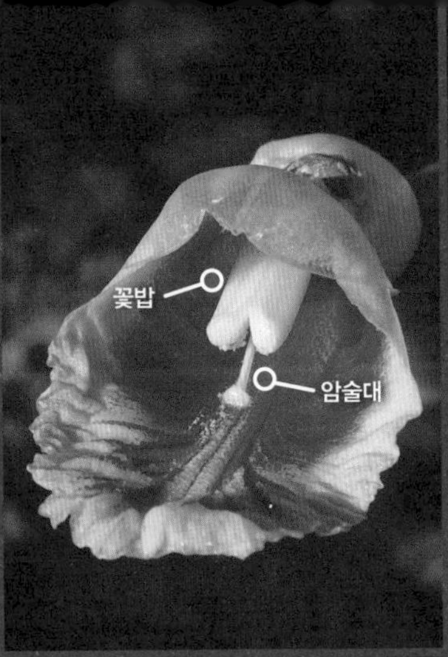

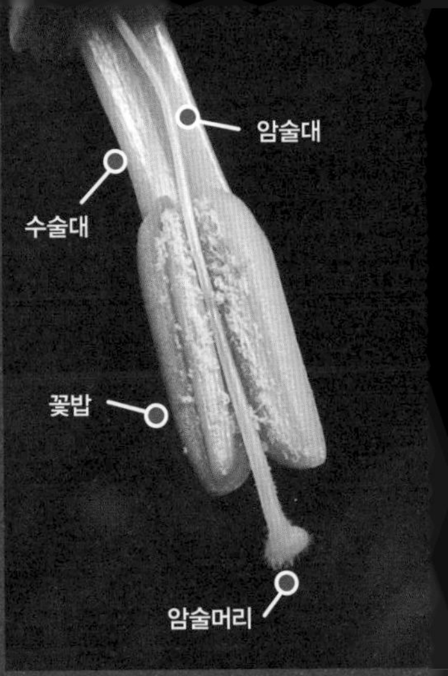

긴 잎집葉鞘이 모여
가짜줄기를
형성한다.

잎은 길이 30~60센티미터,
폭 5~10센티미터 정도다.

잎은
어긋나게 달린다.

꽃잎에
붉은색 줄무늬

줄기는 잎집으로
형성된 가짜줄기다.

약 120~180센티미터
높이로 자란다.

무늬월도黃斑葉月桃

***Alpinia zerumbet* 'Variegata'**

[Variegated Shell Ginger]

—

높이 1~2미터 정도 자란다. 잎은 길이 60센티미터, 폭 20센티미터 정도다. 잎에는 V자형 무늬가 불규칙하게 있다. 줄기는 잎집으로 형성된 가짜줄기다.

술모양꽃차례의 길이는 30센티미터 정도며 아래로 늘어진다.

잎 양면에는 털이 없다.

술모양꽃차례는 아래로 늘어진다.

꽃은 늦봄에서 초여름에 황백색으로 핀다.

꽃잎에 붉은색 줄무늬가 있다.

잎에는 V 자형 무늬가
불규칙하게 있다.

잎에 황백색 무늬

잎은 길이 60센티미터,
폭 20센티미터 정도다.

가짜줄기의
횡단면

줄기는 긴 잎집이 모여
가짜줄기를 형성한다.

뿌리줄기에서
여러 개의 가짜 줄기가
올라온다.

1~6권 전체 찾아보기

굵은 글씨는 정명, 가는 글씨는 이명·속명

ㄱ

ㅂ

ㅅ

ㅇ

ㅈ

ㅊ

ㅋ

ㅌ

ㅎ

A

B

C

D

E

F

G

M

N

O

P

Q

R

S

T

U

V

W

X

Y

Z

한눈에 알아보는 우리 나무 6—다육식물 편

초판인쇄 2024년 4월 8일
초판발행 2024년 4월 26일

지은이 박승철
펴낸이 강성민
편집장 이은혜
마케팅 정민호 박치우 한민아 이민경 박진희 정유선 황승현
브랜딩 함유지 함근아 고보미 박민재 김희숙 박다솔 조다현 정승민 배진성
제작 강신은 김동욱 이순호

펴낸곳 (주)글항아리 | 출판등록 2009년 1월 19일 제406-2009-000002호

주소 10881 경기도 파주시 심학산로 10 3층
전자우편 bookpot@hanmail.net
전화번호 031-955-8869(마케팅) 031-941-5162(편집부)
팩스 031-941-5163

ISBN 979-11-6909-229-6 06480

잘못된 책은 구입하신 서점에서 교환해드립니다.
기타 교환 문의 031-955-2661, 3580

www.geulhangari.com